产品设计

——历史、理论与实务

U0385200

产品设计

——历史、理论与实务

[德] 伯恩哈德·E·布尔德克　编著

胡　飞　译

History,
theory
and
practice
of
product
design

中国建筑工业出版社

著作权合同登记图字：01-2005-4057 号

图书在版编目（CIP）数据

产品设计——历史、理论与实务 /（德）布尔德克编著；胡飞译.
北京：中国建筑工业出版社，2006
ISBN 978-7-112-08346-6

Ⅰ.产... Ⅱ.①布... ②胡... Ⅲ.产品－设计 Ⅳ.TB472

中国版本图书馆 CIP 数据核字（2006）第 044783 号

Design：History, theory and practice of product design/Bernhard E. Bürdek
Copyright © 2005 Birkhäuser Verlag AG (Verlag für Architektur),
P.O. Box 133，4010 Basel,Switzerland
Translation Copyright © 2007 China Architecture & Building Press
All rights reserved.

本书经 Birkhäuser Verlag AG 出版社授权我社翻译出版

责任编辑：李晓陶　孙　炼
责任设计：郑秋菊
责任校对：张树梅　王雪竹

产 品 设 计
——历史、理论与实务
[德] 伯恩哈德·E·布尔德克　编著
胡　飞　译
＊
中国建筑工业出版社出版、发行（北京西郊百万庄）
各地新华书店、建筑书店经销
北京嘉泰利德公司制版
北京方嘉彩色印刷有限责任公司印刷
＊
开本：787 × 1092 毫米　1/16　印张：23¾　字数：580 千字
2007 年 1 月第一版　　2013 年 6 月第二次印刷
定价：126.00 元
ISBN 978-7-112-08346-6
（23710）

目　录

序

自从 20 世纪 80 年代早期以来，设计已经经历了一个全球化的蓬勃发展。随着 20 世纪 70 年代末肇始的后现代运动，特别是 20 世纪 80 年代早期的孟菲斯，设计在全世界范围内被推向一个眩目的新高度，并持续高涨直至21世纪。全球的企业和院校都认识到设计的战略价值，并忙于使其达到一个高度的完美。这些日子，设计是城镇的主要话题。

今天，在商业事务、展览、走廊中永无止境的出版物（期刊、书籍、宣传目录）、媒体报道、产品展示，甚至整个博物馆都遵循设计原则。例如，在慕尼黑（Münich）的新收藏博物馆[作为德国慕尼黑旧皮纳克提美术馆（the Pinakothek der Moderne）一个主要的成员并于2002年开业]容纳了 70000 件物品，成为世界上最大的设计博物馆之一。全球化的新商品无情地推陈出新，意味着有更多的新产品正等待进入这样一个博物馆中被奖励。究竟是什么使设计变得如此重要？

自从 20 世纪 50 年代设计的社会制度化以来，设计无所不在。从此，设计的必要性就毋庸置疑；经济政策、媒体的在场、文化旅行主义和设计理论使设计成为人人都可接受的谈论主题。

——格特·泽勒（Gert Selle），1997 年

首先必须指出，传统"产品"的概念部分是在不断变化的。今天在设计者们关注的不仅是硬件（物体本身），还涉及软件，包括操作界面和使用环境的形式。例如电信产业清楚地表明焦点不断地从产品转向服务，它不得不通过设计来获得潜在用户的接受（他们被期望为这些特权付出并非微不足道的费用）。事件设计的概念更为深远。在今天的商业事务和展览中，产品介绍是公开展示和庆典；新车型的发布花费巨大。2002年戴姆勒-克莱斯勒公司（Daimler Chysler）以奢侈的班机满载复兴的顶级豪华的Maybach来到纽约，在这座城市最奢华的酒店之一中，专门展示给精选的观众。其他企业也都创造出各自的"汽车世界"。大众汽车（Volkswagen AG）在沃尔夫斯堡（Wolfsburg）有一座汽车城（Autostadt），在德累斯顿（Dresden）有一个"透明工厂"（the Transparent Factory），在此，辉腾（Phaeton）被组装并负责交送给客户。在德累斯顿他们将安排一个参观项目（例如参观德累斯顿国家歌剧院，the Semper Opera），使新车交送成为一个令人难忘的个人事件。在这个位置上，设计与艺术联手工作，文化地交谈。

旧皮纳克提美术馆
连续电梯一瞥
"现在的永动机"（Perprtuum
Mobile der Gegenwant）
版权所有：新收藏博物馆，慕尼黑

百货公司中展示的产品
笔记本电脑、数码相机和洗衣机

在德累斯顿的"透明工厂"
大众汽车

今天大多数人们的生活离开了设计都将是不可想像的。从拂晓到日暮，设计都伴随着我们：在家中、在工作中、在休闲时光中、在教育中、在健康服务中、在运动中、在人们和物品的传送中、在公共空间中，每一件东西都是被有意或无意地设计的。

> 设计就是交流。它耐心等待直至被解读，并且它理解这一点。从它和我们的理解来看，设计是一种假定在空无一人的地方的交流，也即在界面的两边。
>
> ——迪尔克·贝克尔（Dirk Baecker），2002 年

自从 1991 年这本书在德国初版，随后很快被译为意大利文（1992 年）、西班牙文（1994 年）、荷兰文（1996 年）甚至中文（1996 年）。因此在 20 多年后，这本书就应该被完全改写、更新和扩展了。现在，本书的英译本与德文版本同时出版，这无疑证明本书有益于全球设计讨论。相当大的语言障碍意味着，迄今，非常少的德文设计书籍产生了国际影响。

产品设计系的学生需要再次被提及并称赞，由于他们在各种讨论会、短文、学位论文和项目中作出的贡献。比安卡·博伊特尔（Bianca Beutel）和斯特凡妮·迪特曼（Stephanie Dietmann）帮助我从事图片研究，以比我更新的眼光细察今日的人工物世界，并且为新产品作出重要建议。弗洛里安·耶格尔（Florian Jäger）在数字处理上提供了重要的帮助。

克丽斯塔·舍尔德（Christa Scheld），奥芬巴赫设计学院（the Offenbach School of Design）的图书管理员，在收集资料时一直给予大量帮助；法兰克福（Frankfurt am Main）德国设计理事会（the Germen Design Council）的图书管理员黑尔格·阿斯莫内特（Helge Aszmoneit）也是如此。在此特表谢意。

对理解文字内容颇有帮助的草图，是在法兰克福完成的。我还要感谢奥芬巴赫设计学院的研究生。

2004 年 3 月，于奥伯豪森（Obertshausen）

设计的概念

设计形形色色的思潮与趋势，反映在其所运用的"设计"概念上，有时等于或包括对设计一词相当松散的定义。

回溯历史，莱昂纳多·达·芬奇（Leonardo Da Vinci）通常被当作第一位设计师。除了在解剖学、光学和机械方面的科学研究，他还是机械工程基础学科的先驱，编撰了一本《机械元素图集》(Book of Patterns of Machine Elements)。由于达·芬奇所做的那些实用物品、机械和装置，设计的概念因而更偏向于技术和创造。然而，这决定性地影响了设计的理念：设计师即发明家。

> 设计（Design）一词源于拉丁语。动词"designare"翻译为"determine"（决定），但其文字意义更像"在高处放映"（showing from on high）。被决定的意义还是明确的。设计的定义在不断地区别中由模糊变明确。因此，设计（designatio）总的和简要的概念，囊括上述所有阐释，设计科学相应成为决策科学。
>
> ——霍尔格·凡·登恩·博姆(Holger Van Den Boom)，1994 年

16 世纪的画家、主要的建筑者、文学作家乔治·瓦萨里（Giorgio Vasari）是首次在其著作中为艺术工作的自主个性辩护者之一。他指明艺术将其存在归功于"设计"（Disegno）这一原则，而"设计"一词直译为"图画"或"草图"。那时设计指的是艺术观念。因此，从那之后，人们区分 Disegno Interno（一项想要实现的艺术品观念）是指出现的某种艺术工作（素描、草图、设计图）的概念，Disegno Esterno（实施了的艺术品）是完全的艺术工作（例如绘画、油画或雕塑）。瓦萨里本人宣称图画（Drawing）或设计是油画、雕塑和建筑这三种艺术之父（更多信息，参见 Bürdek，1996 年）。

1588 年版的《牛津词典》首次提及设计的概念时，定义如下：

—由人设想的为实现某物而做的方案或计划，

—艺术作品的最初图绘的草稿，

—规范应用艺术品制作完成的草图。

后来西格弗里德·吉迪恩（Sigfried Giedion，初版 1948 年，也见 1987 年）意义重大地描绘了 20 世纪工业设计师如何出现："他使外壳时尚，并思考如何将可见的（洗衣机的）马达隐藏起来，并使之富于整体感。简而言之，就是如同火车和汽车般的流线造型。"在美国，这种产品技术与造型工作的明显区别，使得设计学科越来越朝向样式和纯粹造型而发展。

"工业设计"的概念可追溯至马特·史坦（Mart Stam），他应该在 1948 年首次使用了这个

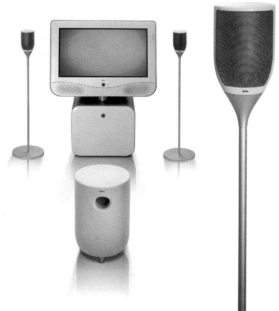

Mimo 32：超重低音卫星系统

阿迪克（Artico）高保真音响系统
设计：菲尼克斯（Phoenix），洛
伊（Loewe）

名词（Hridina, 1988 年）。史坦认为，工业设计师在产业各领域从事打样、绘略图和平面图等工作，尤其是新式材料的造型工作。

前东德时期，也有人长期深入地致力于设计概念的确立。这一时期，设计主要被视为社会、经济和文化政策的组成要素。霍斯特·俄亥科（Horst Oehlke, 1978 年）强调指出，造型并不仅限于物体在感官上可感知的一面。恰恰相反，设计师必须关注如何能够满足社会及个人生活的需求。

一个广义的也是十分有用的设计定义，是柏林国际设计中心（the Internationales Design Zentrum Berlin）1979 年在一项展览中拟定的：

—好的设计不是包装技术，它必须将各类产品的特性，用适当的造型手法表达出来。

—它必须将产品的功能及操作简单明白地呈现出来，并被使用者清晰地理解。

—好的设计必须要让科技发展的最新情况为人所知。

—好的设计不仅限于产品本身；它必须对生态、节能、回收、耐用性及人体工学也予以考虑。

—好的设计必须将人与物的关系当作造型工作的出发点，尤其考虑到职业医学和感知等方面。

这个复杂的定义清楚地表明，除了功能方面（实用功能），设计还要综合考虑产品语言以及更为重要的生态学方面。迈克尔·埃尔霍夫（Michael Erlhoff）在卡瑟（Kassel）的"第八届文件展"（the documenta 8）也采取了清楚的、切合现状的区分（1987 年）："设计与艺术不同，它需要实用的依据，而这些依据主要在四种命题中可以找到：社会的、功能的、有意义的和具体的。"

他将这样考虑的结果成为"大设计"（Grand Design）。约施卡·菲舍尔(Joschka Fischer)富有激情地谈到，"大设计"中的每个东西都与其他的东西相关：全球化经济和贸易圈、人口统计学的发展和退休金、德国和欧洲。

——《明镜》（Der Spie-gel）周刊，2003 年第 6 期

毫无疑问，20 世纪80 年代以来对设计所采取的开放性描述是很好的。然而，由统一的（因而在意识形态上是僵硬的）设计概念统掌一切的时代可能已经终于过去了。后现代时代的反映已经促使不同学科的整体性被分解。如果将此视为损失，依照利奥塔（Lyotardian）的意思，我们还持续在现代的"讨论情况"之下（Welsch，1987 年）。

概念和描述的多样性并不代表后现代的随便，而是代表一种必要的、可建立的多元论。因此我提议，从20 世纪到21 世纪的转变代替任何定义或描述，列举许多设计假定要完成的任务（Bürdek，1999 年）。所以，例如，设计应该：

—使技术程序可视化，

—使产品（硬件和软件）的使用或操作简化或可能，

—使生产、消费和回收之间的关联变得透明，

—提升和交流服务，但也继续积极地帮助防止无意义的产品。

设计与历史

回顾

这一章无法取代完整的设计历史。相反，在此勾勒许多国家形成工业设计的历史发展，简要地覆盖那些标志重大事件的产品、公司和设计者及其回响。想探究更为深入和细节的读者可参阅众多设计历史的标准著作，包括，如约翰·赫斯克特（John Heskett，1980 年）、盖伊·朱莉耶（Guy Julier，2000 年）、彭尼·斯帕克（Penny Sparke，1986年）、格特·泽勒（1978、1987、1994 年）、约翰·A·沃克（John A. Walker，1992 年），以及乔纳森·M·伍德姆（Jonathan M. Woodham，1997 年）。

> 根本上，难道不是设计的历史比纯粹和自由的艺术更具幻想和更充满冒险吗？
> ——爱德华·博康（Eduard Beaucamp），2002 年

设计的开端

产品功能优化设计的起源可追溯到古代。罗马艺术家、建筑家和军事工程师维特鲁威（约公元前 80 年~前 10 年）的著作是现存最古老的建筑文件。他全面的《建筑十书》（De archtechtura libri decem）称为第一部规划和设计手册。在书中，维特鲁威描述了理论与实践之间的亲密关系：建筑师必须对艺术与科学都感兴趣，同时精通修辞学，并具备良好的历史和哲学知识。在其第一本书的第三章，维特鲁威命名了一个在设计历史中占有重要地位的指导原则："所有建筑必须满足三个准则：力量（稳固）、功能（实用）和美"（Bürdek，1997年）。可以认为，维特鲁威列出功能主义概念的三条基本原则，而功能主义的时代直到 20 世纪被定义为现代主义设计才遍布全球。

确切地说，19 世纪中叶的工业革命时代起，现代意义上的工业设计才被提出。

随着进一步的发展分工，早期仍由同一个人单独进行的产品研发及制造就不复存在了。这种专业化随时间继续激烈发展，使得今天在大企业中的设计师只负责某个产品的特殊部位的设计。这种分工在 20 世纪 70 年代造成尤其是年轻的设计师尝试参与全面性的设计、生产和市场销售。

19 世纪中叶，许多英国设计师开始反对帝国样式浮夸的室内陈设。欧洲自中世纪以来，所盖的房间本身就一直不具意义，而家具则越来越成为被关注的中心。西格弗里德·吉迪恩（1987年）曾清楚地描述，中世纪的房屋总是看起来布置妥当；即使房间里没有家具，也不会显得空空洞洞。房间的比例、材料及形式自会使之富有生机。将家具视作房间本身来对待的趋势在英

亨利·科尔（Henry Cole），
教育儿童的一些简单物品的
图画（1849 年）

国摄政时期（约1811~1830年）达到顶峰。这种房间意义的丧失直到20世纪才被包豪斯的建筑师和设计师们重新认识到。所以他们发展出造型强烈简化的家具，希冀再次指向房间本身失去的意义。

在英国，亨利·科尔通过1849~1852年间出版的小刊物《设计期刊》（Journal of Design），努力倡导以教育措施来影响日常生活的形态。他工作的重点在于设计的实用性和功能性，而代表性和装饰性则是次要的。科尔也推动在伦敦举办世界博览会，提供各国展示其形形色色产品的机会。他的核心观念"学会去看，比较地看"，在20世纪的德意志制造联盟（the German Werkbund）中又被重新提出。

约瑟夫·帕克斯顿（Joseph Paxton）获得委托，为1851年伦敦世界博览会设计展示馆。水晶宫，弗里默特（Friemert，1984年）又称之为"玻璃方舟"，被视为19世纪工业生产方式的原型。整个建筑仅修建了四个半月，所有构件都是在各地生产完成再在一个地方组装而成的。此外，这座建筑可以在几年之后拆掉，并在另一个地方重新建起（Sembach，1971年）。

最早的世界博览会，还有1873年维也纳、1876年费城、1889年巴黎（以埃菲尔铁塔为标志）。展览会上汇集了无数商品和设计样品，展现了当时科技和文化的发展状况。

那是一个深受新材料和技术影响的时代：铸铁、钢及混凝土不再在小工厂里加工，机械化工业企业取代了旧有的生产方式。自动织布机、蒸汽机、大型木工机械以及预铸式建造方式，完全改变了生活和工作条件。工业化所造成的社会后果是不容忽视的。一大部分民众成为无产阶级，集合住宅和工业区极大地改变了环境。在工业革命期间被视为真正的设计开创者的人有：戈特弗里德·森佩尔（Gottfried Semper），约翰·拉斯金（John Ruskin）和威廉·莫里斯（William Morris）。他们也和亨利·科尔一样，反对在新的工业产品上添加肤浅的表面装饰。这项改革运动主要是受到约翰·S·米尔（John Stuart Mill）的功利主义哲学（utilitarianism）的影响，认为衡量人类行为的道德标准在于其对社会的有用性（或危害性）。而这项标准直到今天仍然是设计的决定性原则。文德·菲舍尔（Wend Fischer，1971年）甚至将其视作理性设计的建立："在思考19世纪的过程中，我们也学到了关于我们这个世纪的某些东西。我们认识到，在理性的努力中，为了让人类世界，他们的屋舍、房间、器具得到一种从中看出生活风格的独特造型，反抗历史形式主义的专断，并实现功能设计的理念。"

德国建筑师戈特弗里德·森佩尔于1849年流亡英国寻求政治庇护，在此大力推进工业设计活动的改革，宣扬形式符合功能、材料和制造过程。森佩尔和科尔一同筹划了1851年的伦敦世界博览会，并在当地新创办的绘画学校执教。20世纪初森佩尔的理念对同样也重视物品纯粹的功能的德国艺术与手工艺运动（the German Arts and Crafts movement）具有强烈的影响。

约翰·拉斯金，艺术史学家和哲学家，在一项反对工业革命的运动中，尝试使中世纪的生产方法再获生机。他相信，手工生产方式有可能让工人有更好的生活条件，并展示出对缺乏美感的机器世界的平衡。

1861年威廉·莫里斯在英国成立莫里斯·马歇尔·福克纳公司（Morris, Marshall, Faulkner & Company）致力于手工艺品的创新。以他为中心也产生了被视为是社会改革及风格创新的工

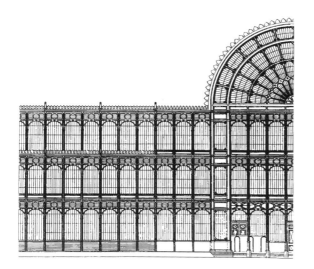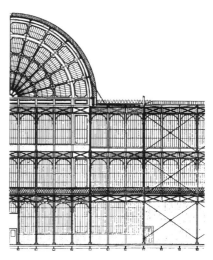

约瑟夫·帕克斯顿，伦敦的水晶宫
（1851 年）

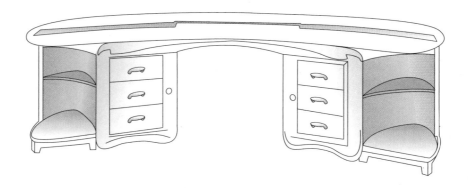

托耐特，14 号椅（1859 年）

胜家牌缝纫机（1900 年左右）

办公桌，设计：亨利·凡·德·维尔德
(Henry van de Velde，1899 年)

艺美术运动（the British Arts & Crafts movement）。扬弃分工，也就是重新结合设计与生产，造成了一项工艺革新运动。这运动极力反对机械美学，但是在19世纪后半叶喧嚣的工业发展进程中失败了。

在这一设计阶段早期的一个典型例子是胜家牌（Singer）缝纫机。1879年时，它每年的产量已经超过40万台。

这一时期也出现了托耐特（Thonet）兄弟的曲木椅子的发展，首先在德国，接着在奥地利。他们将木材先以蒸汽加热，再予以弯曲的加工方法在维也纳获得了专利，并成为其获得世界性成就的基础。这些椅子在1851年伦敦世界博览会就已经展出。标准化原则（只使用少数几项特殊组件）和大批量生产意味着简化的造型语言的运用。托耐特的椅子里显现出一项设计的重要主导思想——高产量加上简洁的美学观，这种想法直到20世纪70年代仍占有主导地位。"14号"椅从1930年起已生产了5000万个，迄今仍在生产。

19世纪末，欧洲出现了新的运动。法国的新艺术运动（Art Nouveau），德国的青春风格（Jugendstil），英国的现代风格（the Modern Style），以及奥地利的分离派风格（the Secession Style）。它们全部都显示出艺术的生活乐趣，特别反映在日常生活用品上的视觉表面。

这场运动的主要倡导者，比利时的亨利·凡·德·维尔德，设计家具、器物和室内，但威廉·莫里斯等人提出的社会改革思想却被遗忘了。两者之间的共通点仅在于都想振兴手工艺。凡·德·维尔德兼具精英意识和个人主义，这样一个混合体正如我们在20世纪80年代初于孟菲斯（Memphis）运动和"新设计"中所再次见到的一样。

在奥地利约瑟夫·霍夫曼（Josef Hoffman）、约瑟夫·奥尔布里希（Josef Olbrich）和奥托·瓦格纳（Otto Wagner）结合成"维也纳分离派"（the Vienna Secession），并组织了一个艺术家协会。他们的作品主要运用了简化的形式语言和几何装饰图案。当时创立的"维也纳生产同盟"（the Vienna Workshops）是由手工艺术家们为文雅的资产阶级设计家具。

从德意志制造联盟到包豪斯

1907年德意志制造联盟在慕尼黑成立。他们是由一些艺术家、手工艺者、工业家及新闻工作者所组成的，他们的共同目标是想在艺术、工业及手工业的合作下，通过教育及宣传，改善批量产品的生产。在19世纪之初主要倡导者有彼得·贝伦斯（Peter Behrens）、西奥多·菲舍尔（Theodor Fischer）、赫尔曼·穆特修斯（Herman Muthesius）、布鲁诺·保罗（Bruno Paul）、理查德·里默施密德（Richard Riemerschmid）、亨利·凡·德·维尔德等人。德意志制造联盟显现出当时两项流行风潮：一方面是工业产品的标准化和规范化，另一方面则是艺术家个性的发挥，如凡·德·维尔德。这基本表明了20世纪设计工作的两个重要方向。

在这种主导思想下，各地都创立了各自的制造联盟，如1910年在奥地利，1913年在瑞士，瑞典的斯洛德弗雷恩（Slöjdforenigen）（1910～1917年），以及英国1915年的设计及工业协会（the English Design and Industries Association）。这些协会的共同目标是在亨利·科尔的传统下通过教育对产品的生产者和消费者普及一种历史审美观。

斯图加特市魏森霍夫住宅展览会（1927 年）
一间房子内的客厅
住宅
设计：雅各布斯·J·P·奥德（Jacobus J.P.Oud）

德意志制造联盟的巅峰是在第一次世界大战后1927年斯图加特的一次展览：魏森霍夫住宅博览会。在密斯·凡·德·罗（Mies van der Rohe）的主持下邀请了至少12位当时知名的建筑师，包括勒·柯布西耶（Le Corbusier）、汉斯·夏隆（Hans Scharoun）、沃尔特·格罗皮乌斯（Walter Gropius）、马克斯·陶特（Max Taut）、雅各布斯·J·P·奥德、汉斯·珀尔齐希（Hans Poelzig）、彼得·贝伦斯和马特·史坦等人，以独立住宅或单元住宅为题，将其新的想法表现在建筑或设计上。

新材料的应用使新的住宅观念的设计成为可能，而前文所提及的房间本身意义的丧失，在此时已然改观。魏森霍夫住宅博览会也尝试将从房屋到咖啡杯所有的一切，都置于一项设计的基本意念之下。这种整体艺术品住宅的意念，一方面要推广新的美学典范（减少基本功能，功利主义），另一方面也要为广大民众提供价钱可承受的设施。工人住宅首次被当成一项艺术任务来处理，基迪恩将此功绩归功于荷兰建筑师奥德。在魏森霍夫住宅博览会中实现的这种整体性的观念和包豪斯的基本概念是一致的（参见第25页以下）。

事后看来，魏森霍夫住宅博览会首次清晰地呈现出建筑的"国际风格"。但并不是如20世纪60年代以来的卫星城中所见的一样肤浅的形式表现，而是运用新的材料和形式，对社会条件作深入、彻底而有意义的整体思考（Kirsch，1987年）。

在苏格兰形成了一个以麦金托什为中心的团体，其风格与青春风格相反。他们运用纯粹主义造型，一方面立足于中古时期苏格兰的家具传统，另一方面它的严格精确已经指向了后来的结构主义。

彼得·贝伦斯是现代设计最主要的开路先锋之一。他是德国建筑师和广告专家，并于1906~1907年被AEG电器公司（Allgemeine Elektrizitäts Gesellschaft）聘为艺术顾问。他在该公司的职业范围包括设计建筑物和家用电器。因为他为一般性消费设计了大量产品，又被奉为最早的工业设计师之一。工业制造的理性抛弃了青春风格，而强调产品的制造的经济性、操作的简单性和保养的便易性。

1917年荷兰组成风格派（De Stijl），最重要的代表人物是特奥·范·杜斯堡（Theo Van Doesburg）、皮耶·蒙德里安（Piet Mondrian）和格里特·T·特维尔。他们拥护美学及社会的乌托邦，这是个朝向未来的乌托邦，不像拉斯金和莫里斯那么复古。曾于1921~1922年间在魏玛包豪斯执教的杜斯伯格支持机器而反对手工，受其影响的"机器美学"的概念，与俄罗斯结构主义的"技术美学"是一致的。

风格派的简化美学观，在二度空间是以简单几何元素如圆形、方形、三角形来表现；在三度空间范围则应用球体、立方体和角锥体。正是这些形式元素的运用，长久以来产生了一些造型分类，至今有时仍能适用。包豪斯及其继承者，如乌尔姆设计学院和芝加哥的新包豪斯，仍以此传统为出发点，尤其在基础教学课程中。风格派的这种几何化原则在以简洁的设计手法所做的瑞士平面设计作品中，博朗（Braun）主任设计师再三强调的论点"少即是多"，也同样可以回溯到这一根源。

1917年十月革命后的俄罗斯形成了构成主义团体。其中最著名的有埃尔·利西茨基（El

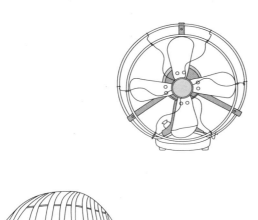

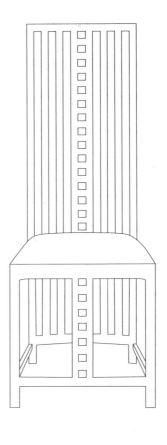

桌上风扇，设计：彼得·贝伦斯（1912
年前），AEG 电器公司

青春风格的台灯，设计：彼得·贝伦
斯（1902 年）

高背椅，设计：查尔斯·伦尼·麦金
托什（Charles Rennie Macintosh，
1904~1905 年）

边桌，设计：葛瑞特·T·里特维尔
（Gerrit T. Rietveld，1922~1923年）

Lissitzky)、卡济米尔·马列维奇（Kazimir Malevich）和弗拉基米尔·塔特林（Vladimir Tatlin）。他们最重视的是社会美学的观点；满足广大民众的基本需求是他们工作的首要目标。由塔特林发展出的构成主义原则，立足于实际物质生产：技术、材料、加工。风格应当被技术取代。马列维奇也为一所俄罗斯的包豪斯"VKhuTeMas"拟定了指导方针（参见第149页）。

这个团体的思想与现在也有所关联。因此特别是20世纪六七十年代的设计，深受社会命题的影响。由于基本消费资料的严重缺乏，这种只关心技术的态度还一直决定着今天大部分第三世界国家的设计。

包豪斯

1902年亨利·凡·德·维尔德在魏玛开设了一门应用艺术讲座，并在他的主持下于1906年改制成一所应用艺术学校。1919年该校与艺术学院合并成立国立魏玛建筑学院(the Staatliches Bauhaus Weimar)，沃尔特·格罗皮乌斯任校长。包豪斯成为日后设计发展的旗舰（Wingler, 1962年）。

除了雕塑家格哈德·马尔克斯（Gerhard Marcks）之外，格罗皮乌斯仅只聘请抽象派及立体派绘画的代表人物作为包豪斯的教师。其中有瓦西里·康定斯基（Wassily Kandinsky）、保罗·克莱(Paul Klee)、莱昂内尔·费宁格(Lyonel Feininger)、奥斯卡·施莱默(Oskar Schlemmer)、约翰内斯·伊滕（Johannes Itten）、乔治·穆赫（Georg Muche）和拉斯·洛·莫霍伊－纳吉(László Moholy-Nagy)。

由于19世纪工业化生产方式的广为传播，使得原本在手工艺中仍为一体的设计及执行分裂开来。格罗皮乌斯的主导思想是：包豪斯应该将艺术与技术结合成为一个新的、适合时代的整体。其座右铭是：技术不一定需要艺术，但艺术肯定需要技术。这一结合了基本的社会目的的理念，也即将艺术扎根于社会。

包豪斯延续了20世纪之交时生活改革运动的思想，这一运动主要关注居住问题。在幽暗房间及风格夸张的家具中所带的19世纪陈风腐气，被新的居住形式取而代之。20世纪的现代人应该在清晰明亮的房屋中发展出新的生活方式（Becher,1990年）。

> 今天，承受多年的如此压力是不可能的，工业精神由包豪斯散布全世界。不仅是因为新近发明的空间和东西的最终形象，而且是因为对在此所训练的现代性的理想主题的自信，这同时又是现代性的目标。
>
> ——格特·泽勒（1997年）

基础课程

在包豪斯基础课程是多种艺术技能基础训练的核心部分。它于1919～1920年间由约翰内斯·伊滕引入，并作为教学计划的一个重要组成部分，而且是每个学生的必修课。这门课程的目的

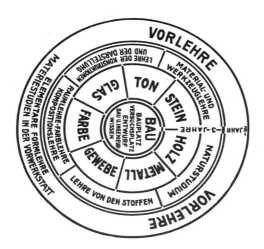

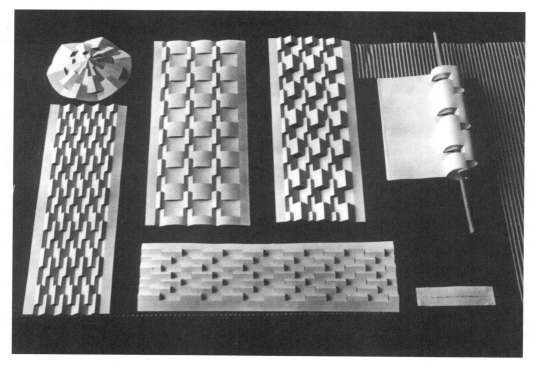

沃尔特·格罗皮乌斯，包豪斯学校介绍的结构图（1922 年）

约瑟夫·阿尔贝斯的基础课程作业，以纸和折纸所做的可塑材料训练（约 1927 年）
© 包豪斯档案馆，柏林

一方面是鼓励学生去试验和开发自身的创造能力，一方面是通过对客观的设计学的理解教导学生基本的设计技能。

基础课程最初由莫霍伊－纳吉执行，后来由约瑟夫·阿尔贝斯（Josef Albers）继续，课程的目的在于"创造的建构，观察的发现"。在方法上，阿尔贝斯与伊顿一样，采用一种感应的方式来设计，让学生去调查、探究和实验。这种方式直接促进了认知能力。这个理论并非预先设定，而是在实验的分析和讨论归纳而成，再继续浓缩成一个普遍的"设计理论"。

1925 年包豪斯从魏玛迁往德绍由格罗皮乌斯设计的新校舍中，校务在此持续七年，直至在纳粹分子的压迫下，德绍包豪斯被迫关闭。一小群教师和学生在十分艰难的条件下，作为一所私立学校于 1932～1933 年间继续在柏林运作，最终密斯·凡·德·罗于 1933 年夏关闭学校。

发展阶段

根据赖纳·维克（Rainer Wick，1982 年）的看法，包豪斯的实质工作可以划分为三个阶段：

基础阶段 1919～1923 年

最重要的教育项目是如上所述的基础课程。学生在课程结束后在众多专业工场中选择一个进行专攻，如印刷、制陶、金工、壁画、彩色玻璃画、木工、舞台、织品、书籍装帧及木雕等。

每个工场有两位负责人，一位造型师傅（艺术家），一位手工师傅。如此，学生的手工技能及艺术能力可以在同一种方式下增进，但在实践中很快就显示出来，手工师傅从属于造型师傅。最后由于独立艺术家成为包豪斯的重心，普遍深入的社会紧张由此产生。在此阶段的设计主要制作了一些原件样品，在产品美学方面作出初步尝试。

巩固阶段 1923～1928 年

包豪斯渐渐变成一个教育生产工业产品原型的场所，这既是基于工业化生产的事实，又是顺应广大民众的社会需求。包豪斯各工场中对今天影响最深的，除了金工工场外，就数家具工场了。1920 年进入包豪斯学习的马塞·布劳耶（Marcel Breuer），于 1925 年担任此部门的青年师傅。布劳耶以其发展出的钢管家具，在功能完备且适合大量生产的家具方面取得了突破。也许是自行车的弯曲手把激发了他的灵感，布劳耶开始想到要将之和托耐特椅联系起来。钢管高强度的优点和遮盖物（编织品、布料、皮革）的轻柔性相结合，成功地产生了一种崭新的座具形式（Giedion，1948 年）。同样的原则很快延伸到桌子、橱柜、架子、书桌、床以及组合家具上。

包豪斯设计活动的目标，是为广大民众设计他们买得起且具有高度实用性的产品。在包豪斯发展的第二阶段，这种功能概念在理论上和实践上都得以发展，这种概念常常包含一种社会态度："掌握生活与工作条件"（Moholy-Nagy）并认真处理"大众需要的事情"。功能意味着两方面的结合：将工业生产条件（技术、结构、材料）及社会条件（如广大民众的需求及社会计

在德绍的包豪斯学校

划）在设计中取得协调。

因此，在包豪斯发展的第二阶段，无目的的艺术试验因应用的设计任务所遏制。在一定程度上也是接受工业任务的结果，包豪斯转变成为一所设计学院。标准化、系列制造、批量生产成为所有包豪斯工作的支柱。此后发展的重要力量是瑞士建筑师汉内斯·迈耶（Hannes Meyer），他于1927年成为建筑部门负责人，并创立了一种系统的有科学背景的建筑训练方式。

瓦解阶段 1928～1933 年

汉内斯·迈耶1928年被任命为包豪斯的校长，在此期间新的科目和工场也引入包豪斯，其中包括摄影、雕塑和心理学等。迈耶强烈主张建筑与设计的社会功能。他说，设计者必须为人民服务，也即提供适当的产品以满足其基本需求，例如，在居住方面。这也意味着艺术学院的观念至此被彻底抛弃，许多艺术家如施莱默、克莱、莫霍伊－纳吉等都离开了包豪斯。在德国的政治压迫下，迈耶也于1930年离开包豪斯，与12个学生前往莫斯科。

密斯·凡·德·罗被聘为新任校长。1932年德国纳粹分子关闭了德绍包豪斯。密斯尝试将包豪斯以独立机构的形式，在柏林继续运作。1933年7月20日，也即希特勒掌权后的几个月，包豪斯就自行解散了（Hahn，1985年）。

包豪斯的目标

包豪斯有两个中心目标：

一通过整合所有艺术类型和手工门类，在建筑学的主导下，获得一种新的美学的综合。

一通过使美观的产品与合乎普通大众的需求相联结，进而获得一种社会的综合。

这两个方面，在此后的数十年间，成为设计活动的中心范畴。除了纯粹教育上的贡献之外，包豪斯也是"生活的学校"。

也就是说，老师与学生实行一种共同的、有建设性的生活哲学（Wünsche，1989年），至少在魏玛时期，如莫霍伊－纳吉所描述的，类似一种"亲密的社团"。这种同质性无疑近乎一种传教式的热情，也因此包豪斯的思想传遍了整个世界。类似的现象也能在第二次世界大战后的乌尔姆设计学院中发现。菲德勒（Fiedler）和费尔阿本德（Feierabend，1999年）的长篇论著，很快被树立为"温格"（Wingler）之后的第二个标准著作，对包豪斯大量之前被忽视的方面作出评判。

包豪斯对产品设计文化的影响

伴随着沃尔特·格罗皮乌斯的要求："艺术与技术—— 一种新的结合"，出现了一种新的工业方面的专家。他们均衡地掌握了现代技术及与之相符的形式语言。因此，格罗皮乌斯为实际的职业由传统的工匠转变为工业设计师奠定了基础。

以清晰调查、功能分析以及正在形成中的形态学这些方法，被用于阐明设计的客观条件。

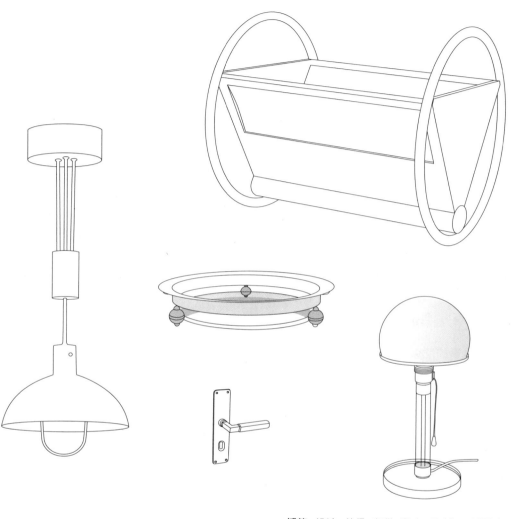

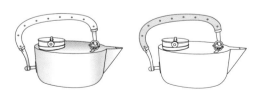

摇篮，设计：彼得·凯勒 (Peter Kehler，1922年)

Me 105吊灯，设计：玛丽安娜·勃兰特（Marianne Brandt）汉斯·普日伦勃尔（Hans Przyrembel）（1926年）

水果盘，设计：约瑟夫·阿尔贝斯（1923年）

台灯，设计：卡尔·J·尤克尔（Carl Jacob Jucker）/ 威廉·瓦根费尔德（Wilhelm Wagenfeld，1923～1924年）

德绍包豪斯学校的门把手，设计：沃尔特·格罗皮乌斯（1929年）

茶具，设计：玛丽安娜·勃兰特（1928～1930年）

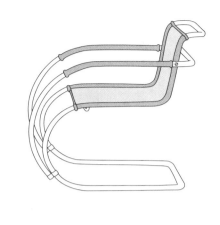

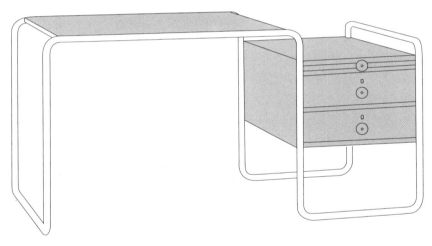

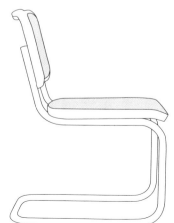

扶手椅，设计：密斯·凡·德·罗（1927 年）

B65 椅，设计：马塞·布劳耶（1929~1930 年）

钢管椅，设计：马特·史坦（1928 年）

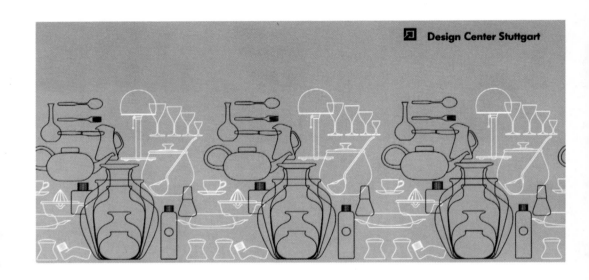

"威廉·瓦根费尔德"展的邀请卡
斯图加特设计中心，1988 年

豪华轿车，设计：沃尔特·格罗皮乌斯
(1929～1933 年)，奥迪汽车股份有限
公司（Adler-Automobilwerke）

格罗皮乌斯曾于1926年说道："事物是由其天性决定的。无论是一个花瓶、一把椅子或一间房屋，为了赋予它能正确发挥功能的形式，首先必须探究其本性，因为它应该完全为其目的服务，也即实际地实现其功能，同时也是耐用的、价廉的和美观的"（Eckstein，1985年）。"清晰的记号"这个概念（Fischer和Mikosch，1983年）也是基于这个传统的，这个概念意指每个产品都有其典型的记号，或其操作功能的视觉化，并指向一个产品种类的特别细节。

这种社会化的姿态在包豪斯的学生威廉·瓦根费尔德的作品中显得特别清楚。他深信，大量生产的制品必须便宜，且其造型设计及生产也是出色的。他为劳奇兹（Lausitz）玻璃工厂和符腾堡金属器皿工厂（WMF，Württembergische Metallwarenfabrik）设计的物品十分普及，加上设计师瓦根费尔德总是退居到他的产品背后（相关事迹参见Manske和Scholz，1987年），以至于这些被视为无名产品的设计，成为日常文化的一部分。

然而，必须指出的是，包豪斯的设计在20世纪30年代并未对大众文化产生影响，包豪斯产品的买主多是容易接受新设计观念的知识分子圈。此外，从今天的视角回顾，我们可以确切地说，包豪斯风格是对20世纪的格式化影响（Bittner，2003年）。

> 实际上，我们的行为不是沿袭自艺术，而是来自事物本身，准确地说是来自人们。因此，我们将艺术化的设计和技术化的认识相等同，虽然从另一个角度。
>
> ——威廉·瓦根费尔德，1948年

包豪斯与家具设计

包豪斯的设计很大程度上是受到一代年轻的建筑师所影响，他们主要关心的是产品的功能及居住者的生活环境。在与19世纪彻底决裂之后（这个时期在中上阶层的家庭中形成豪华装饰的观念），设计者便将注意力指向了技术问题。新的结构方式的吸引力，导致了功能至上的"规格家具"（type furniture）。在此早期阶段，科技的魅力已经发展成为一种独特的新象征。钢管家具成为室内设计领域中前卫知识分子的标识。然而，这类家具的市场潜力直至20世纪60年代才被如卡西尼（Cassina）等意大利家具制造商彻底挖掘出来。

包豪斯在设计教育上的影响

当政治运动迫使许多包豪斯的教师与学生流亡海外，包豪斯的先进理念也随之远播世界，并在研究、教学和实践应用中有了进一步发展。

——1926年：约翰内斯·伊滕在柏林创立了一所私人艺术学校。

——1928年：在桑多尔·博尔特尼克（Sandor Bortnik）的主持下，在匈牙利创立了"布达佩斯包豪斯"（Mühely）。

——1933年：约瑟夫·阿尔贝斯前往美国北卡罗来纳州的黑山学院任教，直至1949年。

——1937年："新包豪斯"在芝加哥创立，莫霍伊－纳吉担任校长。

——同在1937年，沃尔特·格罗皮乌斯担任哈佛大学设计研究所建筑组的负责人。马塞·布

法国包豪斯地毯（包豪斯女人设计）
设计：格特鲁德·阿恩特（Gertrud
Arndt），Vorwerk Teppichwerke 公司

沙发
设计: 彼得·马利 (Peter Maly), COR

劳耶也在此执教至 1946 年。

——1938 年：密斯·凡·德·罗担任芝加哥阿莫尔（the Armour）技术学院的校长。1940 年该校经过合并成为知名的伊利诺伊理工学院（IIT）。

——1939 年：莫霍伊－纳吉在芝加哥创立了设计学校，后于 1944 年学校升级为专科学院，更名为设计研究所。

——1949 年：莫霍伊－纳吉的继任者泽格·切尔马耶夫（Serge Chermayeff）将"设计研究所"并入伊利诺伊理工学院，并升级为学院。希玛耶夫开设了一些专业课程：视觉设计、产品设计、建筑和摄影。这种划分后来被世界上许多涉及学校所沿用。

——1950～1959 年：阿尔贝斯在康涅狄格州的耶鲁大学执教，在那里产生了他著名的色彩研究《色彩的互动》（Interaction of Colour， Albers，1963 年，1977 年）。这本书至今仍在设计师基础训练的色彩课程中被采用。

乌尔姆设计学院

乌尔姆设计学院（以下简称乌尔姆）被认为是第二次世界大战之后新设学校中意义最为重大的一所。正如包豪斯于 20 世纪 20 年代在建筑、设计和艺术上烙上了决定性的印记，乌尔姆也在设计理论、实务、教学和视觉传达上产生了各种类似的影响。因此对这两所设计学校进行直接比较看来是恰当的。1927～1929 年在包豪斯就读的瑞士人马克斯·比尔（Max Bill），参与创建了乌尔姆设计学院，并主持校务至 1956 年。乌尔姆的客座讲师还有以前包豪斯的阿尔贝斯、伊滕和沃尔特·彼得汉斯（Walter Peterhans）。该校起初的课程也严格依循德绍包豪斯的模式。

从沃尔特·格罗皮乌斯 1955 年在该校的开幕致辞中，更可以清楚地见到其延续性。他从先进民主政治中艺术家角色的意义谈起，同时驳斥一些指责包豪斯推行片面的理性主义的说法。在其工作中他所关心的是要在实用及审美心理这两项时代需求之间谋求新的平衡。格罗皮乌斯对设计范畴内的功能主义理解为：以产品来满足民众生理上和心理上的需求。尤其形式美的问题对他而言是心理上的特质。他坚信，学校的任务必须不只是传授知识和培养智能，还应包括感官能力的培养。

> 今天，hfg 可以被理解为几年来继续着这一认识，一个高等教育中的技术——人文学院，其目标是对高等教育中的技术学院的可改变性的。
>
> ——勒内·施皮茨，2001 年

20 世纪 80 年代以来，随着对乌尔姆设计学院的历史的兴趣日益觉醒，乌尔姆设计学院也越来越受到关注。1982 年 HfG-Synopse 工作组发表了一份对照年表，依据档案资料描述乌尔姆设计学院发生的事件和经过（Roericht，1982 年，1985 年）。在此基础上，该工作组筹

乌尔姆设计学院的校舍（1967年）
（图片来源：Bürdek 摄）

办了一次有关乌尔姆设计学院的展览（参见1987年同步出版的由Lindinger所编著的文献）。此外还有几篇学位论文从艺术史的角度予以撰写，包括哈特穆特·泽林（Hartmut Seeling）非常有争议的一篇（1985年），埃娃·凡·泽肯多夫（Eva von Seckendorff，1989年），勒内·施皮茨（René Spitz）所撰写的非常谨慎的一篇（2001年），他特别研究了乌尔姆设计学院的学院化进程与政治社会环境。自2003年秋天以来，举办了一次巡回展，并发表了相应的说明册，命名为"乌尔姆模式——乌尔姆之后的样式"（乌尔姆博物馆和HfG-Archiv，2003年）。

六个发展阶段

乌尔姆设计学院的历史发展可以划分为六个阶段：

1947～1953年

英奇·肖勒（Inge Scholl）为了纪念他被纳粹处死的弟妹汉斯（Hans）和索菲·肖勒（Sophie Scholl）而筹设了一个基金会，目的是建立一所将职业技能与文化创造和政治责任结合起来的学校。在美国驻德高级专员约翰·麦克洛伊（John McCloy）的倡议下，肖勒兄妹基金会成立了，并成为乌尔姆设计学院的支柱。

英奇·肖勒、奥特·艾歇尔（Otl Aicher）、马克斯·比尔和沃尔特·蔡施格（Walter Zeischegg）合作拟出该校的理念，1953年由比尔设计的校舍开始修建。

1953～1956年

在乌尔姆的临时校舍中，乌尔姆的第一批学生开始接受昔日包豪斯教师海伦妮·农内-施密特（Helene Nonné-Schmidt）、沃尔特·彼得汉斯、约瑟夫·阿尔贝斯和约翰内斯·伊滕的教导。课程直接承袭包豪斯的传统，只是去掉了绘画及雕塑班，也没有自由艺术和应用艺术系。第一批新的专职讲师也具有艺术教育背景，但事实上乌尔姆对艺术知识表现出工具式的兴趣，例如将之应用在基础课程中。

1954年马克斯·比尔被委任为乌尔姆设计学院的首任校长，在乌尔姆库堡（Kuhberg）山坡上的新校舍也随后于1955年10月1日和2日正式启用。在开幕致辞上比尔陈述学院的崇高抱负："我们的目标接近了。学校所有的活动都以建立一种新文化为导向，以创造一种与我们所生活的技术时代共存的生活方式为目标……对我们来说，当前的文化已经深刻动摇，以至于需要再次开始建立，也就是说，在金字塔的顶端。我们不得不通过检查基础，以金字塔的底部开始"（Spitz，2001年）。

奥特·艾歇尔、汉斯·古格洛特（Hans Gugelot）和托马斯·马尔多纳多（Tomás Maldonado）是首批被聘任的讲师。

1956～1958年

此阶段的特征是：在教学计划中，采纳了新的科学学科。艾歇尔、马尔多纳多、古格洛特

乌尔姆设计学院的门把手
设计：马克斯·比尔/恩斯特·默克 (Ernst Moeckl)
(hfg 乌尔姆 hommage，2003 年)
(图片来源：Bürdek 摄)

和蔡施格等特别指出设计、科学与技术之间的紧密联系。马克斯·比尔由于其不再认同学校所采取的方向，于1957年离开该校。这个阶段也被认为是学院教育模式的准备阶段，马尔多纳多在1958年的部署中有清楚的陈述："正如你所看到的，我们已经不遗余力地将学校的工作推向准确的位置。"（Spitz，2001年）

1958～1962年

诸如人体工学、数学技巧、经济学、物理学、政治学、心理学、符号学、社会学和科学理论等学科，在教学大纲中越来越重要。乌尔姆显然是立于德国理性主义的传统之上，试着证明设计的"科学特征"，尤其是通过数学方法的运用。但与此同时，这些纳入教学计划的科目的挑选也受到特定时间来访的讲师的意愿的严重影响，因此这些课程罕有持续确立的。尽管支持先锋派，知识分子宣称，该校没有成功发展出一项严谨的理论。因此，迈克尔·埃尔霍夫论断乌尔姆发展出一项相当完备的最新设计观念，看来令我疑虑，因为在乌尔姆中所争论的，也被整合于教学与研究之中的，是一系列相当随意的理论片断和偶然性的发现（Bürdek，2003年）。

> 将科学整合进设计的尝试被认为是失败的。科学是新知识的生产，设计是在实践中的干预。
>
> ——古伊·邦西彭，2002年

沃尔特·蔡施格、霍斯特·里特尔（Horst Rittel）、赫伯特·林丁格（Herbert Lindinger）和古伊·邦西彭（Gui Bonsiepe）在产品设计部门担任讲师。当时最受重视的设计方法学的发展，模块化设计和系统设计成为设计项目的重心。

1962～1966年

在此阶段的教学计划中，理论和实用的课程已取得平衡。教学活动本身几乎完全定型，并成为许多其他设计学校的参考模型。

独立的设计小组（研究所）受工业界委托所作的设计项目也越来越多。与此同时，工业界对于开发设计为其所用的兴趣也越来越明确。德国企业也很快认识到，乌尔姆所运用的原则能够用以实现理性制造理念，而这一理念是非常符合当时的技术水平的。从外表看，乌尔姆设计学院自身不再被视作关于研究和发展的综合大学水平的机构，结果，以"没有研究就没有资金"为评判依据，德国政府停止资助该校（Spitz，2001年）。

1967～1968年

在最后两年里，试图保持学院独立性的尝试，不断寻找新的理念和制度结构都未能成功。在巴登—符腾堡邦议会要求新理念未能发现，至少因为在国际教员和学生中的不满，结果，乌尔姆设计学院最终于 1968 年关闭（Spitz，2001 年）。

　　不论所有常被提起的政治原因，单就乌尔姆自 20 世纪 60 年代中期以来便未能再成功发展出内容合乎时代要求的观念一事，乌尔姆也是失败的。起于当时的功能主义批判及部分稍后开始针对生态问题的论战都未能被该校所接受。尤其在其研究所中，由于企业的设计项目而充斥着一股浓烈的商品化风潮，这使得很多讲师不再可能保持独立性和批判性。一旦乌尔姆风格最终被建立，抵制从工业界中获得收获的诱惑被证明是不可能的。由于这种纠缠使得它不可能找到同时满足学生造成的大量需求的解决途径：工作的社会意义以及对独立学院和综合性大学而言保持学术的独立性。

环境规划研究所（IEP）

　　1969 年，在乌尔姆设计学院的校舍，斯图加特大学开办了环境规划研究所。其意图是延续乌尔姆工作的同时，拓展乌尔姆对设计的狭隘定义。研究所越来越致力于社会和政策问题，由于 1967～1968 年的学生运动才使设计师意识到这一课题（Klar，1968 年；Kuby，1969 年）。然而，丧失了独立学院的自主权意味着研究所对斯图加特大学的强烈依赖，这最后也导致它在 1972 年被关闭。仍值得一提的是，研究所中的一个工作小组，为设计理论的再定位奠定了基础（参见第 229 页）。

乌尔姆设计学院的科系

　　对乌尔姆设计学院各科系的概览，可以勾勒出乌尔姆工作的重点。

基础课程

　　和包豪斯类似，乌尔姆的基础课程也具有重要意义。其目的在于介绍普遍的设计基础和科学理论知识，以及设计的操作技能（包括模型制作和表达技巧）。这里也通过设计活动的基本手段（色彩、形态、形式法则、材料、质感等）的实验，培养学生敏锐的感知能力。最初仍受到包豪斯的强烈影响，随着时间的推移，基础课程发展成为一种精确的几何数学式的视觉教学法（Lindinger，1987 年）。

　　　　认识到一个东西可以如此独创性和如此平凡的艺术。

　　　　　　　　　　　　　　——安格利卡·鲍尔（An-gelika Bauer),2004 年

　　乌尔姆基础课程的真正意图，在于通过对学生精确手工的训练，获得严谨缜密的思维方式。笛卡尔（Cartesian）思想在学术理论上占有主导地位。理性、严格的形式与结构掌控着思维，只有"精确"的自然科学才被完全接受为参考科目。特别是与数学相关的学科才被拿来研究用于设计上的可能性（Maldonado and Bonsiepe，1964 年），包括：

　　—组合分析（针对模数系统及尺度调和问题），

乌尔姆设计学院的学生会议
(图片来源：Bürdek 摄)

一群组理论（隔栅式结构的对称理论方式），

一曲线理论（针对承接和转化的数学处理），

一多面体几何学（针对块体的结构），

一拓扑学（针对次序、延续性和相邻的问题）。

学生在有意识地、按部就班地执行设计程序中受到训练，从而教导学生一种与日后他们在产品设计、工业构造或沟通等领域工作所配合的思维方式（Rübenach，1958～1959年，1987年）。

建筑

建筑系主要关注预制式的建筑方法，训练的重点在于构造元素、联结技术、生产管理和模数设计。

运用这些技术主要是为社会大众造出廉价的住宅。从设计的观点看，乌尔姆延续了包豪斯时汉内斯·迈耶的观点，但这些工作也紧紧配合了当时工业构造中预制式设计的趋势。

电影

1961年电影系被设立为独立的科系，学生们除了学习必要的手工技能之外，还发展新的实验性电影形式。讲师是埃德加·赖茨（Edgar Reitz）、亚历山大·克卢格（Alexander Kluge）和克里斯蒂安·施特劳布（Christian Straub）。电影系于1967年10月独立成为电影设计研究所。

信息研究

这个科系的目的是为印刷、电影、广播和电视等方面的新职业提供训练。最有影响力的三位讲师是马克斯·本泽（Max Bense）、亚伯拉罕·A·莫莱斯（Abraham A. Molesh）和格尔德·卡洛（Gerd Kalow）。信息研究系也尝试将信息理论应用于其他设计领域。

产品设计

这个科系的兴趣集中于发展和设计工业化大批量生产的产品，这些产品在日常生活环境、办公室和工厂中广为使用。特别需要强调的是，一种能对决定一项产品的所有因素（如功能、文化、技术和经济）都加以考虑的设计方法。

设计方案很少针对单一产品，而大多数是针对产品系统的问题，即如何通过产品系统获得一种统一的形象，如企业形象设计。器具、机械和设备是主要的产品范畴。具有手工艺特性的物件或多或少是禁止的，贵重物和奢侈品也不在产品设计部门的职责范围之内。

视觉传达

大众传播的问题是此部门的重心。此处的设计方案包括从排版、摄影、包装系统、展示系统到传达技术、展览设计、符号系统的发展等所有类型。

乌尔姆设计学院在教育上的影响

与包豪斯类似，乌尔姆设计学院在关闭后还有十分大的影响，尽管它仅存在了短短 15 年。乌尔姆的毕业生在一种幸运的环境中受益：官方机构（如德国）招聘时注重应聘者能否出具大学毕业证书，而在 20 世纪 60 年代设计领域只有乌尔姆设计学院的毕业生才能达到这一条件。带着被灌输的僵硬笛卡尔式的基本态度，他们肯定会扼杀"不正常的趋势"于萌芽状态或在最初阶段就阻止其生长。这也说明在那个时期设计与艺术、手工艺之间如何壁垒分明。后来这一思潮引发了 20 世纪 80 年代的后现代运动的反动，这一运动吸引了对设计的大量注意力但最终却起到了相反的作用，因为这一学科的基础科学没有取得丝毫进展。实际上，在今天看来，在大学所教授的是自由艺术还是实用艺术，我们发现，大量鼓吹的课程的多科性对话在面对坚持想像上的"自由"和显然的"独立"艺术家时惨遭失败，在这些艺术家之中回归 19 世纪独立艺术学院的思维方式仍然十分广泛。因此，出现的情况是，当设计学校证明积极的、广泛的包涵文化脉络，设计院校就会特别成功。这个文化脉络不仅仅意味着自由艺术，也包括建筑、舞台设计、生产与事件设计、电影、摄影、文学、时装、音乐、流行文化、城市与区域规划以及剧院。

> 论及在 hfg 乌尔姆的鼎盛时代的设计发展，就如同炼金术时代谈论科学的化学。
>
> ——古伊·邦西彭，2002 年

特别是在设计方法学方面，如果少了乌尔姆的研究工作，则是不可想像的。对问题作系统的思考、运用分析及综合的方法和设计方案的提出与挑选，都是近日设计专业通常的保留节目。乌尔姆是第一个设计学校绝对地、有意地将自己置身于现代主义的知识分子传统之中。

正如包豪斯成员不只认为自己是艺术家、建筑师、设计师，而是一个生活及知识分子团体（Fiedler 和 Feierabend，1999 年），"乌尔姆"也自认为是一个具有相似特征的群体。该校总计 640 名学生，但只有 215 人获得学位。所以说它有"五月花号的成果"（Bürdek，1980 年）无疑是正确的。今天，对设计师而言在乌尔姆学习值得一提，几乎就像在美国能够拿出追溯其家族史到"五月花号"一样。

粗略估计，乌尔姆的毕业生有一半在设计公司或者企业的设计部门工作。许多产品设计师去了意大利，而建筑师大多在瑞士开业。另一半毕业生则在或曾经在高校执教。由于后面这群人和参与 20 世纪 70 年代的教学大纲修订（后来产生了新的教学及考试规则），乌尔姆的思想财富被带到各校的教学计划中。

> 在推论 hfg 的建立基础时有一个瑕疵，即乌托邦。乌尔姆使其创立者引以为荣的是，他们在自身之上建立乌托邦的现实：这就是 hfg 实验所的建立。在分析中我已指明这个推论的瑕疵，也是 hfg 失败的原因，即将设计与社会政策理想和需求相结合遭到禁止。当设计的品质备受争议时，在决策中忍耐和参与处于同等权利就不适当了。
>
> ——勒内·施皮茨，2001 年

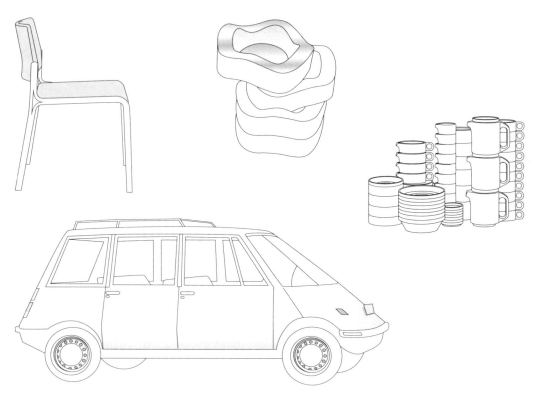

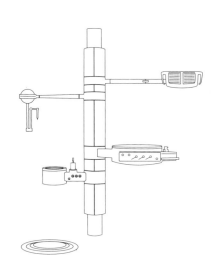

胶合板椅，设计：威廉·里茨（Wilhelm Ritz，1958~1959 年），Wilkhahn 公司

可叠放的烟灰缸，设计：沃尔特·蔡施格（1967 年），喜力得公司（Helit）

TC 100 可叠放的餐饮器皿，设计：汉斯·勒尔里希（Hans Roericht）（1958~1959），托马斯罗森塔尔（Thomas/Rosenthal）

AUTONOVA FAM 车，设计：弗里茨·B·布施（Fritz B. Busch），迈克尔·康拉德（Michael Conrad）和皮奥·曼祖（Pio Manzù，1965 年）

牙医用组合器，设计：彼得·贝克（Peter Beck），彼得·埃默（Peter Emmer），迪特尔·赖希（Dieter Reich），（1961~1962 年）

动物图案组合积木，设计：汉斯·凡·克利（Hans von klier，1958 年）

酒会幻灯机，设计：汉斯·古格洛特（1963 年），柯达（Kodak）公司

街灯，设计：彼得·霍夫迈斯特（Peter Hofmeister），托马斯·门采尔（Thomas Mentzel），维尔纳·岑佩（Werner Zemp），（1965~1966 年）

汉堡的列车，设计：汉斯·古格洛特，赫伯特·林丁格，赫尔穆特·米勒-屈恩（Helmut Müller-Kühn），（1961~1962 年）

乌尔姆的椅子，设计：马克斯·比尔，汉斯·古格洛特，保罗·希尔丁格（Paul Hildinger，1954 年）

如上所述，乌尔姆设计学院的思想广为流传。正如1933年包豪斯人大批远离祖国的回响——虽然原因非常不同——许多乌尔姆的讲师和学生走向全世界寻求新的挑战：

——20世纪60年代，来自乌尔姆的设计师在里约热内卢的设计高等学校（Escola Superior de Desenho，ESD）的建立中具有决定性的角色。

——20世纪70年代初在巴黎建立一个环境设计研究所，然而只维持了几年。

——与此同时，智利尝试发展针对基本需求的产品。其设计观念受到乌尔姆的强烈影响（Bonsiepe，1974年）。

——在印度，无论是在阿默达巴德的国家设计协会还是孟买的工业设计中心，都明显受到乌尔姆的影响。

——同样的情况还有古巴的国家工业设计署（ONDI），墨西哥市立大学（UAM）为设计师开设的进修课程，以及巴西佛洛莉亚诺波里斯（Florianopolis）的联合工作室。

乌尔姆设计学院在产品文化上的影响

乌尔姆的设计理念，在20世纪60年代中经由学校与博朗兄弟的合作，迅速被应用于工业领域。

博朗公司成为后来在世界上引起轰动的"好的设计"（Good Design）运动的起点。这一运动一方面很好地配合了生产制造的可能性，同时在被运用于消费者和资本货物上时也很快获得了市场接受。20多年来，"好的设计"、el buen diseño（西班牙语，意为"好的设计"）、"美的设计"和"好的形态"（gute form）已经或多或少成为国际上德国设计的标记。这一理念在20世纪70年代受到第一次强烈挑战（对功能主义的批判），并在20世纪80年代早期受到一次更为强烈的冲击（后现代主义）。虽然如此，许多德国企业已经运用了这一理念并获得相当大的成功。

博朗的例子

对于德国设计的发展，没有任何其他企业能像位于法兰克福附近的科隆堡的博朗公司那样产生如此决定性的影响。仍未动摇的现代主义传统主导着博朗的经营和设计策略直至今天。数十年来，博朗一直是其他企业的楷模，而不仅限于德国。

开端

第二次世界大战之后，马克斯·布劳恩（Max Braun）开始重建他的公司。1951年他的两个儿子埃尔温（Erwin）和阿图尔（Artur）分别掌管了商业和技术部门。最初生产的产品有电动剃须刀、收音机、厨房用具、电子闪光灯。

20世纪50年代初，负责博朗设计策略的弗里茨·艾希勒（Fritz Eichler）推动了与乌尔姆设计学院的合作，发展出一种新的产品路线。当时乌尔姆的讲师汉斯·古格洛特决定性地参与

高保真音响组合， t+a akustik 公司

606 书架， 设计：迪特尔·拉姆斯，sd+ 公司

了此项工作。1955 年迪特尔·拉姆斯（Dieter Rams）——顺便提及，他不仅就读于乌尔姆设计学院，也曾在威斯巴登手工艺学校学习——开始担任博朗公司的建筑和室内设计师，并在1956 年他已首次接受产品设计的任务（Burkhardt 和 Franksen，1980 年）。汉斯·古格洛特和赫伯特·希尔歇（Herbert Hirche）与拉姆斯合作，为创立博朗的企业形象奠定了第一块基石。

理念（原则）

博朗的产品十分清晰地运用了功能主义的理念（参见 1990 年汉诺威设计博览会工业论坛）。其主要特征包括：

—高度的操作合宜性；

—人体工学及心理学需求的满足；

—每件产品在功能上都极具条理；

—细心的设计，巨细靡遗；

—以简单的手法，达到和谐的设计；

—建立在使用者需求、行为方式和新技术的基础上的智慧的设计。

在古典现代主义的传统下，迪特尔·拉姆斯描述其作为设计师的工作为"少些设计就是多些设计"（less design is more design），此语直接承自密斯·凡·德·罗的"少就是多"（less is more），也就是对第二次世界大战后的建筑师产生重要影响的国际风格的论断。虽然 1966 年罗伯特·文丘里（Robert Venturi）已经以"少即是乏味"（less is bore）来适当地讽刺密斯，但这一争论对拉姆斯却没有丝毫影响。

在博朗的例子中可以清楚地看到，如何通过技术观念、可控的产品设计、井然有序的传播品（信封、说明书、产品目录等）的统一，建立了一个企业的整体视觉形象。在其严谨方面迄今仍可仿效。这种对设计元素的协调一致被称为一个公司的企业设计。

迪特尔·拉姆斯之后的博朗

我认为，我到了该退休的年纪了。公司应该感到快乐，因为他们中的一些人再也不用听到"更少却更好"（Less but better）了。

——迪特尔·拉姆斯，2001 年

20 世纪 80 年代后现代主义设计的衍生物并没有影响博朗的产品文化，直至 20 世纪 90 年代后半期。诸如阿莱西（Alessi）、Authentics、柯吉尔（Koziol）和飞利浦等公司的巨大成功，从百货公司到专卖流行衣服的小商店都流露出装饰有一个新的流行文化的风格元素的产品线，没有扑向被忽视的如博朗这样的公司。作为产品设计部门的负责人直到 1997 年，迪特尔·拉姆斯一直是德国功能主义最为顽强的倡导者之一（Klatt 和 Jatzke-Wigand，2002 年），因此，当他 1997 年离开之时，他对博朗的产品设计决定性的——也是刚性的影响也走到了尽头。越来越依赖于

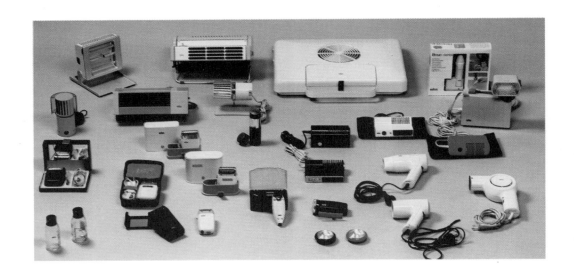

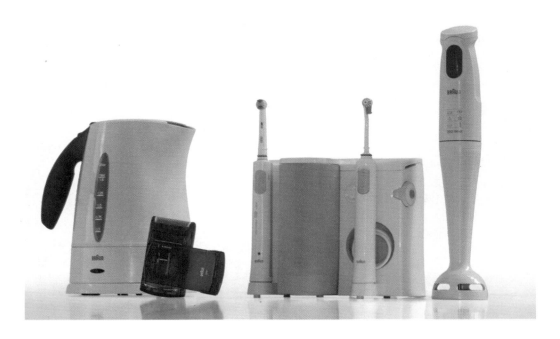

博朗的产品（1950～1970 年）
（图片来源：Galerie Ulrich Fiedler, Cologne）

博朗当前的产品
（图片来源：Wolfgang Seibt）

全球化设计的营销战略的影响日益增长，导致许多产品方面独特性的丧失（博朗设计，2002年）。

从好的设计到设计的艺术

一切从沙利文开始

长期以来，普遍使用的关于功能的定义，是出于对美国建筑师路易斯·H·沙利文（Louis H. Sullivan，1856～1924年）的观点的明显误读。他实际上不仅仅关心建筑的操作功能，同时也关注物体的符号学尺度："自然界的每一件事物都有一个形态，也就是说，一个形态，一个外在形象，告诉我们他们是什么，并把它和我们自己以及其他事物区别开来。"（沙利文，1896年）沙利文希望在生活及形式之间有完美的协调与配合。但20世纪"好的设计"的实务中完全没有反映出这一点。

> 　　产钳必须光滑，糖夹却非如此。

> ——恩斯特·布洛赫，1918年

《装饰与罪恶》（1908年）的作者阿道夫·路斯（Adolf Loos）首先引发了理性主义设计在欧洲的发展，这大部分也是随着工业化生产方式的快速扩展而促成的。然而路斯没有认识到，民众的日常需求是复杂的，且受到传统美学模式的影响。甚至还在包豪斯之前，恩斯特·布洛赫（Ernst Bloch）尝试将无装饰性的僵硬信条至少辩证地加以保留。

路斯的观念在包豪斯达到第一次巅峰。设计方法与方法论的发展被理解为对风格的节制，尽管实际上他们严格应用成为一种新的样式，也成为一小撮知识分子和进步人士的象征。他们以钢管家具和斯巴达的书架在自己的房间和住宅中作示范。

第二次世界大战后，功能主义在联邦德国达到其真正的巅峰，几年后也波及东德。由于大批量生产再次开始，它也被视为标准化和合理化制造的合适工具，并运用于设计和建筑领域。这一观念在20世纪60年代在理论和实务上都得以系统的发展和提炼，特别是在乌尔姆设计学院。

激进的20世纪60年代

20世纪60年代中期，欧洲几个工业国家出现了第一次争议的信号。第二次世界大战后的经济飞跃在很大程度上已经走到了尽头。长时间的越南战争在美国引发了学生的反对运动，并很快扩展至欧洲，如布拉格之春、巴黎的五月风暴以及柏林、法兰克福的学生示威。这些事件的共同基础，是一种在西欧被归结为"新左派"的理念之下的社会批判。在德国，这一运动可以在法兰克福学派的理论工作中找到其论证的基础，如特奥多尔·W·阿多尔诺（Theodor W. Adorno）、马克斯·霍克海默尔（Max Horkheimer）、赫伯特·马库塞（Herbert Marcuse）、于格尔·哈伯马斯（Jügen Habermas）以及其他人。

厨房灶具，Dessauer 公司

袖珍双眼望远镜，美乐时（Minox）公司

MP 单反相机，莱卡公司

对设计而言，沃尔夫冈·弗里茨·豪格（Wolfgang Fritz Haug）的研究尤为重要。他的《商品美学批判》以马克思的视角研究商品（产品）由使用价值和交换价值所决定的双重属性。豪格以许多例子揭示，设计只能充当提高交换价值的手段，换句话说，赋予物品美的造型并不能使之具有更好的使用价值（参见第 229 页）。

对功能主义的批判特别是在建筑及城市规划方面引燃开来。如在斯图加特的魏森霍夫住宅展中清晰呈现出的国际样式（Hitchcock 和 Johnson，1966 年），以一种扭曲的形式再次出现在很多大都市的卫星城之中。在德国，包括柏林的 Märkisches Viertel、法兰克福的 Nordweststadt、慕尼黑附近的 Neu-Perlach 以及东柏林的马灿区（Marzahn）。后来，这类大批量兴建的环境甚至被指责是对人类心灵的遏制和压迫（Gorsen，1979 年）。

亚历山大·米切利希（Alexander Mitscherlich，1965 年）的研究、特奥多尔·W·阿多尔诺于 1965 年所作的报告"今日的功能主义"以及海德·贝恩特（Heide Berndt）、阿尔弗雷德·洛伦塞（Alfred Lorenzer）、克劳斯·霍恩（Klaus Horn，1968 年）的文章，是功能主义的科学批判上非常重要的里程碑。

在设计领域对功能主义的批判则显得犹豫不决。亚伯拉罕·A·莫莱斯（Abraham A.Moles，1968 年）较早看到富裕社会的光环后面存在的问题，并从功能主义的危机中得出结论：功能主义一定还会被更僵硬地理解。他的功能主义的《大宪章》（Magna Carta）是基于一种节制地、理性地应用现有工具来达到明确目的的发展而成的生活观。

建筑师维尔纳·内尔斯（Werner Nehls）半挑衅半讽刺回应说，其观点震惊了整个设计界，理性主义者或功能主义者所理解的设计已经完全过时了。内尔斯说道，完全以在包豪斯或乌尔姆设计学院所受训练的思想来作设计，设计师将产生错误的设计。正确的角度、笔直的线条、几何的或客观的形体，开放的形态，缺少对比、无色性，这就是所作的一切。"此外，这种立方体的、男性的平面视觉的设计方式必须取消。今天的设计来自女性的立场，情感成为强调的重点。女性的、非理性的设计更喜欢有机的形态、对比的色彩、偶然的特征。"（Nehls，1968 年）这种对设计的理解被路易吉·科拉尼（Luigi Colani）应用于具体实践（Dunas，1993 年）。尤其是他开发出廉价的新塑料所提供的自由度的示范性的时尚特征，并将其表现出来。

在区分包豪斯和乌尔姆设计学院的功能主义时，格尔达·米勒-克劳斯佩（Gerda Müller-Krauspe，1969 年）宣扬一种"扩大的功能主义"，他将其定义为一种设计观念。支持这种设计观念的人试图发现更多决定产品的因素并在设计过程中将其纳入考虑范畴。作为协调者的设计师的角色早在乌尔姆设计学院的理论和实践中都浮现出来。

最初的生态学方法

20 世纪 70 年代初《成长的极限》一书出版，这是罗马俱乐部发行的一份关于人类处境的报告（Meadows，1972 年）。作者们明确指出，在可预见的未来，持续不断的指数增长将导致工业化国家失去赖以生存的基础。自然资源的锐减，人口密度剧增，环境污染的加剧，将导致工业社会不稳定甚至完全崩溃。因而设计也被赋予了生态学的要求，尽管它们大多被忽视了。

回应这样的忧虑，奥芬巴赫设计学院的一个名为"des-in"的工作群，在1974年柏林国际设计中心（IDZ）的一项竞赛中首次提出"回收设计"的观念。这个由设计、生产到销售自己的产品的早期模式，很快就因为其自身的经济力量不足而告失败。然而，"des-in"还是最早尝试在设计中将新的理论观念与另辟蹊径的设计实务工作结合起来的团体之一。

折衷主义的反向运动

没有其他的指示在画家和雕刻家的学院班级中变得更猥衰，在那里没有中伤是更痛苦的，超过恶言漫骂"设计者"。

——沃尔特·葛拉斯康(Walter Grasskamp), 1991 年

但是，在设计界一种相反方向的运动取得了优势。后现代（或称新现代）折衷主义运动的影响，尤其像意大利的孟菲斯（Memphis，参见第117页）所表现出来的，在德国越来越引人注目。1983年罗尔夫-彼得·巴克（Rolf-Peter Baacke）、乌塔·布兰德斯（Uta Brandes）和迈克尔·埃尔霍夫已经宣称《物品的新光辉》，一书显然对设计的改变即克服功能主义的信条上作出巨大推动。不仅在意大利，尤其在德国也有大量设计师脱离了功能主义的设计思想而工作。

建筑师、雕塑家及设计师斯特凡·韦韦尔卡（Stefan Wewerka）设计的变异的椅子却不能坐在其中（Fischer、Gleininger和Wewerka，1998年）。他设计的单腿摇摆椅延续了包豪斯的经典传统，同时也对其嘲弄。实际上，本身生产经典家具的制造公司，将韦沃卡的椅子视为其产品系列的重要补充（Wewerka，1983年）。

1982年汉堡艺术与手工艺博物馆首次展出了新德国设计的代表作品。先进的家具店和艺术廊（如汉堡的Möbel Perdu和Form und Funktion，慕尼黑的Strand，汉诺威的Quartett）提供给那些如20世纪80年代野兽派在绘画界一般引起轰动的设计师们一个展示作品的舞台（Hauffe，1994年）。

青年设计师们以团队的方式工作，如柏林的Bellefast、杜塞尔多夫的Kunstflug或科隆的Pentagon。单打独奏的设计师如扬·罗特（Jan Roth）、斯特凡·布卢姆（Stefan Blum）、迈克尔·法伊斯（Michael Feith）、沃尔夫冈·弗拉茨（Wolfgang Flatz）、乔里·拉茨拉夫（Jörg Ratzlaff）、斯蒂莱托（Stiletto）和托马斯·文特德兰（Thomas Wendtland），他们以材料、形式和色彩来做实验，几乎是不加选择地将之组合起来。从大件垃圾中找出废弃物，并和工业生产的半成品混合在一起（Albus和Borngräber，1992年）。

在这个过程中，设计师们有意采取艺术的工作方法，但他们感兴趣的是在事物中发现新的性质和印象，而不是建立高涨的"自己动手"（Do-it-yourself，DIY）运动。艺术与工艺品的界限也被取消，商店、精品店、艺术廊被创造出来，如同咖啡厅和餐馆的室内设计一样。新德国设计的高潮与终曲是1986年夏季杜塞尔多夫的回顾展"感觉拼贴——感性的居住"（Albus et al.，1986年）。

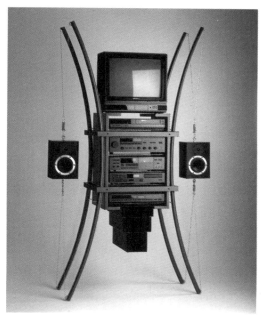

柏林设计工房 (1988 年)

媒体设备放置架，设计：约阿希姆·B·施塔尼茨克 (Joachim B. Stanitzek)

放在守候区的电脑台，设计：加布里尔·科恩赖希 (Gabriel Kornreich)
（图片来源：Idris Kolodziej）

坐在艺术王座上的设计

　　设计追随艺术正如孩童追随他的母亲；一个60岁的孩子却不愿接受已经到来的年纪。

——沃尔特·葛拉斯康，1991年

　　在设计最终以其20世纪80年代的激进作风抛弃了功能主义的束缚，将其发展为虚假的纯艺术只是时间早晚的问题。这种平行显而易见。20世纪80年代的艺术大量致力于让·鲍德里亚（Jean Baudrillard）的模拟说（1985年），艺术表现为自身的展览和正面。这一点在1987年夏季于卡塞尔举行的第八届文件展上给人留下深刻的印象。由此可见，设计几乎已经坐在了艺术的王座上，正如迈克尔·埃尔霍夫（1987年）所宣称的那样，设计既不属于艺术也不想成为艺术。

　　和许多建筑师一样，在第八届文件展的设计部分还邀请了15位设计师展示他们的产品与环境设计。包括西班牙的哈维尔·马里斯卡尔（Javier Mariscal）和奥斯卡·T·布兰卡（Oscar Tusquet Blanca），意大利的拉波·比纳齐（Lapo Binazzi）、保罗·德加内洛（Paolo Deganello）、古列尔莫·伦齐（Guglielmo Renzi）、丹尼斯·圣基亚拉（Denis Santachiara）和埃托雷·索特萨斯（Ettore Sottsass），现居伦敦的龙·阿拉伯（Ron Arad），德国的安德烈·布兰多利尼（Andreas Brandolini）、弗洛里安·博肯汉景（Florian Borkenhagen）以及五角大楼（Pentagon）设计群。在此展出的东西都是惟一的原件，既不适合当原型，也不是为某种量产方式所作的模型。无论是现代、后现代还是后现代之后的现代，这些展览的设计作品完美地适合了20世纪80年代的新的朦胧。

　　我们这个时代的真正的艺术家就是工业设计师。

——加埃塔诺·佩谢（Gae-tano Pesce），1988年

从设计到艺术再回到设计？

　　因此更清楚地看到艺术到设计以及设计到艺术的转变将是显而易见的一步。艺术与手工艺的分野已逾百年，设计与艺术和手工艺的分野也是如此。然而，正如设计师在20世纪80年代进入艺术领域一样，许多艺术家很早就致力于家庭日常生活用品了。

　　路奇乌斯·布克哈特（Lucius Burckhardt）具有远见的论断，"设计是无形的"，并作为一次回顾20世纪70年代的展览的命名，直至今天，还经常可以碰到这样愚昧的论述："设计是使自身变得有用的艺术"，——这无论对艺术还是设计都是一种侮辱。

——乌塔·布兰德斯，1998年

"感觉拼贴——感性的居住"回顾展，杜塞
尔多夫，1986 年
（图片来源：Bürdek 摄）

对艺术的折射和生产上，家具和家居用品是特别流行的东西：格里特·T·里特维尔的椅子，康斯坦丁·布兰库希（Constantin Brancusi）的沉默的桌子，马塞·杜尚（Marecl Duchamps）的异化物品，勒内·马格利特（René Magritte）的超现实主义的物品，萨尔瓦多·达利（Salvador Dalí）的 Mae West 沙发，梅雷·奥本海姆（Meret Oppenheim）的有鸟脚的桌子，阿伦·约翰斯（Allen Jones）的绿桌子，金霍尔茨（Kienholz）和西格尔（Segal）的装置艺术。克莱斯·奥尔登堡（Claes Oldenburg）、大卫·霍克利（David Hockney）、蒂姆·乌尔里希斯（Timm Ulrichs）、沃尔夫·福斯特尔（Wolf Vostell）、京特·于克尔（Günther Uecker）、丹尼尔·施珀里（Daniel Spoerri）、约瑟夫·博伊于斯（Joseph Beuys）、理查德·阿茨切瓦格（Richard Artschwager）、马里奥·梅茨（Mario Merz）、弗朗茨·E·瓦尔特（Franz Erhard Walther）、唐纳德·贾德（Donald Judd）、当前的托比亚斯·雷贝格尔（Tobias Rehberger），以及众多其他艺术家都常常利用日常用品进行创作。然而，他们并不是对于设计的调和感兴趣，而是更强调远离产品，以荒谬的转化、解释、破裂、片断等呼唤物品的内在问题。"艺术家创作的家具蕴含着使用的可能性，但这并不是他的主要意图。它的品质并不依赖于舒适度、书架所提供的容积大小、形态的人体工学。"（Bochynek，1989 年）弗朗茨·E·瓦尔特，前文提到的也涉及物品领域的艺术家之一，曾被问及从设计中学到了什么，他的简单回答如下："什么也没有。"

然而，20 世纪 90 年代出现了沧海桑田的变化。设计成为一种全盘操作的文化旗舰学科，现在对艺术产生更多的影响而不是相反。实际上，如同纽约（设计：Rem Koolhaas）和东京的（设计：Herzog 和 de Meuron）Prada 店一般的跨学科的概念，常常形成一种风格（Prada Aoyama，东京，2003 年）。

艺术与设计所谈论的是根本不同的世界。前者直指个人价值的自我实现，后者则指向解决社会问题。

——古伊·邦西彭，2002 年

树枝形的装饰灯，设计: 福尔克尔·阿尔布斯
(Volker Albus，1987 年)

来自乡村的椅子，设计: 哈拉尔德·胡尔曼
(Harald Hullmann，1983 年)

坚固的椅子，设计: 海因茨·H·兰德斯 (Heinz
H. Landes，1986 年)

椅子/椅子, 设计: 理查德·阿茨切瓦格, Vitra 家具公司编（图片来源: Vitra）

室内设计 马库斯·尼古拉（Markus Nicolai）眼镜店在 "感觉拼贴——感性的居住" 回顾展上, 设计: 托比亚斯·雷贝格尔（细部 / 全貌）

大众汽车公司的新甲壳虫

设计与全球化

在20世纪90年代，以亚洲—欧洲—美洲为轴心迅速持续发展的全球化浪潮同样席卷了设计领域。来自中国台湾和日本的亚洲公司很早就认识到设计在市场营销上的重要性。用户在社会文化上的差异程度意味着从远处得出的评估不能为产品策略和设计提供足够的指导意义。因此各个公司和机构在欧洲开办联络办事处，以对他们各自的市场进行调查。这一点在很多案例中都能得到证实——许多在欧洲和美国的代理机构受亚洲公司的委托以开发和改进在当地销售的产品。一些主要的设计机构，例如 Design Continuum，青蛙设计公司和 IDEO，都在亚洲开设了各自的分支机构，目的在于通过在当地开展业务以便更直接地与客户合作。全球网络使得设计和开发方案在欧洲和美洲办事处完全成为可能。同样欧洲公司（特别是电子和汽车公司）在海外开设办事处（尤其是在加利福尼亚州），以更好地追随当前的生活潮流和趋势，并能在总部更快地将海外的调研结果整合成产品方案。奥迪TT就是诞生于加利福尼亚一家代理机构的图板上，并在欧洲和美洲都获得了引人注目的成功。

> 事实上全球化并不新鲜：欧洲500年来一直在实现全球化，地域全球化及其产生的效应也不新鲜，即大约500年前，哥伦布在1492年开始第一次航海时，全球化实际上就已经开始了。
>
> ——彼得·斯洛特迪克（Peter Sloterdijk），1999年

另外一种全球化形式包括利用不同的制造环境——设计集中完成，而生产制造则不是。以博朗公司为例，总部设在德国科隆博格（Kronberg）镇，一些电动剃须刀却是在中国上海完成装配。电动机在上海生产，充电电池来自日本，而高质量的剃须刀头则是来自德国（Köhler，2002年）。这就是典型的利用生产结构在欧洲为中国市场设计产品。

设计在国家和全球竞争战中所处的地位为管理提出了公开的难题（Aldersey-Williams，1992年）。例如，新技术是否能实现在完成一项工作的同时不会忽略掉其他因素？这些疑问将在接下来的章节中得到检验。我们将以一些国家作为案例，其中一些国家很早就建立了设计体系，而其他的一些国家则是在最近才看到设计的迅速发展。本文并非娇揉之作，也无意作出判断。

英国

英国经常被称为设计的故乡，因为18世纪工业革命从那里开始——这当然是工业设计发

奥迪 TT
细部 / 全貌

展的最重要且惟一的前提条件。由斯科兹曼·詹姆斯·瓦特（Scotsman James Watt）发明的高效蒸汽机标志着漫长的工业革命的开始。在被用在织布机后，蒸汽机很快征服了交通领域（火车头、轮船制造和陆地交通工具），同样也成功地影响了纸张、玻璃、陶瓷和金属的产量。在从英国传出之后，这些新发明带来了深刻的影响（最初是在欧洲和美国），在人口的社会经济环境、工作和家庭生活、住宅供给以及城市规划等方面都可以感受到其带来的显著变化。在此之前的世界历史从未有过这样一个时期，像19世纪那样转变得如此彻底和迅速，这个过程正是英国统治全球的时期，直到20世纪才结束。

从英国开始的技术文明可以被视为遵循着两部庞大的著作，两部有关设计的必备标准著作。在其极具知识性和细节的著作《机械化控制》（Mechanization Takes Command，1948年）一书中，瑞士人西格弗里德·吉迪恩通过大量的发明案例追溯了早期产品开发和设计的历史；美国人刘易斯·芒福德（Lewis Mumford）的两卷著作《机器的神话》（The Myth of the Machine，1964年，1966年）描述了机器的发展过程和不断改进是如何影响技术、文化、社会学和经济的——这正好是文明的框架。

直到19世纪晚期结束形成于英国的艺术手工运动，代表了第一次严肃意义上的对工业化神话的反抗。这次运动被认为是最重要的设计源泉之一。在那些对于早期设计史的全面描述中，尼古劳斯·佩夫斯纳（Nikolaus Pevsner，1957年）特别指出了英国设计的主要人物：约翰·拉斯金，威廉·莫里斯，克里斯托弗·德雷斯纳（Christopher Dresser），查尔斯·伦尼·麦金托什，沃尔特·克兰（Walter Crane）和C·R·阿什比（C.R.Ashbee），他们的实践和理论工作对20世纪的设计产生了决定性的影响。英国设计和工业协会的成立（1915年）被德意志制造联盟所仿效，其主要意图在于促进高质量的设计（尤其是在工业上），使产品的价格与维多利亚时期粗劣产品的价格相当。

第二次世界大战后，大多数的设计师继承了国家手工传统，设计出了在这个仍然繁荣的帝国销售良好的家具、玻璃制品、瓷器和纺织品。威基伍德（Wedgwood）是英国瓷器、陶器和玻璃工业的一个例子。成立于18世纪的威基伍德公司已经成为该领域世界上最大的企业，它在1997年收购了德国的竞争对手罗森塔尔（Rosenthal）公司。如今威基伍德已经成为经营着广泛市场部门并领导生活方式的商业公司。

作为现代工业设计的先驱之一，道格拉斯·斯科特（Douglas Scott）因其为伦敦运输所作出的工作而著称（Glancey，1988年）。斯科特最初是个训练有素的银匠，后毕业于艺术和手工中心学校，在1936～1939年间为雷蒙德·洛维（Raymond Loewy）的伦敦办事处工作。他的主要设计成果包括具有传奇色彩的RM（Routemaster）双层公共汽车（1946年），各种其他的公共汽车和长途汽车，同时还有建筑机械、电子设备和家居用品。

第二次世界大战后是汽车公司——阿斯顿·马丁（Aston Martin）、本特利（Bently）、捷豹（Jaguar）、MG、Mini Cooper、莲花（Lotus）、路虎（Rover，Land Rover）、胜利（Triumph）——率先建立了英国的设计形象，使创新传统和技术革新得以协调。基于伦敦的工业设计委员会在这过程中起了主要作用，它是英国企业和设计代理强有力的推进者。

自20世纪60年代起，英国流行文化已经成为设计、广告、艺术、音乐、摄影、时装、实

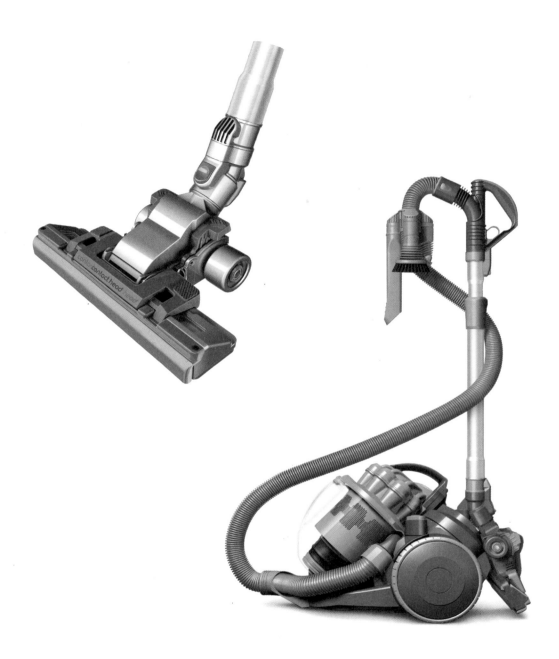

真空吸尘器，设计：詹姆斯·戴森（James Dyson），
戴森公司

用艺术和室内设计的关键影响因素。

品牌如披头士（the Beatles）、滚石（the Rolling Stones）、平克·弗洛伊德（Pink Floyd）以及其他，成为了年轻一代反叛保守主义生活方式的缩影。归功于媒体强烈的覆盖能力，从英国开始的打击乐、流行音乐和摇滚乐成为了全球社会文化和美学现象。在建筑领域，建筑电讯派从那时起在先锋运动中扮演了主要角色。

工业设计的突出人物之一是米沙·布兰克（Misha Black）爵士，他为建立设计培训作出了卓越贡献，尤其是在其为皇家艺术大学服务期间。布兰克在很多国际组织中都是作为英国的代表参加，他参与了至今仍在运作的设计研究中心（the Design Research Unit）的建立。

特伦斯·康兰（Terence Conran）爵士为英国的家居陈饰传统注入了新的活力。他在1964年创立的Habitat零售连锁店将植根于20世纪设计范例的现代主义带给大众。考伦的很多出版物也推动了对彻底进步的设计的理解。

詹姆斯·戴森（2001年）是英国设计最不同寻常的人物之一。作为新型无集尘袋（双重旋风，the Dual Cyclone）真空吸尘器的发明人，他成为了一位成功的商人（Muranka and Roots，1996年）。他在自己的产品领域进行设计、制造和销售，其设计创新以后现代的形式语言而声名显著。

最出名的英国设计师包括：以色列出生的龙·阿拉伯，奈杰尔·科茨（Nigel Coates），突尼斯出生的汤姆·狄克逊（Tom Dixon），罗伊·弗利特伍德（Roy Fleetwood），马修·希尔顿，詹姆斯·欧文（James Irvine），丹尼·莱恩（Danny Lane，美国），罗斯·洛夫格罗夫（Ross Lovegrove），贾斯珀·莫里森（Jasper Morrison，被认为是设计"新简约主义"的典范），阿根廷出生的丹尼尔·魏尔（Daniel Weil，Pentagram的一员），以及赛巴斯蒂安·伯格纳（Sebastian Bergne，特别关注于生成意外、革新设计的产品制造过程）。

很多国际设计公司的最初总部都可以在伦敦找到，例如，Fitch，IDEO（由Bill Moggridge于1969年在伦敦创办），Pentagram，以及Seymour & Powell（因其引人入胜的交通工具设计而出名）。

20世纪80年代，英国的机构开始认识到培训将是一个长期的重要因素，并且开始在这个领域进行持续的投资。

将艺术和手工学校合并成各自地区的大学是极其艰难的一步（因为其文化的极大不同），但是这带来了设计培训质量的显著提升，并且在入学人数上获得了飞跃，尤其是在外籍学生上。

在20世纪90年代，一种激进的新设计景象出现了——反讽、壮观且出自流行和颓废文化（British Council/Barley，1999年）。在其研究著作《电子对象的秘密生活》一书中，安东尼·邓恩（Anthony Dunne）和菲奥娜·拉比（Fiona Raby，2001年）在概念设计的意义上用了"设计轮盘"一词来形容硬件和软件界面的设计、产品集中的废除以及处理数字对象的假想前景。

由设计师尼克·克罗斯比（Nick Crosbie）、迈克尔（Michael）和马克·索德欧（Marc Sodeau）在1995年创立的Infalte小组，其低价充气物品的设计在流行文化的语境下可以得到理解。

和工业设计一样，英国的时装设计也是一个重要的方面，其国际代表有劳拉·阿什利（Laura Ashley），拉尔夫·劳伦（Ralph Lauren）和维维思·韦斯特伍德（Vivienne Westwood）——更不用提20世纪60年代迷你裙的发明者玛丽·匡特（Mary Quant）了。在更为广泛的意义上，英国服装是"英国人"观念的一个重要因素：斜纹软尼夹克和巴宝莉牌（Burberry）大衣，巴伯牌

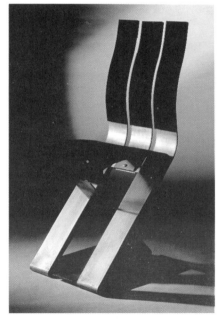

校园椅，设计：龙·阿拉伯，Vitra 公司（图片：Vitra）

调律椅，设计：龙·阿拉伯，Vitra 公司（图片：Vitra）

等候椅，设计：马修·希尔顿（Matthew Hilton），
Authentics 公司（图片：Christian Stoll/Markus Richter）

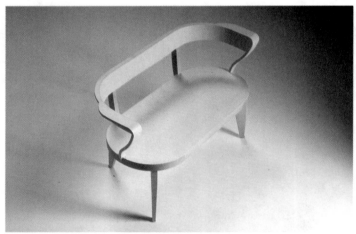

PICENO 边桌，卡佩里尼（Cappellini）公司

PICENO 凳，卡佩里尼公司
（图片：沃克·菲舍尔摄）

汤姆·狄克逊作品：

S 椅，卡佩里尼公司

埃及式门楼椅

丰满椅

鸟椅

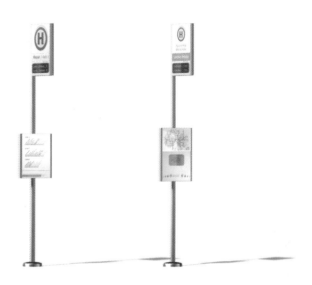

乘客信息系统，设计：贾斯珀·莫里森，Mabeg公司

城市公交车，设计：詹姆斯·欧文，üstra，汉诺威轻
轨车，制造商：EvoBus Gesellschaft，奔驰

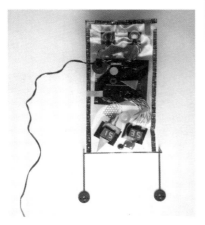

数字锁，设计：丹尼尔·魏尔

堆叠组织，设计：塞巴斯蒂安·贝里内（Sebastian Bergne），Authentics 公司

INFLATE 小组产品
（图片：沃克·菲舍尔摄）

ATM 高级桌面基准
（图片：Hans Hansen）

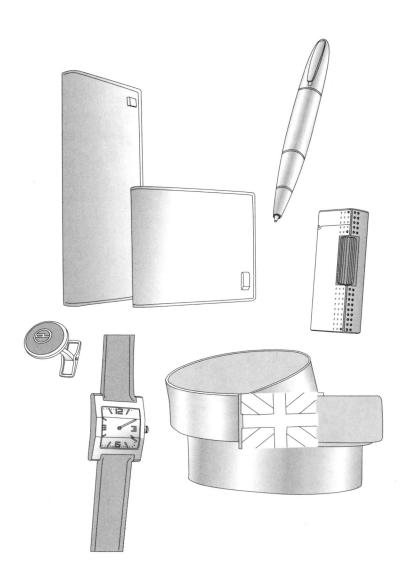

登喜路（Dunhill）的产品：
信用卡盒、钱包
鱼雷滚珠钢笔
打火机
西装夹
表带
夹克腰带

(Barbour) 夹克和Kangol帽子，这样穿着的人都开着上文提到的那些传奇色彩的汽车。高品质、耐穿、有一点保守，这就是英国人愿意传递且世界乐于接受的形象。

　　F·K·K亨里翁（F.K.K Henrion）和沃尔夫·奥林斯（Wolf Olins）被认为是企业设计的重要先驱，在20世纪80年代作为《面孔》杂志的艺术指导期间，内维尔·布罗迪（Neville Brody）作为世界上首屈一指的先锋视觉设计师而声名显赫。这一称号也可以用到设计小组，如平面设计师Why Not和Tomato的身上，他们的实验适当地篡改了自由和实用艺术，在图像、语言和音乐上产生了前卫的交叉。这一相互影响在模糊二维和三维的设计界限上起了主要作用。英国——尤其是大都市伦敦——创造了一种顶尖的、明确的设计文化，吸引着全世界的设计师。专家估计，21世纪初期伦敦地区GNP产值的1/10将由设计相关的产品和服务创造。

德国（联邦德国）

　　在德国，包豪斯、乌尔姆设计学院和博朗公司在20世纪六七十年代的产品对于产品文化的格式化的影响，使得设计的形式语言很快成为广为传播的标准："德国设计"（Erlhoff，1990年）。在世界各地，"德国设计"宣传着同样的设计联想：功能的、实用的、可感知的、经济的、谦虚的、中性的。

　　这一格式化的功能主义成为德国大部分工业的标准。一些机构，如慕尼黑的新收藏博物馆（Die Neue Sammlung）、斯图加特的设计中心、艾森的北威州设计中心（Design Zentrum Nordrhein-Westfalen）以及工业论坛（现在称为国际设计论坛），在散布"优良设计"观念并使其成为20世纪60年代和20世纪70年代大众文化标准的过程中扮演了长期的决定性角色。

　　"十条戒律"放弃了"优良工业设计"的信条，宣称良好设计的产品或产品系统应该具有如下特征：

　　1．高度的实用性能；

　　2．充分的安全性；

　　3．长使用寿命和可靠性；

　　4．人类环境改造的适应性；

　　5．技术和形式的自主；

　　6．与环境的关系；

　　7．环境稳固性；

　　8．视觉化用途；

　　9．高设计品质；

　　10．智能和感知的模拟。

　　"依附于对象和分支，额外的产品特定标准同样可能相关联。标准的意义和评价同样依赖于对象的功能。例如酒具的标准就和用于建立重病特别护理病房的就截然不同。此外，应该强调的是，这些标准屈从于缓慢但是稳定的变化。工业产品诞生于技术进程、社会变革、经济现实以及建筑、设计与艺术发展不时的冲突和影响之下。"（Lindinger，1983年）

直到20世纪80年代，德国设计仍然在功能主义的信条"形式追随功能"的支配下。设计任务是在社会需求分析的基础上，设计出具有最大功能的解决方案。这一方法建立在狭隘的、只涉及产品实用或技术功能（处理、人类环境改造、设计、制造）的概念基础上，却否定了产品的传达维度。

所有的主要企业听取了设计的功能主义解释，将其作为产品策略的指导原则。

典型公司

AEG公司

AEG(Allgemeine Elektrizitäts-Gesellschaft)，1883年在柏林成立，在任命建筑师彼得·贝伦斯（他受到了威廉·莫里斯的强烈影响）为设计顾问后，AEG在20世纪初扮演着设计先驱的角色。从1907~1914年，彼得·贝伦斯为AEG设计了建筑、产品和平面艺术作品，为20世纪的设计建立了开拓性的标准（Buddensieg，1979年）。在20世纪六七十年代AEG的设计受到乌尔姆设计学院理性概念的强烈影响，企业开发的产品都具有类似的形式语言（与博朗的产品比较）。AEG在20世纪90年代被瑞典的伊莱克斯（Electrolux）公司收购（Strunk，1999年）。

比加（Bega）公司

照明设备公司比加自20世纪60年代起便遵循着严格的功能主义设计原则。它为公共空间设计的灯具，因其在形式上的扩展性很高，以至于可以被用在很多不同的位置。

Bree公司

皮具公司Bree相信自己的产品应该被简化到功能的精髓，这也应该在设计中体现出来。

德厨（Bulthaup）公司

厨房制造商德厨在20世纪60年代就已经将乌尔姆设计学院的系统设计原则应用到了产品范围上。

产品开发——尤其是在奥托·艾歇尔（1982年）的基本影响下——导致了追随经典功能现代主义原则的独立产品语言概念的出现。

德国汉莎航空公司（Deutsche Lufthansa）

20世纪60年代期间，这家公司与由奥托·艾歇尔领导的来自乌尔姆设计学院的开发小组进行合作。指导方针（企业设计手册）涵盖了所有的三维和二维设计展示领域（标志、字体、颜色、展示系统、航线上用的碟子，直到界面设计，Steguweit，1994年）。系统设计是其指导原则。

ERCO公司

如今ERCO是当今世界的顶尖照明系统制造商之一。企业的设计形象——再次受到奥托·艾歇尔的强烈影响——外观表现在其建筑、产品和视觉图像上（ERCO，1990年）。这家企业以完

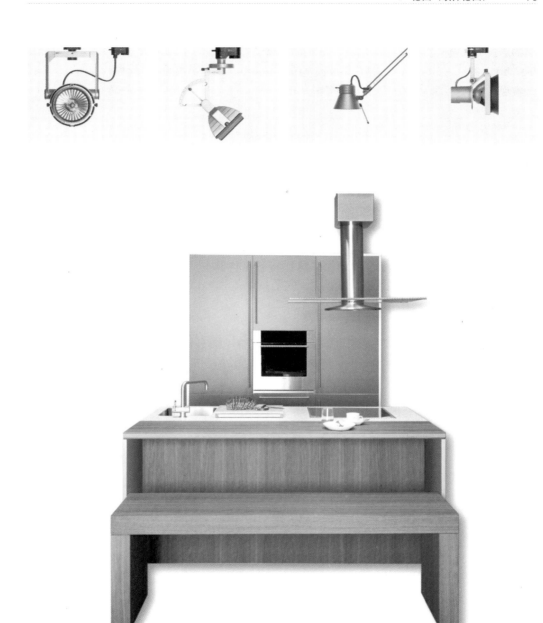

照明程序，ERCO 公司

厨房家具，德厨

美的形式——由诸如诺曼·福斯特（Norman Foster，参见第306页）、弗兰克·O·盖里（Frank O.Gehry，参见第307页）、汉斯·霍莱因（Hans Hollein，参见第308页）这样的顶尖建筑设计师实现，贝聿铭（I.M.Pei）为其设计了纪念建筑群——表现了20世纪的功能现代主义。

Festo 公司

Festo生产自动产品、充气系统和教学材料，是重要的系统设计支持者之一。在20世纪90年代初期，公司成立了由阿克塞尔·塔勒莫（Axel Thallemer）主管的企业设计部，为公司的独特产品——空气——的视觉化和传达提供引人入胜的理念。这很快带来了公司形象的主要改变——由一家自动工具的制造商转变成为一家前沿的设计专长的商业公司。

FSB 公司

自20世纪80年代起，金属装备制造商FSB（Franz Schneider Brakel，参见第288页）与奥托·艾歇尔合作树立了公司在企业设计尤其是商业文化设计领域的全球领先地位。

Gardena 公司

20世纪60年代，Gardena作为一家园艺产品制造商开始与来自乌尔姆设计学院的开发小组合作。其结果是具有企业产品和视觉形象特征的系统设计的出现。

吉徕（Gira）公司

这家电子装置、开关和控制制造商作为设计功能方法的重要代表声名显赫。它的产品根据标准件原则设计而来，使其能够通用。

高仪（Grohe）与汉斯格雅（Hansgrohe）公司

这些中等规模的卫生设施制造商在其水龙头和浴室装置的设计上，既站在现代主义的传统上也遵循了功能设计政策。高仪公司将自己看作"卫生设施制造商中的奔驰"，并将重点放在革新、营销和设计上，而汉斯格雅则信赖长期合作，与哈特穆特·埃斯林格尔（Hartmut Esslinger，参见第159页）建立了牢固的合作关系。自20世纪80年代后，开始与菲尼克斯设计代理合作（参见第14页）。

Hewi 公司

Hewi生产建筑五金和卫生产品。公司自20世纪60年代起，就坚定了其基于简单几何元素的产品范围。在这些产品身后的系统概念被认为是这一产品领域最典型的功能设计（Kümmel，1998年）。

Interlübke 公司

这家家具制造商从20世纪60年代起就已经遵循着现代主义功能的产品策略。例如，其按尺寸定制的厨柜就是由严格的系统设计而来。

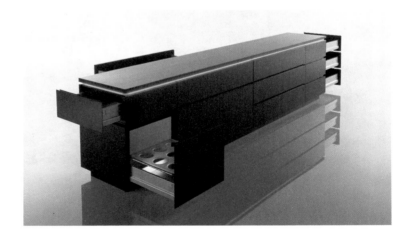

浴室设施，Hewi 公司

方形家具，设计: 维尔纳·艾斯林格尔
（Werner Aislinger），Interlübke公司

LAMY 大楼

书写工具，设计：理查德·扎佩尔
(Richard Sapper)，Lamy 公司

Krups 公司

直到20世纪90年代，这家家居用品制造商才开始遵循现代主义的功能设计原则，形式上很接近博朗公司。Krups 现在属于法国 SEB 集团。

拉米（Lamy）公司

拉米，书写工具制造商，最具有一致性的公司，其产品、建筑和平面设计的综合功能表现为它赢得了国际声誉（Lamy，1986年）。拉米采用简化的形式语言——还是受博朗的影响——这一点明显表现在技术完美性和形式、技术的完美综合上。

莱特纳（Leitner）和巴克哈德特·莱特纳（Burkhardt Leitner）公司

莱特纳的展示和商业陈列实践着系统设计的一致性：它们的产品因明确的形式原则而让人眼花缭乱，其视觉设计则代表着最好的经典现代主义。

米勒（Miele）公司

家居产品制造商米勒以产品（洗衣机、干燥机、洗碗机、冰箱和按尺寸定制的厨房）的高技术品质忠诚地捍卫着它的声誉，这以明确的、功能化的产品语言得以实现。

尼辛（Niessing）公司

珠宝制造商尼辛在20世纪70年代早期吸取了功能主义设计原则，利用保留的形式设计元素为其产品赋予了全面的自然外观。

波特（Pott）公司

餐具制造商波特自20世纪20年代起就一直遵循着德意志制造联盟和包豪斯的设计原则。它因其由著名设计师设计的简单、简朴的餐具设施赢得了现代主义主要建议者的地位。

庆真（Rimowa）公司

这家皮箱制造商在20世纪30年代开始用铝来生产产品，并且在1950年制造出了第一个航空铝材的手提箱。铝的槽型结构也明确地反映出其起源：容克（Junckers）飞机。这一材料成为企业设计的支配元素，出现在从访问卡到公司建筑的所有事物上。产品自身融合了最小重量和高可靠性，被认为是功能设计的经典原型。

好运达（Rowenta）公司

长时间以来，家居用品制造商好运达一直遵循着博朗的设计原则。明确、理性的产品设计决定了它的产品范围（铁制用品、咖啡机、烤面包机等）。和 Krups 一样，好运达现在也是法国 SEB 集团的一部分。

思乐（SSS Siedle）公司

思乐公司生产通信装备（电话、内部通信系统），并且自 20 世纪 60 年代起便遵循着严格的功能产品语言的设计策略。公司将自己看作持有包豪斯的传统，并且以拥有令人印象深刻的全范围、以最佳现代主义方式实现的企业设计而自豪（Siedle，2000 年）。

西门子（Siemens）公司

电气过程和电子巨人西门子可以追溯到 19 世纪。几十年来，它的产品体现了现代的、功能主义的手法，并且使得公司成为现代设计的主要杰作之一。企业的一贯形象——写入全面企业设计手册的原则——树立了世界范围的标准。特别是公司的医疗设备产品被认为是功能产品设计的典范（Feldenkirchen，1997 年）。

Tecta 公司

家具制造商 Tecta 最初只生产由让·普鲁韦（Jean Prouvé）和佛朗哥·阿尔比诺（Franco Albino）设计的包豪斯时期经典产品。在斯特凡·韦韦卡创造时期，公司延续了现代主义的传统，同时使其服从于相当具有批判和反讽意味的重新解释（Wewerka，1983 年）。

菲斯曼（Viessmann）公司

在 20 世纪 60 年代，菲斯曼是一家供暖系统制造商，在最初的乌尔姆设计学院的一次演讲中和汉斯·古格洛特的办事处签订了合约，这为公司带来了系统设计的原则。全范围的企业设计得以实施——基于橘黄的企业颜色，由平面艺术家安东·斯坦科夫斯基（Anton Stankowski）设计——以确保公司在市场获得高度认可。

Wilkahn 公司

这家办公家具供应商公开地站在包豪斯和乌尔姆设计学院的传统上。整体的企业哲学指导着它所有商业活动中的现代建筑、产品设计、平面图像，尤其是其可持续性生态方向（Schwarz，2000 年）。Picto 办公椅是其 20 世纪 90 年代早期标志性的作品。

以上选出的例子只能代表德国功能主义设计企业的一小部分。第二次世界大战后，很多遵从现代主义传统的设计代理公司都在德国获得了成功：Busse 设计、埃贡·艾尔曼（Egon Eiermann）、哈特穆特·埃斯林格尔和青蛙设计、罗尔夫·加尔尼奇（Rolf Garnich）、赫伯特·希尔歇、赫伯特·林丁格、Moll 设计、亚历山大·诺伊迈斯特（Alexander Neumeister）、菲尼克斯产品设计、汉斯·勒尔里希、S&S（Schultes & Schlagheck）设计、彼得·施密特（Peter Schmidt）工作室、胜者设计、Erich Slany（现在是 Teams 设计）、Via 4、阿龙·弗特勒（ArnoVotteler）、奥托·察普夫（Otto Zapf）和沃尔特·蔡施格。

路易吉·科拉尼（生于 1928 年）自 20 世纪 60 年代起一直扮演着外来者的角色。在巴黎学完空气动力学后，他开始将有机-动态设计原则应用到范围广泛的产品上，包括家具、汽车和技术产品。他把自己看作德国功能主义设计的反叛者，他只在亚洲获得了认可（Dunas，1993 年；Bangert，2004 年）。

由于德国的设计解释过于教条，亚洲在 20 世纪 60 年代及后期广泛地出现了对功能主义的猛烈批判也就不足为奇了。20 世纪 80 年代，激进的新德国设计出现了。它并没有持续多久，但是它吸引的媒体注意与它的产品文化和经济重要性绝对无关。

在 20 世纪 90 年代初期，德国汽车制造商展开了各种设计攻势。他们意识到由于交通工具概念在技术上变得比以往更加近似，设计的战略重要性就应该得到体现。企业设计最初伴随着对消费者习惯和愿望日益详细的分析一起出现。但是汽车同样也是幻想和愿望的投影，速度神话和机动性是从摇篮到坟墓培养的——"妈妈、爸爸、汽车"。幸运的是同样也出现了大量感性的交通工具概念（例如 Smart）。在另一方面，德国制造商开始将大量的资源注入到新出现或复活的奢侈汽车的生产上（本特利、马赛地、敞篷汽车、劳斯莱斯）。21 世纪初出现的经济不景气——不只是在德国——动摇了这一策略，例如法国的汽车工业开始把重心放在大众市场上。

奥迪（Audi）公司

奥迪自 20 世纪 60 年代后就一直是大众汽车集团的一部分。20 年来它一直在"技术领先"（Vorsprung durch Technik）的口号下运作，这明显有别于其母公司。A4、A6 和 A8 一起同奥迪在巴伐利亚的对手宝马（BMW）在家庭市场领域进行竞争。20 世纪 90 年代，TT Coupé 和 TT 敞篷跑车延续了企业 20 世纪 30 年代的运动汽车传统。A2 拥有全铝的车身，被认为是新生代交通工具的代表，以应对日益拥挤的交通状况。

戴姆勒克莱斯勒（Daimler Chrysler）公司

这个最经典的德国汽车公司在 20 世纪 90 年代经历了明显的形象转变。1997 年的 A-class 提出了新的交通工具概念——简洁、组织明确、内部智能适应——为公司展开新的人口统计，事实上，A-class 的驾驶者是退休金领取者和年轻家庭。除了四轮驱动的版本外，简洁的运动车型使得 A-class 成为了一个自身羽翼丰满的产品家族。与瑞士 SMH 集团在 20 世纪 90 年代的合作，导致了 MMC（微型车）的出现，其 Smart 取得了异常的成功。2002 年后，在这个汽车族谱的另一端，Maybach 复活了 20 世纪 30 年代的传奇传统，在那一时期豪华汽车成为身份的象征。数量可观的资源被投入到创造适当的现代解释当中。

欧宝（Opel）公司

欧宝，自 1931 年起就是美国通用汽车集团的补充，时常因其充满想像和超一流设计的汽车引发轰动——20 世纪 60 年代末，GT 运动汽车；20 世纪 90 年代早期，Tigra；1999 年，赛飞利（Zafira），其多样性意味着拥有广泛的用途和目的。

保时捷（Porsche）公司

这个最具声望的运动汽车制造商，是一贯性的产品和设计策略如何在几十年时间里持续成功的典范。在 1974 年奥地利湖畔采尔（Zell am See）开办自己的设计代理保时捷设计公司之前，

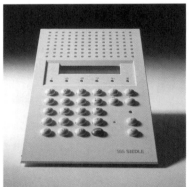

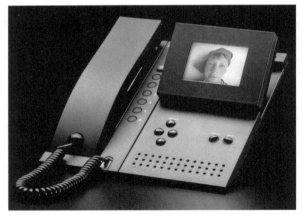

箱子，庆真公司

家居和通信设备，家用电话，思乐公司

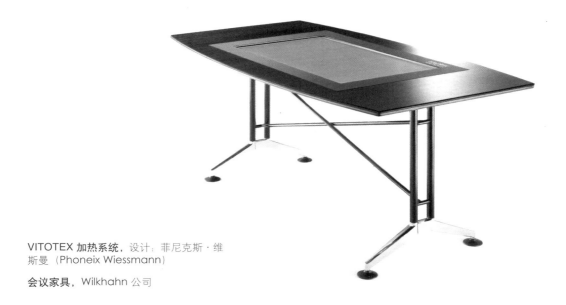

VITOTEX 加热系统，设计：菲尼克斯·维斯曼（Phoneix Wiessmann）

会议家具，Wilkhahn 公司

咖啡机，设计：胜者设计，WMF 公司

路易吉·科拉尼设计的产品：

飞机模型 Wankel 引擎和双推进器研究

庭院家具，Westeifel Werke 公司

电视装置，TechniSat 公司

矿泉水瓶，Wüllner Gmbh+Co. KG公司

英戈·毛雷尔（Ingo Maurer）设计的灯具
书架，设计：维尔纳·艾斯林格尔，Magis 公司
KANT 桌，设计：马库斯·弗赖（Markus Frey）/ 帕特
里克·博格（Patrick Boge）
方形废纸篓，设计：康斯坦丁·格尔齐茨（Konstantin
Grcic），Authentics
（图片：Markus Richter）

费迪南·亚历山大·波尔舍（Ferdinand Alexander Porsche）在20世纪60年代初期设计出了具有传奇色彩的保时捷911。

大众（Volkswagen）公司

从来没有一种交通工具像大众甲壳虫这样给产品文化带来了如此深远的影响。超过2100万辆的销量使其成为德国汽车工业的标志。1996年的新甲壳虫只在美国取得了成功，在那里甲壳虫长期占据着顶礼膜拜的地位。大众高尔夫（VW Golf）已经有20多年的生产历史，自始至终统治着小型车市场，直到高性能的高尔夫GTI，一直都是青少年的梦想汽车。同时还有大众辉腾（Phaeton VW），其目标是立足于高端市场，所有这些的目的都在于覆盖从小型车到豪华车的全部市场。

> 《明镜》："维德金（Wiedeking，保时捷总裁，译者注）先生，谁真的需要保时捷？"
> 维德金："没有人真的需要保时捷。但是每一个享受生活的人，会从驾驶保时捷中获得乐趣。我们的汽车可能没有很高的实用性，但是情感价值很高。"
> ——《明镜》周刊（DER SPIEGEL），2002年第21期

很多小企业同样也因其产品设计赢得了国际声誉。1987年雕塑家汉斯约里·迈尔艾兴（Hansjerg MaierAichen）成立了Authentics，它因高级塑料制成的广泛革新产品和著名设计师（如Sebstian Bergne、Konstantin Grcic和Matthew Hilton）而出名。尤其是在半透明材料的使用上，如聚丙烯和聚乙烯，它创造出了全新独立的塑料产品世界。2002年破产后，Authentics被家具制造商Flötotto收购。

20世纪60年代，平面艺术家英戈·毛雷尔成立灯具生产企业，如今他和他的团队是照明领域最具创新性的设计团队和制造商之一。英戈·毛雷尔——被认为是20世纪照明领域的诗人——通过完全创新的重新解释将迄今仍然几乎不可知的注意力吸引到了照明领域。

20世纪80年代早期，尼尔斯·霍尔格·莫尔曼（Nils Holger Moormann）成立了家具及其附属品的营销公司。自那以后，他很快就开始了产品的设计和制造，现在应该是为自己营销了。他为自己野心勃勃的计划委托了很多设计师：阿克塞尔·库福斯（Axel Kufus）（FNP棚架系统）、沃尔夫冈·劳贝斯海默（Wolfgang Laubersheimer）（紧凑的书架）、本亚明·图特（Benjamin Thut）、伯克哈特·莱特纳（Burkhardt Leitner）、康斯坦丁·格尔齐茨，以及很多其他的设计师，他们帮助摩尔曼赢得了家具设计领域最具有发展潜力的德国制造商的地位。

20世纪90年代，一系列的年轻设计师将注意力放在革新产品上。维尔纳·艾斯林格尔实验了新的材料，特别是塑料，创造出了功能和美学意义上的革新产品语言。康斯坦丁·格尔齐茨是最成功的家具和物品设计师之一。他使用最小化的形式语言，设计出的产品通常具有革新性和通用性。作为新功能主义者，他对德国设计产生了很多影响。奥利芙·福格特（Oliver Vogt）和赫尔曼·魏岑格（Hermann Weizengger）从事实验性和概念性的界面设计；他们的项目包括d-light灯具系列，为Authentics设计的家居产品，为柏林学院设计的盲人假想工作间，还有象征性的产品，如刷子和扫帚。

在进入21世纪后，德国终于开始摆脱功能主义的沉重遗产，使自己迈向了对于设计真实且多元的诠释之道。

联合收割机，设计：冈特·朔贝尔（Gunter
Schober），吕迪格·拉莱克 (Rüdiger Laleike)，
埃哈德·诺亚克（Erhard Noack），Singwitz 公司
的 VEB 收割机械厂

UB1233液压挖掘机，设计：乔治·伯切尔（Georg
Böttcher），格哈德·比贝尔 (Gerhard Bieber)，
彼得·普鲁赛（Peter Prusseit），VEB NOBAS
Nordhausen 公司

德意志民主共和国

民主德国（GDR 或东德）的设计具有三个主要特征：

—第二次世界大战后，国家立即开始积极推动设计；

—明确的社会政策长期目标；

— 20 世纪 80 年代初针对功能主义和产品语意学所展开的激烈讨论。

设计在东德的发展，是以迥异于西德的社会条件为基础的。第一阶段主要着重于公共领域的任务。工作、交通、居住和休闲用品，是设计师最重要的工作范围。最初大部分仍为农业经济的东德，非常努力地建立主要用于生产资本货物的重工业。直到 20 世纪 60 年代中期，其重点才开始转向消费品。

直到两德统一多年后，才作出对消费品设计部分的严谨的历史评价。曾于 20 世纪 80 年代在《形式＋目的》（form+zweck）期刊任编辑的亨特·霍尔（Günter Höhne)收集并一丝不苟地证明了构成东德产品文化的所有物品，他对设计著作的收集产生了令人惊讶的见地（Höhne，2001 年）。例如，事实上很多产品在东德的日常生活中并不存在，仅只是为西德主要的邮购公司制造的。由于美国、意大利和斯堪的纳维亚的产品充满了西方产品的目录，他们的设计因而直接模仿它们。因此，Penti（紧凑反光镜的照相机）、Erika（机械化打印机）和 Bebo Sher（电动剃须刀）也在前东德产品设计的重要等级上公正地并相当适度地占有一席之地。

国家对设计的推动是在 1972 年工业设计局（AIF）成立之后才大幅提升的。它直接隶属于东德国务院——AIF 的局长挂有国务院秘书的头衔——对所有的经济单位掌有极大权限。它制定方针、法令和立法，为全国产品设计制定准则，并应用于出口和国内市场。工业设计局拥有200 多个职员，是当时世界上最大的政府管理的设计机构之一。

设计和艺术的关系，毫无疑问是特别重要和明显的。所以自 1958～1959 年起，盛大的德累斯顿艺术展中就设有设计区。这个展览除了绘画、雕塑和自由形象艺术之外，还展出机械器具、交通工具、室内设计、纺织品和玻璃设计。在莱比锡的国际商品交易会上还为"伟大设计的产品"颁发了国家级"好的设计"奖，这成为东德经济上非常重大的事件。

东德设计的一个重要特征是所谓的"开放性原则"（Hirdina，1988 年）。于 1988 年秋成为东德视觉艺术家协会主席的克劳斯·迪特尔（Clauss Dietel），被公认为是"开放性原则"的创立者。他呼吁有责任地处理客观的和空间的环境，声称设计工作应该不断改善，不能为短期存在的时尚（例如后现代主义）而将之抛弃。"开放性"既是指由于科学和技术的进步所造成的改变，又是指使用者需求的变化。人们特别应该获得自由的发展，物品的设计应该帮助他们。"开放性"也被应用于（至少是在理论上）国际化，但在那时将其应用于实践上是几乎不可能的。

我们真正能够发展到一个更高程度的自足的惟一区域，是投资货物方面。

——马丁·克尔姆（Martin Kelm），1991 年

克劳斯·迪特尔和卢茨·鲁道夫 (Lutz Rudolph)是两位声名远播的东德设计师 (Kassner, 2002 年)；他们的作品常常游向与当时主导意识形态相反的方向，并将人视作设计的中心。通过设计影响物品的外在形式，他们希望同时改变社会的内在状态，希冀他们的产品能够使其使用者民主地交往。东德是一个特别好的例子，形式的力量如何成为力量的形式，或者换句话说，设计的无能力可以是力量的一种特殊（政治的）形式。

20 世纪 50 年代初，功能主义设计或多或少被禁止；设计师开始追随第二次世界大战之前的传统小资产阶级的价值。长期以来，包豪斯的传统——从地理学上在东德境内——几乎被否定了。直到 20 世纪 60 年代末，东德宣称自己是包豪斯传统的惟一合法继承人，才将功能主义设计的原则作为其制造方面的一种国家资源。

1976 年在魏玛开始举办国际包豪斯学术研讨会，并在 1979 年、1983 年和 1986 年连续举办。这些研讨会的论文探讨了包豪斯的历史、社会、教育方面及扩展到海外的影响，并在建筑和构造学院的学术期刊上发表。

对设计理论的开放性问题，于1982年工业设计局在柏林举办的一次关于功能主义的研讨会上，特别清晰地表现出来（相关更多信息，参见 1982～1983 年载于《形式＋目的》的系列文章）。功能主义被捧为一种最能符合社会主义社会的生活条件的设计原则。在此功能主义被理解为不是某一种风格类型（灰色的、笨拙的、可叠起的），而是一种"工作方法"（Blank, 1988 年）。

在主题为"后现代与功能主义"的系列演讲中，布鲁诺·菲莱勒 (Bruno Filerl, 1985 年)指出，功能主义（在理论和实践上）常常缺乏对物质功能与精神功能的统一。他说，对功能主义的批判，例如在东德或意大利，很快就转向盲目的功能主义，并因此变得对社会有害和反动。

海因茨·希德纳 (Heinz Hirdina, 1985 年) 说道，后现代主义设计的反动是因为设计的东西仅仅是样式上的膨胀，并且同样屈服于应用在广告和包装上的机械主义。海因茨认为，至关重要的方面不在于后现代主义设计脱离了使用价值的讨论，而是它明显与资本主义商品美学的原则相结合，也即以迅速过时的商品的方式加以操控。

霍斯特·厄尔克 (Horst Oehlke, 1982 年) 对设计理论作出重大贡献。他对设计物品的语意学的深入研究——社会主义条件下的物品语言——在东德设计的新方向上具有决定性的影响（参见第 281 页）。

虽然海因茨·希德纳 (1988 年) 证明了产品——其细节迄今仍不为人知——大部分仍属于传统功能主义设计的范畴，在他的 20 世纪 80 年代简短的一章"探索与实验"中显露出新趋势，正如所证明的那样，赫伯特·波尔（Herbert Pohl）所设计的立式讲台，在 1988 年斯图加特设计中心举办的东德设计展中展出（参见第 280 页）。

这种强烈的出口导向，在另一方面也产生了为国内市场所作的独特产品设计。其异国情调在 1989 年夏的一项展览（SED——极好的东德设计）中被呈现出来。柏林墙倒塌前的仅仅几个月，这次展览显示出一个产品的关注点，尤其是产品语意学的重要意义在于他们的刻板的简洁："一种独立的统一出现了，部分是有意的，部分是偶然的，其贫乏是一种持久的愤怒。我们几乎要说，商品患了偶像综合症"（Bertsch 和 Hedler，1990 年）。

1989 年夏末克劳斯·迪特尔主张，是到了东德应该为自己的"形象"多做一些事，并使自己获得新的识别形象的时候了（Zimmermann，1989 年）。然而，这点并没有任何成果，因为一种单独的特性的失败，快得超乎人的想像。不到一年，东德就彻底消失了。市场机制如同其 20 世纪 60 年代在德国西部一样，快速遍布德国东部。

瓷器制造商图林根，是少数几个继续保持自己的产品识别的公司之一。针对较年轻的消费者和宾馆用瓷器的购买者，图林根公司成功建立了一个新的形象，并在市场经济上获得成功。该公司的重大突破是 1998 年的更新联合服务，仅包含几件产品，但提供大范围的图案供选择。

奥地利

工业设计在奥地利的肇始，可以用托耐特兄弟在维也纳的第一批作品来标明。他们标志着在大批量生产程序下将装配件予以标准化的开始。这项设计观念由此传遍全球，且被包豪斯继续采用，用于生产著名的钢管家具。相应地，维也纳的托耐特家具公司（Thonet-Mundus）在 20 世纪 30 年代末，将马塞·布鲁尔设计的钢管家具付诸量产。

1903 年约瑟夫·霍夫曼和其他人创建了维也纳工房。其最高目标是为了促进一流的手工能力，这尤其对家具市场是不可或缺的。他们呼吁目的和形式（如德意志制造联盟所赞同的）应该被结合成和谐的整体。罗伯特·M·施蒂格（Robert M. Stieg）和赫伯特·哈默施米德（Herbert Hammerschmied）在 20 世纪 70 年代末期设计的家具，显示出对重拾维也纳工房传统的尝试。与时代精神相符合，他们试图将使用者的心意、设计师和生产者（工匠和装饰业者）整合起来。

建筑师兼作家阿道夫·路斯被奉为维也纳"新建筑"的开路先锋。在他的著作《装饰与罪恶》中（此书经常被有意无意地复述为"装饰即罪恶"），他写出功能主义的基本原则：去除用品上的装饰，将产品设计从艺术中分离出来。将艺术从建筑和室内设计中剥离开来，是他工作的重要目标。

1980 年夏季举行的"林兹设计论坛"，其影响远超奥地利本土之外，它可以被称为那十年的中心事件。这次活动试图通过一项大型展览会、学术研讨会和一本内容丰富的集刊（Gsöllpointner、Hareiter 和 Ortner，1981 年）指出未来十年建筑及设计最重要的影响。Haus-Rucker 建筑公司的一群建筑师（Laurids Ortner、Klaus Pinter 和 Günter Zamp Kelp）设计了展览馆，在精神上贴切地继承了 1851 年伦敦世界博览会约瑟夫·帕克斯顿设计的水晶宫。1980 年奥地利建筑师克里斯托弗·亚历山大（Christopher Alexander）又加建了林兹咖啡屋，其木结构显示出基本手工技巧的使用。

展览大厅本身只在林兹存在了三个月，然后就被廉价卖给了在上奥地利的一个小地方的一家肥料公司。现在他们被用来装填废弃物，而有机程序将其转化为有价值的腐殖质。正如劳里斯·奥特纳（Laurids Ortner，1983 年）讽刺地指出，这个大厅的目的仅在边缘上有所改变——在林兹它们是文化底层的容器，而现在则为自然的底层发挥同样的功能。

新式器皿，设计：芭芭拉·施密特（Barbara Schmidt），图林根（Kahla）瓷器公司

JB12双目望远镜，岩光（Jenoptik）公司（图片来源：Wolfgang Seibt）

1980 年发生了两件与建筑及设计相关的重大事件：一件是首次接纳许多后现代建筑师作品的威尼斯建筑双年展，另一件就是林兹设计论坛。虽然在林兹也展示了建筑师迈克尔·格雷夫斯（Michael Graves）、查尔斯·摩尔（Charles Moore）、罗伯特·A·M·斯特恩（Robert A. M. Stern）和罗伯特·文丘里的作品，但其重点还是设计及其艺术化的转变。西班牙设计师奥斯卡·图斯奎茨 (Oscar Tusquets) 和路易·克洛泰 (Lluis Clotet)、亚历山德罗·门迪尼（Alessandro Mendini）所建的建筑电讯派、芭芭拉·拉蒂塞（Barbara Radice）及其"太空设计"项目、首次盛大展出的埃托雷·索特萨斯的家具物品，成为林兹展览的重点。在标榜"新图像学"之下，索特萨斯尝试在一定程度上远离激进设计和反设计。他将其视作挣脱过去自己对于工业的依赖的一种尝试，并发展出一种能够表达体验的形式语言。索特萨斯希望用这些家具带领他进入"非文化"（non-culture）或"无人的文化"（no-man's culture）的世界，他的这一愿望事实上成为这些观念快速传播并商品化的孟菲斯运动的开端。通过他合作伙伴芭芭拉·拉蒂斯聪明的公共关系工作，将索特萨斯的个人体验转化并表达成一种新的运动。孟菲斯，迅速几乎为全世界的设计师所接受，并在不同国家产生了显著的影响（例如新德国设计）。

20 世纪 80 年代初，后现代主义或新现代主义运动将奥地利建筑师汉斯·霍莱因推入公众的视线。他当时的作品（在维也纳的商店陈设、建筑立面和室内设计）只有少数专家知道。然而，由他设计并于 1982 年开业的位于门兴格拉德巴赫（Mönchengladbach）的阿布泰贝格（Abteiberg）博物馆，成为一级的整体艺术作品。在这件作品中霍莱因获得了决定性的突破——从建筑外壳到室内设计再到单件家具。建筑师对家具设计的偏爱，使得他的作品被纳入到孟菲斯的选品之内。而他的微建筑作品也为他叩开了意大利阿莱西公司的大门。

20 世纪 90 年代奥地利设计师越来越重新回到 20 世纪的伟大模范的话题：如建立了奥地利现代主义传统的卡尔·奥布克（Carl Aubök）和玛丽安娜·门策尔（Marianne Menzel）这样的人物。托马斯·雷德尔（Thomas Redl）和安德烈·塔勒尔（Andreas Thaler，2001 年）编辑的文件展示了代理商和个人设计师作品的一个非常生动的精选品，他们大部分都放弃了 20 世纪 80 年代的后现代主义倾向，并全部受到国际性的赞誉。他们包括：建筑师和设计师赫尔曼·采奇（Hermann Czech）、受到额外荣誉的两位工业设计师格哈德·霍伊费尔（Gerhard Heuffler，1987 年）和克里斯蒂安·芬茨尔（Kristian Fenzl，1987 年），以其为 KTM 设计的引人入胜的摩托车和为保时捷设计公司设计的作品而著称的格拉尔德·基斯卡（Gerald Kiska）。由费迪南·亚历山大·波尔舍（他在 20 世纪 60 年代早期设计了传说中的 911）创办的位于湖畔采尔（Zell am See）的保时捷设计公司，拥有不断为在萨尔茨堡的保时捷营销公司设计和发展经典的、功能性的因而也是永恒的产品（眼镜、皮革制品等）的记录，也为如三星、夏普和雅马哈等国际公司工作。

今天，除了托耐特家具公司之外，像运动设备制造商 Head 和蒂罗里亚（Tyrolia）这样的企业正设立国际标准，生产经典的现代主义水晶饰品的 Kufstein-based Riedel 也是如此。另一个玻璃制造商施华洛世奇（Swarovski），其产品已获得世界上文化收藏品的地位，已成功将其经验用于双目望远镜，同时强力推行传统的理性功能主义设计。自从 20 世纪 60 年代以来，在

转向堆肥机， 设计：格哈德·霍伊费尔

救火车， 设计：克里斯蒂安·芬茨尔，
卢森保亚（Rosenbauer）公司

20 世纪初生产约瑟夫·霍夫曼的设计品的家具制造商维特曼（Wittmann），已经与国际设计师如乔·科隆博（Joe Colombo）、约恩·卡斯特姆（Jørgen Kastholm）和汉斯·霍莱因进行过合作。今天，意大利人保罗·皮瓦（Paolo Piva）和马特奥·图恩（Matteo Thun），德国人马丁·巴伦特（Martin Ballendat）和伯克哈德·福格特尔 (Burkhard Vogtherr)，瑞士人汉内斯·韦特施泰因（Hannes Wettstein）负责这个公司的设计。最后但不是最少，不应该忘记资本货物制造商如 Deppelmary 公司（以电缆车系统著称，译者注）和卢森保亚公司（Rossenbauer，以救火车著称，译者注）也代表了世界上的经典奥地利产品设计。

瑞士

20 世纪早期的德意志制造联盟的影响，对瑞士起着特别巨大的作用：对细节的讲究、技术水准的高度要求和一定程度的精准是大部分瑞士产品的特征。"瑞士制造"代表了质量和耐用，瑞士军刀成为其标志性产品。但是，在 20 世纪，瑞士的商业艺术和印刷样式也因精简地运用设计元素而获得了高度认同，并成为视觉现代主义的典范。

瑞士设计的起源可以在西格弗里德·吉迪恩的作品中发现。他于 20 世纪 30 年代在苏黎世与人合作创办了 Wohnbedarf AG 公司，制造和销售社会化和功能性的产品。然而，当时这项冒险在经济上并不成功。相反，包豪斯的思想境界在勒·柯布西耶（原名 Charles Edouard Jeanneret）的建筑上则体现得更为显著，他参加斯图加特魏森霍夫住宅展览会的作品、马赛的"住宅的机器"和朗香教堂都载入了建筑史册。他设计的"模度"测量系统成为建筑学上一种重要的设计工具。他在 20 世纪 30 年代和夏洛特·佩里亚德（Charlotte Perriand）合作设计的钢管家具，迄今仍被视为家具设计的现代经典之作。

1933 年在 CIAM（国际现代建筑年会）的一次会议上由建筑师和城市规划者通过的"雅典宪章"，勒·柯布西耶也是起草人之一。决议中将都市功能加以严格区分为居住、休闲、工作和交通等。这项原则直到 20 世纪 70 年代仍作为城市规划的基础，并使许多大城市旁产生了卫星城市。卫星城市所带来的社会问题，不小的一部分都归因于缺乏都市环境所要求的基本设施。阳光、绿地和大量开放空间，不能简单地取代存在于建成的邻里关系中的社会关系。

为了 1938 年的瑞士全国展，自视为艺术家和设计师的汉斯·科兰（Hans Coray）设计了一张铝制椅：Landi 椅，受到国际关注。椅背上有 49 个洞，单片椅座上有 42 个洞，使得椅子在特定的灯光条件下产生动态的阴影，因此提升了产品的潜力。Landi 椅被视为户外家具的原型。

另外两个瑞士人马克斯·比尔和汉斯·古格尔特（Hans Gugelot）对设计发展的重要意义在关于乌尔姆造型学院的章节中已经讨论过了。威尔·古尔（Will Guhl）是瑞士设计的另一位先锋。他设计了包裹家具（1948 年）和一个餐椅（1959 年），使其名字被大量生产，并连同埃特尼特（Eternit）公司制造的各款户外家具一起，成为该国产品文化的象征（盖尔自己称这个椅子是包括一切的、空间支配的设计）。盖尔也在瑞士的设计教育上具有重大影响。

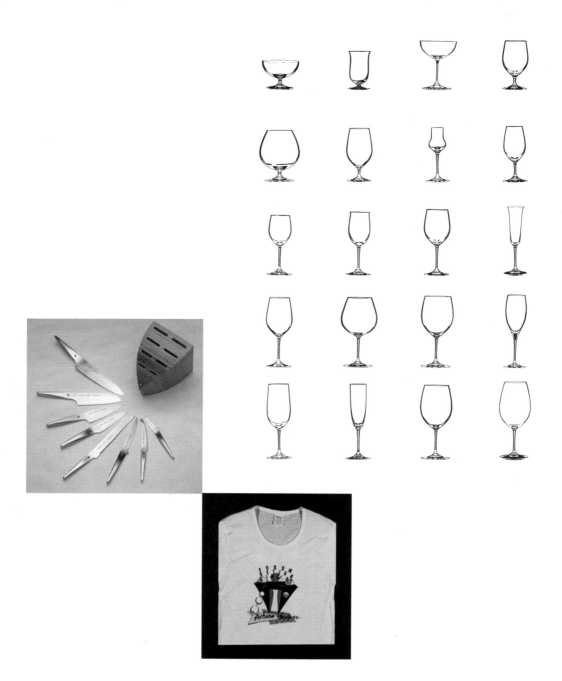

酒杯，Riedel 公司

全球系列刀具，设计：保时捷设计公司
为"林兹设计论坛"设计的Alchima-T恤（1980年）

安德烈·克里斯滕（Andreas Christen）的作品在"好的设计"的传统中也是很重要的。20世纪60年代初期，他设计了一件可堆叠的聚酯塑料床，造型的简化和制造上尽可能的经济，可以被称为塑料批量生产的原型。他与Lehni AG公司30年的合作（Schmidt-Lorenz，1995年）使得家具设计成为瑞士设计中最著名的现象。

弗里茨·哈勒尔（Fritz Haller）和保罗·谢雷尔（Paul Schärer，1964年）的USM模制家具系统是20世纪的经典设计之一（Klemp，1997年）。这个系统家具由球形节点、钢管和面板构成，代表了一种非常灵活但最大简化的观念，而且相当适合生活和工作环境。

建筑师马里奥·博塔（Mario Botta）的作品也是以相近的思想态度来表现的。他的建筑特征是应用基本的几何形，严格的直角相交及加成式的风格，虽然在形式上立于表现现代主义的传统，但仍掺入了游戏式的轻松、趣味和讽刺。马里奥·博塔的设计作品也接近了一种理解：建筑不仅是设计一栋建筑物的外在掩体，也要创造室内。节制地应用形式与材料是他家具设计的特征，而他的设计作品以精巧的雅致和鲜明的材料对比（座板采用具有弹性的网洞金属片，背垫采用聚氨酯发泡材料制成的圆筒）为特色，并吸收了包豪斯钢管家具的传统。

莱克斯（Trix）和罗伯特·豪斯曼（Robert Haussmann）从20世纪70年代起走的是另一条完全不同的道路。他们原本是建筑师，现在他们的工作涉及城市规划、室内设计、家具设计，直至艺术品。他们广泛使用各种材料、形式和色彩，突破了既有的视觉习惯，被视为后现代主义设计的重要代表。

20世纪80年代中期，贝亚特·弗兰克（Beat Frank）和安德烈·莱曼（Andreas Lehmann）在伯尔尼（Berne）创建了"领先"（Vorsprung）工作室，并在此期间设计了大量家具。他们立足于现代主义传统，运用简单的技术去创造既具高度沟通性又神秘的新的设计概念。他们的家具没有人工的表情，没有描画的情感，也没有附带的象征。与密斯·凡·德·罗相呼应，他们表达的意思就是这种建设性的要素。

20世纪90年代，一整个系列的设计师和公司赢得国际上的荣誉，他们设计的高标准和伟大的创造性代表了现代主义设计在瑞士具有独特的广度和整体性（Lueg和Gantenbein，2001年）。最著名的包括弗兰克·克利维奥（技术产品）、弗朗切斯科·米拉尼（Francesco Milani，医疗器械）、路德维希·瓦尔泽（资本货物）、维尔纳·岑佩（技术产品）、在洛桑（Lausanne）的莱斯·阿特利耶·迪·诺尔（Les Ateliers du Nord，消费品），以及汉内斯·韦特施泰因，他设计技术产品、家具、灯具、地毯，还从事室内设计。他的工作特别关注将技术工艺的精密度与情感需求相联结。威特斯坦将很多自己的作品视为反对无意义的象征（Müler，1990年），使他成为一位在其作品中明确强调产品语意学特征的设计师。

沃尔特和本亚明·图特既是设计师又是生产者。他们原本是工匠出身，他们坚守20世纪的现代主义传统，设计高度概念化的现代家具（Schmidt-Lorenz，1995年）。自从20世纪80年代末卡门·格罗伊特曼·博尔泽（Carmen Greutmann-Bolzern）和乌尔斯·格罗伊特曼（Urs Greutmann）组成团队进行技术产品和家具的设计，全身心地投入到生态学启蒙的现代主义，将技术创新与设计净化联系起来。在苏黎世的阿尔弗雷多·黑贝勒（Alfredo Häberli）和克里斯

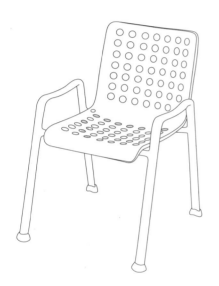

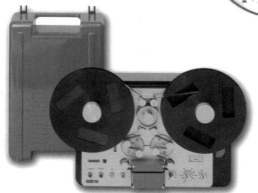

Landi椅，设计：汉斯·科兰 (1938年)

公园抽水机，设计：弗兰克·克利维奥 (Franco Clivio)，Gardena公司

草坪洒水装置，设计：弗兰克·克利维奥，Gardena公司

挂钟，设计：马克斯·比尔 (1957年)，Junghans公司

便携式磁带录音机，设计：路德维希·瓦尔泽 (Ludwig Walser)，Design AG. Sondor公司

Double You 办公家具，设计：汉内斯·韦特施
泰因，Bulo 公司
全貌 / 局部

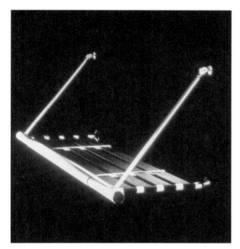

捡起，设计：阿尔弗雷多·黑贝勒，Asplund
公司

移动的床，设计：Oi 工作室，Wogg 公司

健身扩展器的外层架子，设计：本亚明·图特，
Moormann 公司

睡床和无背长软椅，设计：克里斯托夫·马尔
尚，Edra 公司

斯沃奇手表，广州模型

Freitag 包

托夫·马尔尚（Christophe Marchand）也将自己引入瑞士现代主义的传统之中，但在其家具设计（例如Röthlisberger、托耐特和Zanotta等公司）之中浸透着幽默和讽刺。在这个过程中，他们成功产生了瑞士设计传统的十分具有创造性的演变（关于瑞士家具设计的更多细节，参见Rüegg，2002年）。

1991年，鲁埃迪·亚历山大·米勒（Ruedi Alexander Müller）、奥古斯特·米勒（August Müller）和克里斯蒂安·哈贝克（Christian Habeke）离开著名的企业识别代理公司Z & L（Zintzmeyer & Lux AG），在苏黎世成立了Nose公司。Nose公司从事设计、视觉传达，并很快也进入到数字媒介领域（Rogalski，1998年）。其作品著名的例子包括为德国电信（Deutsche Telekom）和喜利得（Hilti AG）公司所作的项目，以及为磁悬浮列车（Transrapid）所作的室内设计。

在20世纪90年代期间，许多其他公司也通过设计为其谋得声誉。例如，他们包括ASCOM公司（电信）、Belux公司（灯具）、deSede公司（皮制家具）、Röthlisberger公司（一个和众多国际设计师合作过的家具公司）以及Vitra公司（办公家具）（参见第288页）。

在20世纪70年代期间，来自亚洲的激烈竞争使得古老的瑞士钟表业进入生存危机。尼古拉斯·海克（Nicolas Hayek），一位瑞士工程师、管理顾问和SMH的创建者，回击了斯沃奇公司（Swatch & Swatch，1981年）。斯沃奇公司每年都会推出两本新的斯沃奇产品目录，以经常变化的设计却同样的底部成分（机构、表壳座、皮带等）而著称。这种关于"斯沃奇化"（Swatchization）的原则甚至进入到设计理论的讨论之中，米兰设计师马泰奥·图恩曾指明，短期消费品的设计旨在传输"在"（in）的体验，也即，参与到群体动态之中（Keine Garantie für gut abgehangene Klassiker，1987年）。海克的公司也负责精灵（Smart）汽车，将这些设计原则应用到汽车方面。

设计师兄弟马库斯和达尼·弗赖塔格（Dani Freitag）以Freitag包（由循环使用的卡车防水油布制成的有肩带的女用手提包）创造了更为奇特的产品线。这些产品的用过的样子和可信的味道，使它们成为20世纪90年代真正的流行产品。这些时髦的附属品在全世界城市的专卖流行衣服的小商店中被售以适度的价位——迄今已超过6000家（Müller，2001年）。

意大利

在设计方面，可能没有任何其他国家像意大利一样值得大书特书。自从第二次世界大战以来，意大利设计师、商业和媒体都已经非常擅长于占领一个领域，这似乎或多或少是由传统注定的。由罗马帝国建立的文明和文化传统在文艺复兴时期通过建筑师安德烈·帕拉第奥（Andrea Palladio）众多的各式各样的建筑获得古典更新，并一直延续到当前阿尔多·罗西（Aldo Rossi）（参见第311页）的作品中，例如，他的新古典主义建筑如帕尔马（Parma）的Torri大型购物中心。意大利文化生活中的建筑、设计、艺术、文学、时装和音乐都收到高度评价，甚至这些项目对小商业的异常开放、对创造性实验的普遍热情都归功于意大利设计在全世界的优势。仅仅是在20世纪80年代末期来自亚洲的重大设计攻势的压迫之下，这一优势才开始下降。

原则上这是正确的：设计增加了世界的易读性。但这不再是通过从功能中读懂形式的"客观的"尝试而获得的。将一个纯粹情感的产品、文化物品斯沃奇带入市场，这是尼古拉斯·海耶克的天才所在，正如，石英技术成为旧的客观性的标准和陈腐的功能主义。

——诺贝特·博尔茨（No-rbert Bolz）/ 大卫·博斯哈特（David Bosshart），1995 年

大量的展览、产品目录、有插画的书籍、杂志和电影已沟通了意大利的日常生活与设计，包括如下例子：

—埃米利奥·安巴斯（Emilio Ambasz，1972 年）为在纽约现代艺术博物馆举行的"意大利——新家居景观"展所编辑的展览目录；

—"意大利有所求的设计"展览目录（柏林国际设计中心，1973 年），此书被当作对纽约展览的最初回应；

—阿方索·格拉西（Alfonso Grassi）和安蒂·潘塞拉（Anty Pansera）（1980 年）编辑的《意大利设计全览 1940~1980 年》，此书主要讲的是意大利"美的设计"；

—V·格雷戈蒂（Vittorio Gregotti，1982 年）著的《工业产品设计：意大利 1860~1980 年》，此书可能是范围最广的意大利设计史；

—由慕尼黑新收藏馆馆长汉斯·维希曼（Hans Wichmann，1988 年）编辑的展品目录《意大利：1945 年以来的设计》；

—彭妮·阿尔布斯（Penny Albus）的《意大利设计》（1988 年）；

—沃克·阿尔布斯（Ｖｏｌｋｅｒ　Ａｌｂｕｓ）在波恩（Ｂｏｎｎ）波昂邦立艺术展览厅（Bundeskunsthalle）举行的蔚为壮观的"4∶3　50 件重要的意大利和德国设计"展览，及其多卷展览目录（Elhoff，2002 年）；

—名为《意大利——当代家居景观，1945~2000 年》的论文合集，吉亚匹尔诺·波斯尼（Giampiero Bosoni）编辑，此书熟练地拿起了 1972 年纽约展所停止的东西，在某种意义上代表它的"更新"。

这里我们的意图不是介绍几本设计方面放在咖啡茶几上作摆设的书，而是研究其知识根源，总体上说它赋予意大利设计这门学科典范的特征。

设计作为一种文化总体艺术作品（Gesamtkunstwerk）的一部分，仅出现在意大利。保拉·安东内利（Paola Antonelli，2001 年）适当地刻画出对北欧（例如德国、英国和斯堪的纳维亚）设计与意大利设计的阐释之间的差异。前者的设计师——在德意志制造联盟或包豪斯的传统之下——一直探寻"存在主义的最小化"，意大利设计师则定位于"存在主义的最大化"，使传统的存在于图形、媒介和工业设计之间的、在自由艺术和应用设计之间的边界相交叉——在这里房间（空间）的整体成为主题。同时时尚也扮演着重要的角色。阿玛妮（Armani，2001 年）、贝纳通（Benetton）、布廖尼（Brioni）、切瑞蒂（Cerruti）、Dolce & Gabbana、Gucchi、米索尼（Missoni）、Prada（2001 年）、范思哲（Versace）、杰尼亚（Ermeneglido Zegna）以及其他人，

都将二维设计与三维设计相混合,他们在展览和展会上的介绍常常含有丰富的设计的生活景观。在20世纪80年代的进程中,这种越来越琐碎和平民化的美国生活方式,大部分都被一种精致的意大利生活方式所取代,今天,不仅在欧洲、在美洲和亚洲,也可以尽情享受这种生活方式。无论我们正在看着的是时装、家具、汽车还是食品和饮料,全球文化的典范本质上就是意大利(Schümer,2002年)。

意大利自身就在高度工业化的北方和农业化的南方之间存在巨大的经济差异。米兰、都灵(Turin)和热那亚(Genoa)这样的大城市,是生产汽车如菲亚特(Fiat)、法拉利(Ferrari)、兰西亚(Lancia)、兰博基尼(Lamborghini)、玛莎拉蒂(Maserati)、比亚乔(Piaggo)等,机器、家居和办公用品如奥利维蒂(Olivetti)的主要工业地区,以及散步极广、手工艺导向的小型或中型企业。后者(尤其是在米兰附近的区域)因玻璃(例如Murano)、制陶、灯具和家具而特别著名(参见Vann,2003年)。

意大利设计师协会(ADI)在对设计的推动上扮演了重要的角色。这个团体1956年成立,并不是传统的只关心职业相关问题如税收、法律、签约等的小心眼的设计师团体,而是一个由受邀的建筑师、艺术家、生产者、文学家和设计师这些在文化活动中扮演积极角色的人组成的圈子。意大利设计师协会也颁发世界上声望最高的设计奖项之一,"金罗盘奖"(Compasso d'Oro),由米兰的百货公司拉·里纳申特(La Rinascente)提供。

> *在20世纪,"塑料和图形艺术"超越了所有的界限。他们打开并摆脱掉如此多过度的包袱,以至于他们放弃了他们传统表现的中心区域,而经常与新的文化类型竞争:他们对摄影的"现实主义"的可能性,对电影叙述性的可能性,他们的塑料和图形用于设计的潜力,惊人的流行文化,他们自我描绘的和筹备戏剧潜力。*
>
> —— 爱德华·博康,1994年

一个意义重大的方面是意大利设计师强烈的政治主张。20世纪60年代发展出的反对浪潮,就可被理解为对"消费社会"的反应,并在新产品概念中也可以发现这个印象。相反地,与此同时在西德,例如对设计的批判立场(如通过对商品美学的批判而表现出来的),导致了一种设计虚无主义,尤其出现在20世纪70年代初的设计学校中。

意大利设计理论家的影响也特别值得一提。在20世纪60年代,托马斯·马尔多纳多——生于阿根廷,但自20世纪50年代起定居意大利——发起了乌尔姆造型学院和米兰设计界之间的密切的思想交流。例如,马尔多纳多促成了鲁道夫·博内托(Rodolfo Bonetto)被聘任至乌尔姆担任客座讲师。汉斯·凡·克利也从乌尔姆经索特萨斯的米兰事务所再到奥利维蒂公司,而皮奥·曼祖也频繁来往于两个城市之间。索特萨斯和马尔多纳多在乌尔姆造型学院的合作(参见《Rassegna》1984年第3期第19页),就如安德烈·布兰兹(Andrea Branzi)在对他们的访谈中清楚表明的,可能只是一段小插曲而已。意大利设计的其他重要推动者和批评家包括吉利奥·德夫勒斯(Gillo Dorfles)、朱利奥·卡尔·阿尔甘(Giulio Carl Argan)、亚历山德罗·门迪尼和 V·格雷戈蒂。

在设计发展的脉络中，有一系列期刊扮演着重要的角色，其中有《Abitare》、《Casabella》、《Domus》、《Internit》、《Modo》、《Ottagono》和《Rassegna》。这些期刊具有多面性，将各种各样的设计传达给广大的社会群众，而不仅仅是业内人士的专业杂志。

第二次大战之后的米兰三年展明确关注设计的主题而不仅仅是一个产品展览（Neumann，1999 年）。1947 年其主题是"家和家饰"，而第一件设计作品——卢乔·丰塔纳（Lucio Fontana）的灯光雕塑——在 1951 年的第九届三年展"艺术的整体"中展出。随后几年卡斯蒂廖尼（Castiglioni）兄弟（1954 年和 1960 年）也参加了。1964 年 V·格雷戈蒂创造了一个主题为"休闲"的入口区。在 1985 年米兰展"选择的关系"的口号下，索特萨斯、门迪尼、阿道弗·纳塔利尼（Adolfo Natalini）和其他人展出了他们的作品。1994 年第十九届三年展的主题是"同一性和差异性"。从这些例子中可以看出，意大利对文化的广泛定义使得其轻松地将设计和艺术整合在一个共享的展览中。

　　艺术来自于技巧，设计来自于目的。艺术是回放的，设计是难懂的。艺术即风格，设计是被风格化。设计是艺术与工艺品之间的不健康方式，它不是这也不是那，而是所有东西和任何东西。设计已经在我们任何地方都泛滥成灾。每一个地方没有什么不是设计。虚无如设计。

——京特·嫩宁（Gün-ther Nenning），1996 年

奥利维蒂公司的例子

1908 年，工程师卡米洛·奥利维蒂（Camillo Olivetti）在意大利北部的伊夫雷亚（Ivrea）建立了一个算得上 20 世纪现代设计典范之一的企业。奥利维蒂公司以生产打字机起家。1933 年他儿子阿德里亚诺·奥利维蒂（Adriano Olivetti）接管了企业。两年之后，马尔切洛·尼佐利（Marcello Nizzoli）开始为奥利维蒂公司工作，担任图形艺术家和设计师。他于 1940 年设计的计算器"胜马（Summa）"标志着该企业卓越设计事业的起点。

值得注意的是，奥利维蒂公司不仅将产品，也将整体的二维形象都加以深入的设计（Kicherer，1990 年）。汉斯·凡·克利领导奥利维蒂公司在米兰的企业设计工作室，并在此发展出传奇式的"红皮书"。这套设计手册中描述了企业对内对外所使用的所有图形元素。这些设计方针涉及信纸、名片、产品目录、说明书、包装、交通工具上的文字等等。

这项图形表现的形象和不同设计师设计的产品，共同创造了"奥利维蒂风格"。与主要处理少量设计元素的德国博朗公司不同，"奥利维蒂风格"是将挑选出的各种各样的元素，发展成一个新的整体——企业设计（参见《奥利维蒂的设计进程 1908～1983 年》和《奥利维蒂企业识别设计》，1986 年）。

除了汉斯·凡·克利之外，如沃尔特·巴尔梅（Walter Ballmer）、亚历山大·卡尔德（Alexander Calder）、克利诺·卡斯泰利（Clino Castelli）、米尔顿·格拉泽（Milton Glaser）

奥利维蒂公司的产品：

Midi 检查员工具机，设计：鲁道夫·博内托（1975 年）

逻格斯（Logos）42A 算术计算器，设计：马里奥·贝里尼（1977 年）（图片来源：Ezio Frea）

工作室 42 打字机，设计：阿尔贝托·马涅里（Alberto Magnelli，1935 年）

M20 个人计算机，设计：索特萨斯（1981 年）

和罗伊·利希腾斯坦（Roy Lichtenstein）等艺术家都参与了奥利维蒂公司的形象塑造。他们形形色色的风格和取向，天衣无缝地融入到奥利维蒂的企业设计中——这也表明这个企业文化的开放性。

奥利维蒂的员工设施——幼儿园、运动设施、休闲中心和住宅——代表了公司的企业文化，显示出企业哲学的重要元素。从 1934 年至今，奥利维蒂进行了许多大型建设项目，包括世界级建筑师如柯布西耶、路易斯·I·康（Louis I. Kahn）、丹下健三（Kenzo Tange）、埃贡·艾尔曼、汉斯·霍莱因、理查德·迈耶（Richard Meier）和詹姆斯·斯特林（James Stirling）。

意大利"美的设计"

第二次世界大战之后，由于意大利北部的巨大工业化，该地发展出建立在手工艺文化传统之上的一种设计风格，并影响世界达数十年之久。马里奥·贝里尼（1984 年）正确地观察到，20 世纪 60 年代初，当斯堪的纳维亚将手工艺概念转化到工业文化的现代阐释遭到失败之后，意大利打破了斯堪的纳维亚设计的统治地位。类似于德国的博朗公司的一些企业，自觉地以北欧禁欲主义传统为出发点，而完全没有受到意大利观念的影响。

20 世纪 60 年代中期标志着意大利设计师和建筑师新材料（如塑料）实验的黄金时代的开端。在缺少功能主义的主要遗产的情形下，它们被近乎游戏般地使用。技术飞速发展是形成意大利设计方法学的主要方面，这种设计方法学较少以理性的（功能主义的）观点为准则，更多是依照在国际市场上新产品预期的接受程度（Munari，1980 年）。文化的多样性表现为各种各样的形式，从而形成意大利设计的宽广面。

意大利"美的设计"基本上是受到只发生在少数几种产品类型中的技术和设计创新的影响。贾恩卡洛·皮雷蒂（Giancarlo Piretti）设计的"Plia"折叠椅因其以压铸法制造、绝妙而简单的旋转节点而凸现出来。这个椅子的轻巧性和灵活性重点在于使用了树脂玻璃。自从 1969 年起，这椅子已经生产超过 300 万把。

阿希尔·卡斯蒂廖尼（Achille Castiglioni）的折叠桌"Cumano"是表现灵活性的另一个成功案例。可以利用桌子顶上的洞将桌子挂在墙上的选择，指出产品的物品形象特征，而不太具有实际意义。手提式电视机"Algo11"，屏幕可依据观看者而倾斜；饰有金银丝细工的灯具"辫子"（Parentesi），在任何方向都可调整；同样可以调整的灯具"蒂齐奥"（Tizio），或多或少已成为提示功能方面的经典之作；同属此类的还有理查德·扎佩尔为阿莱西公司设计的咖啡机——桌上型蒸汽式；阿希尔和皮尔·卡斯蒂廖尼（Pier Castiglioni）设计的凳子"Mezzadro"，聪明地将大的马鞍或拖拉机坐垫的舒适性和弹簧的弹性相结合。当被问及如何获得这个灵感的时候，卡斯蒂廖尼兄弟回答说，它早已存在，他们根本没有设计任何东西（Koening，1983 年）。

这些联想式的设计方法（例如变更应用领域、转换使用方式）在意大利产品非常典型。这种对形式、材料和色彩近乎游戏的处理，对塑造他们的产品形象绝对是决定性的。我们完全可以用西格弗里德·吉迪恩的观点来谈论那些影响了各自产品类别的"典型"意大利产品。此外，许多设计师对产品语意的表达持有明显的自觉意识，例如使用功能和象征暗示的视觉化，这已

奥利维蒂企业设计手册（1971～1978年）

奥利维蒂企业设计，运输包装

经在无数产品中被实现。

意大利的反对浪潮

　　除了前文提及的设计师与文化发展的整合,意大利设计的第二个重要因素是他们参与政治运动。不同群体的构成,产生了一些大大超出受限于狭隘职业范围的视野的工作方法。此外,这些团体的交流互动特别频繁,对媒体上团体组成的轰动消息也相对容易感兴趣。这些方面在20世纪80年代来自新德国设计运动中的许多设计师团队如孔斯特弗鲁格(Kunstflug)、贝尼斯特(Bellefast)、五角大楼(Pentagon)和柏林齐默(Berliner Zimmer)等就曾应用过(参见第56页)。

　　索特萨斯数十年来一直是社会批评设计的推动者。通过他和美国地下文化的联系,他为新的设计趋势获得重要的刺激。

　　很多团体都是在20世纪60年代产生的,尤其是在佛罗伦萨(Florence)和米兰。他们做了一些观念设计案,对设计带来决定性影响,为20世纪80年代的后现代主义打下了基础。而后现代主义使得自20世纪20年代开始的整体功能主义设计阐释走向尽头。

　　第一批团体在意大利形成的时间,与20世纪60年代中期美国嬉皮运动恰好相当。对"越来越文明"日益增长的不满,也在艺术家和设计师的圈子中发出。此外,也受到西格蒙德·弗洛伊德(Sigmund Freud)和赫伯特·马库塞的批评性著作的影响,他们主张无压制的、开放的团体,并尝试以这种实验性的方式生活。所有这些都是发生在一个受到欧洲的大都市——柏林、法兰克福、米兰、巴黎——的学生抵抗运动决定性影响的时代,而这些学生运动的重点很快由纯粹的学生问题转向广泛得多的社会问题。

　　"Sacco"被当成这个时代的典型产品,一件布袋椅让使用者能够自由采取任何坐姿。它阐释年轻人坐姿的完美的、不拘礼节的方式,使其被视为"反设计"的先驱(Koening,1984年)。然而,这种表面上绝对自由的状态最后实际上产生了极端的紧张。对生活方式主张的产品语意学表现,一度超过坐的舒适所真正需要的人机工学要求。

超级工作室(Superstudio)

　　1966年12月,超级工作室开始工作。这个思想导师是阿道弗·纳塔利尼的团体开始着手建筑和设计的创造程序的理论研究,和尝试利用科技手段来设计具体梦想的英国团体"建筑电讯"不同,超级工作室更多将自己看作创造"消极的梦想"的社会批评的建议(Vittorio Magnago Lampugnani)。1969年在名为"发明的设计——逃避的设计"的文献中,超级工作室将自己的工作描绘为不同于传统产品设计(美的设计)的另一种选择。"逃避的设计"指的是如诗般和非理性的方法,表达了一种从可怕的日常生活中逃脱的尝试。除了具有实用功能,每一件物品也是一个沉思的对象。这个团体说到,主宰设计几乎长达百年的理性主义神话在此终结。

建筑伸缩派(Archizoom Associati)

　　建筑伸缩派,被视为反设计的创建者,也于1966年在佛罗伦萨成立。安德烈·布兰兹和

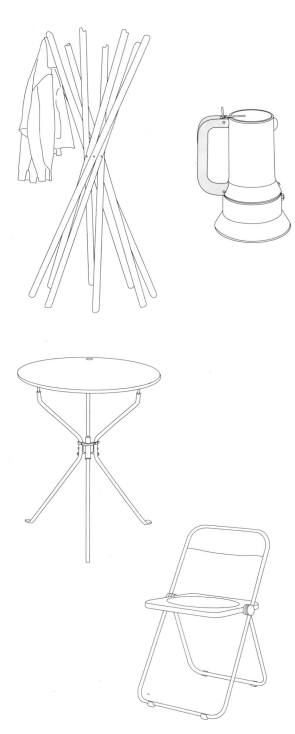

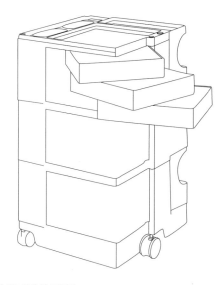

意大利"美的设计":

挂衣架, 设计: 德·帕斯 (de Pas) / 阿宾诺 (Urbino) / 洛马其 (Lomazzi), 扎诺塔 (Zanotta) 公司

909 蒸汽式咖啡机, 设计: 理查德·扎佩尔 (1979 年), 阿莱西公司

TS502 收音机, 设计: 马可·扎努索 (Marco Zanuso) / 理查德·扎佩尔 (1965 年), 再设计 (1978 年), Brionvega 公司

BOBO3 有固定轮子的柜子, 设计: 乔·科隆博 (1970 年), Bieffeplast 公司

折叠桌, 设计: 阿希尔·卡斯蒂廖尼 (1979 年), 扎诺塔公司

柔软的折叠椅, 设计: 贾恩卡洛·皮雷蒂 (1969 年), 卡斯特里尼 (Castelli) 公司

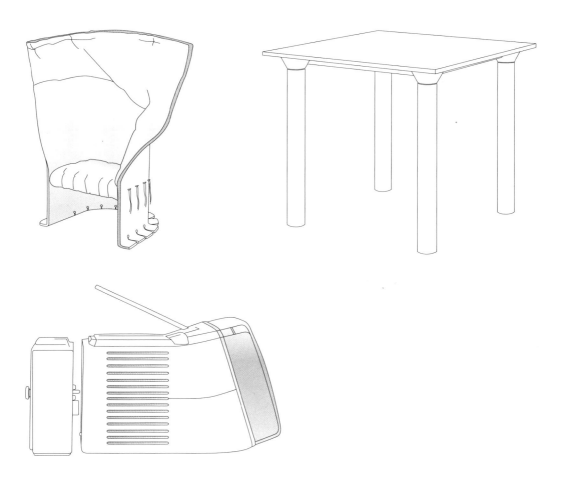

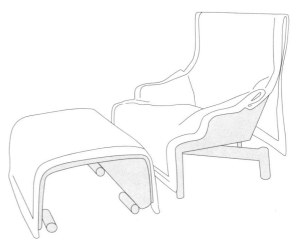

feltti扶手椅，设计：加埃塔诺·佩谢 (1987年)，卡西尼 (Cassina) 公司

4300桌，设计：安娜·卡斯泰利·费列呈 (Anna Castelli Ferrieri) (1982年)，Kartell 公司

阿果电视机，设计：马可·扎努索/理查德·扎佩尔 (1964年)，Brionvega 公司

有脚凳的扶手椅，设计：维科·马吉斯特雷蒂 (Vico Magistretti, 1981年)，卡西尼公司

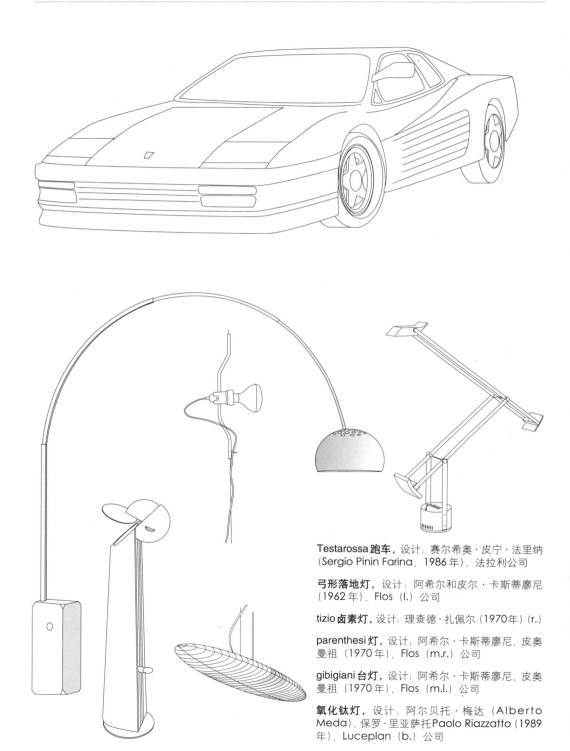

Testarossa 跑车，设计：赛尔希奥·皮宁·法里纳 (Sergio Pinin Farina，1986 年)，法拉利公司

弓形落地灯，设计：阿希尔和皮尔·卡斯蒂廖尼 (1962 年)，Flos (l.) 公司

tizio 卤素灯，设计：理查德·扎佩尔 (1970年) (r.)

parenthesi 灯，设计：阿希尔·卡斯蒂廖尼、皮奥曼祖 (1970 年)，Flos (m.r.) 公司

gibigiani 台灯，设计：阿希尔·卡斯蒂廖尼、皮奥曼祖 (1970 年)，Flos (m.l.) 公司

氧化钛灯，设计：阿尔贝托·梅达 (Alberto Meda)，保罗·里亚萨托 Paolo Riazzatto (1989 年)，Luceplan (b.) 公司

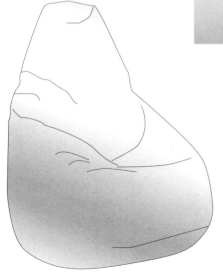

正方形桌，设计：超级工作室，扎诺塔公司（图片来源：Aldo Ballo）

躺椅，设计：阿尔贝托·梅达，Alias 公司

SACCO，设计：皮亚诺·加蒂（Piano Gatti），切萨雷·保利尼（Cesare Paolini），弗兰克·特奥多罗（Franco Teodoro）（1968 年），扎诺塔公司

"意大利：新家居景观"的展览目录封面
纽约现代艺术博物馆（1972年）
（图片来源：Wolfgang Seibt）

保罗·德加内洛是这个团体的创建成员。1968 年，欧洲反对运动因巴黎的五月起义而达到巅峰，他们在米兰的三年展中展出了一件名为"电的密谋"的案子。他们设计活动的目的是摧毁物品的偶像特性。这个团体反对由设计造成的状况，反对消费主义，反对时装、设计和建筑中的独树一帜。尽管建筑伸缩派于 1974 年解散，但他们对后来"炼金术工作室"（Alchymia）和"孟菲斯"的建立的影响，仍是不可忽视的。

9999 小组

9999 小组是佛罗伦萨的一个教学组织，和超级工作室合作推动一所观念性建筑的私立学校。这个团体对作为一个建筑和艺术的场所的剧场特别感兴趣。横向联系也很明显。1972 年罗伯特·文丘里和其他人发表的研究报告《向拉斯维加斯学习》，就是受到这种思想的影响："装饰的鳞片"和摩天大楼的立面真的能够丰富城市景观作出贡献。大约同时，美国建筑师查尔斯·摩尔将舞台布景城市的想法，带着尖锐的讽刺，表现在他的位于新奥尔良（New Orleans）的意大利广场的设计之中，其立面令人联想到意大利的宫殿。

Strum

以都灵为基地的 Strum 也是 20 世纪年代末激进设计知识分子圈子中的一员。他们自称是工具建筑团体，并且尝试将建筑当作政治宣传的工具。但是，Strum 也从事家具设计，他们将使用的可变性与纯朴的自然联想相结合，还使用当时还是一种新材料的聚亚安酯泡沫塑料，创造了用于家庭环境的雕塑物品。

意大利——新家居景观

1972 年埃米利奥·安巴斯筹备了在纽约现代艺术博物馆举行的可能是最轰动的意大利设计展。这项对意大利设计的多样性和创造性的广泛展示，使意大利设计获得了全世界的赞赏。不仅"美的设计"的代表人物，如马里奥·贝里尼、乔·科隆博、理查德·扎佩尔和马克·扎努索都有作品参展，反设计浪潮的宣扬者如建筑伸缩派、超级工作室、Strum 和 9999 小组的作品也在其中。这些展品范围从具有高度社会文化意义的作品，例如索特萨斯的纪念碑状的柜子，或卡斯迪尼奥尼兄弟的拖拉机椅，直到艺术空间装置作品。通过从莱奥纳尔多·贝内沃洛（Leonardo Benevolo）和 V·格里高蒂所作的历史概览，到朱利奥·卡尔·阿尔甘和亚历山德罗·门迪尼的批评文章，展示了意大利设计趋势和观念的全貌。

观念设计

20 世纪 60 年代，超级工作室、建筑伸缩派和其他团体的工作发展出一种新的设计类别：观念设计。与此同时，视觉艺术中也产生了观念艺术，艺术家的理念被当作纯粹的思想观念而搬上舞台的中心。这些作品脱离了物质条件，只有通过联想思维过程才能在观看者的想像中获得存在（Brockhaus Enzyklopädie，1987 年）。

一方面,意大利概念设计表现出政治上的期待,希望社会革命的变化将可能带来具有新的社会意义的作品。另一方面,它也关注个体行为的变化,这些概念设计描绘出的建议被设想成为可能。例如,超级工作室的理想化表现被假想去超越地球太空船的限制。

全球工具 (Global Tools)

全球工具于1973年在期刊《Cassabella》的编辑部中成立。它联合了不同的团体(包括建筑伸缩派、9999小组和超级工作室)、个人设计师(如加埃塔诺·佩谢、乌戈·拉·彼得拉和埃托雷·索特萨斯),以及《Cassabella》和《Rassegna》这两份期刊,目的是在佛罗伦萨建立一个工作室的网络,以提倡使用自然材料和运用相应的技术。其理念是促进个体创造力的自由发展,参加的期刊也定期报道成果。

平庸设计与再设计

1978年亚历山德罗·门迪尼开始致力于日常物品的设计。一般人对好的设计和庸俗的看法被颠倒过来,通俗文化被风格化成为真正的高层文化。门迪尼本人认为,规划平庸是设计上的革命性思想(Burkhardt,1984)。他认为,社会的中产阶级可以再次欣赏到这种平庸的艺术,但他的希望并未实现。无论如何,任何人都不应该过高评价平庸设计的热忱,就像再设计事实上只是智能上的华而不实之物,但仍建立起从设计通向艺术的桥梁。

这方面的推动力量,亚历山德罗·门迪尼,开始利用人工器具(绘画、装饰、小旗和球)将所谓的设计经典作品进行转化,从而对其重新阐释。这种"炼金术式的转化"(尝试将基本的物质转化为黄金)成为整个团体的纲领。

炼金术工作室

1976年亚历山德罗·格雷罗(Alessandro Guerriro)(在米兰创建了炼金术工作室,并开始生产和销售手工艺产品。1979年这个工作室开始为设计师提供展览机会,展出一些他们不考虑生产问题的实验性设计作品。首次参展的人包括埃托雷·索特萨斯、亚历山德罗·门迪尼、安德烈·布兰兹、米凯莱·德·卢基(Michele de Lucchi)和其他人(Sato,1988年)。

1979年炼金术工作室的首批作品之一,称作"包豪斯Ⅰ"和"包豪斯Ⅱ"。它主要是通过彩绘异化经典家具设计作品,讽刺地、机智地将包豪斯的传统庸俗化。

1980年亚历山德罗·门迪尼和炼金术工作室参加了林兹的设计论坛展。这个展览的焦点事件是埃托雷·索特萨斯展示的家具物品。这些家具,索特萨斯是依照一种"新图像学"而作出符号艺术史学上的阐释。这个概念已经被用于罗伯特·文丘里、丹尼斯·斯科特·布朗(Denise Scott Brown)和史蒂文·艾泽努尔(Steven Izenour,1972年)所著的《向拉斯维加斯学习》中,该书描述和阐释了美国商业和娱乐城市中建筑的象征主义。对罗兰·巴尔特(Roland Barthes)、让·鲍德里亚和翁贝托·埃科(Umberto Eco)的符号学理论(他们也使用了图像学的描述范畴)的接受,对新的设计趋势产生了决定性的影响。对索特萨斯而言,这些家具表示了他自己和朋友一起，在激进设计（反设计）运动中所作出的一个个人发展的休止符。他的目标是创造一种图像学——用图像研究——设计出一种既不常见又不是定位于使用和可用性的文化物品或意象。索特萨斯要以此探究非文化的、无人文化的领域。他将自己的物品视为只为它们自身竖立的纪念碑："它们无法创造风格"（索特萨斯，1980 年）。仅只一年后孟菲斯风格就诞生了。这不是讽刺，而是机智营销的结果。

孟菲斯

1980 年 12 月的第一天，芭芭拉·拉蒂塞、米凯莱·德·卢基、马泰奥·图恩和其他几个人在埃托雷·索特萨斯米兰的家中碰头，想在意大利美酒和美国音乐中享受一个夜晚。鲍勃·迪伦（Bob Dylan）的歌曲 "Stuck Inside of Mobile with the Memphis Blues Again" 成为他们计划吸引朋友和外国知交的创造性风暴的一个暗示。这个想法就是设计一组全新的家具、灯具、玻璃器和陶瓷产品，并由米兰的小型手工企业制造。其成果于 1981 年 9 月 18 日在米兰展出：31 件家具、3 件钟表、10 件灯具和 11 件陶瓷物品，受到 2500 名参观者的狂热喝彩。这些首批作品中有发起人埃托雷·索特萨斯、米凯莱德·卢基和马泰奥·图恩，还有一群著名建筑师和设计师的作品，包括安德烈·布兰兹、迈克尔·格雷夫斯、汉斯·霍莱因、矶崎新（Arata Isozaki）、希罗·库拉马塔（Shiro Kuramata）、哈维尔·马里斯卡尔、亚历山德罗·门迪尼、炼金术工作室和梅田正德（Masanori Umeda）（Radice，1988 年）。

孟菲斯是 20 世纪 70 年代意大利激进设计和反设计趋势的终曲。它既没有表达出乌托邦，又没有对社会条件和物品持有批判性的态度；相反，它在更大程度上是努力从 20 世纪 70 年代的新观点中谋取个人的利益。时装界对之尤为热爱：卡尔·拉格费尔德（Karl Lagerfeld）完全用孟菲斯的物品装饰他位于蒙特卡洛（Monte Carlo）的公寓。埃利奥·菲奥鲁奇（Elio Fiorucci）说一种新美学已经被创造出来，而杂志《Casa Vogue》的主编伊萨·韦尔切洛尼（Isa Vercelloni）更是断言孟菲斯风格代表一种看和感觉的新方式。

这正是以埃托雷·索特萨斯为首的孟菲斯设计师所想要的：一种从不同文化脉络中截取刺激，并将之转化在物品之中的设计。以创造一种新的感觉性为目标，因其任意性而存在于各大洲，他们也称孟菲斯为"新国际风格"。这种对 20 世纪 30 年代国际风格的嘲弄，是新国际风格被媒体快速传遍全世界的主要原因之一。传达针对的是物品的意义，但哪一种"讯息"应该传递的问题仍是未能决定的。孟菲斯设计师拒绝了一向相互联系的形式、功能和材料范畴，难以称得上是一种"哥白尼革命"（Fischer，1998 a），因为这项发展自 20 世纪 60 年代起就持续出现，特别是在意大利。孟菲斯代表的似乎是一项发展的结束而不是新的开始。相反，孟菲斯宣告了一种绝对任意性、"新模糊性"的阶段（Habermas，1984 年）。孟菲斯真正的影响仅仅是功能主义"形式追随功能"的教条之外的新设计观点获得快速的认知。设计中存在异端的时代已经过去。在此意义上，孟菲斯可作为从控制中解脱出来的同义词（Burkhard，1984 年）。这种新理念很快被德国采用，并导致一种新设计运动。1986 年杜塞尔多夫的展览"感觉拼贴——感性的居住"达到了"新设计"的巅峰，也是其最后作品。

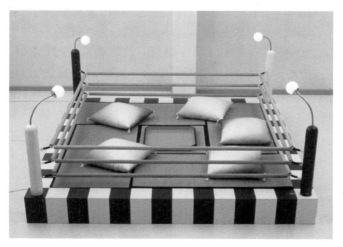

炼金术工作室的海报（1983年）（图片：
Wolfgang Seibt）

普鲁斯特扶手椅，设计：亚历山德罗·
门迪尼，卡佩里尼公司

"孟菲斯——新国际风格"展览目录的
封面，米兰（1981年）

TAWARAYA围护包厢，设计：梅田正
德，孟菲斯（图片：沃克·菲舍尔摄）

姐妹椅，设计：丹尼斯·圣基亚拉，Vitra Edition 公司（图片：Vitra）

阿莱西遮目鱼，设计：斯特凡诺·焦万诺尼（Stefano Giovannoni），阿莱西公司

卡尔顿书架，设计：索特萨斯（1981 年），孟菲斯

20世纪90年代的停滞

从那以后，意大利没有发展什么相关的趋势。面对20世纪90年代的国际竞争，奥利维蒂公司的让位使意大利设计师和制造商的视线大都集中于设计家具，在每年一次的米兰家具展和市区的样品陈列室中自我庆祝。通过在设计上的深刻调查，阿莱西公司成功地成为一个全球生活方式的企业，而例如以数字化进行调查和试验大部分还停留在理论阶段（Anceschi，1992年；Maldonado，1997年）。保罗·德加内洛是被证明能够并愿意从反设计（经由为像卡西尼、Driade、Poltronova、Vitra Edition和扎诺塔等公司所作的进步的家具设计）向数字设计转变的少数设计师之一（2002年）。由于数字时代使机械时代黯然失色，设计的任务也不得不变化，但在意大利的所有地方，这种变化几乎是被忽视的。因此，先进设计的新中心不再在米兰和市郊，而更可能出现在巴塞罗那，或亚洲大城市如首尔、上海、台北和东京。

NO 博士扶手椅和 Na 博士桌，设计：菲利普·斯
塔克（Philippe Starck），Kartell 公司

时髦的锻炼，设计：保罗·德加内洛，ICE，Ace 画廊，纽约（2000 年），Park Tower Hall，东京（2001 年）

ZOE 洗衣机，金章（Zanussi）公司

毕尔巴鄂的古根海姆博
物馆,
设计: 弗兰克·O·盖里
(Frank O. Gehry) (图
片: Bürdek)

西班牙

在 40 年的佛朗哥（Franco）政权终结之后（1975 年），可以看到西班牙在广泛领域获得显著的文化发展。迎头赶上的强烈需要和过多的活动，导致在文学、时装、电影、戏剧、音乐乃至在设计上的飞速发展。在马德里（Madrid）和巴塞罗那这两个中心之间的传统竞争，繁荣了文化的爆炸，但在巴伦西亚（Valencia）和毕尔巴鄂（Bilbao）附近的区域则热衷于设计（在毕尔巴鄂更为深入，由于积极的 DZ 设计中心和弗兰克·O·盖里设计并于 1997 年开业的壮观的古根海姆博物馆）。此外对设计有贡献的方面是西班牙的经济结构，它和意大利北部相类似：为数众多的手工企业和艺术家工作室，今天回想起他们的传统资格，并向新的文化和定位于设计的趋势开放。

在 20 世纪之交，建筑师安东尼奥·高迪（Antonio Gaudi）已经设计出富有表现力的建筑、室内和家具，这些东西正是从传统价值中取得其特殊意义的。高迪也具有整体艺术品的思想，他利用同一种"语言"来发展建筑物的结构、家具及装饰，这样这些元素将彼此互相完备、充实（Giralt-Miracle/Capella/Larren，1988 年）。到 20 世纪 30 年代，Getpac 公司已经生产了钢管家具，并且与德国建筑师密斯·凡·德·罗合作。

西班牙的工业设计始于 1960 年设计师协会（ADIFAD）的建立。西班牙设计的显贵安德烈·理查德（André Richard）也是该组织的发起人之一（2000 年）。理查德与雷蒙德·洛伊于 1956 年在美国会面（从他的自传中流露出的少有的细节），他代表西班牙好的设计传统长达数十年，就像索特萨斯在意大利所作的一样。

1967 年巴塞罗那设计中心（BCD）的建立，使西班牙的工业设计在经济上日益为人接受。直到 20 世纪 70 年代末，工业设计大部分都掌控在"好的设计"的原则之下。长期以来，乌尔姆设计学院和博朗公司观念下的系统设计，决定了西班牙产品设计的外在形象。

20 世纪 80 年代初期，意大利强烈的文化影响导致"先锋运动"（vanguardia movement）的出现，展示出强烈的新现代主义特征，这一点在毕尔巴鄂的大艺术与设计展"Arteder"中表现得十分清楚。大规模量产的家具在 1987 年科隆家具展的团体部分首次出现。此后，米兰家具展出现了更多的西班牙制造商，他们以精心策划的营销策略和最新的技术，试图在欧洲市场上站稳脚跟。

1992 年奥林匹克运动会导致了巴塞罗那真正的设计繁荣。大量的新建筑、公共设计动机、商店和旅馆，以及图形工作，将这座城市变为可能是欧洲最为震撼的设计中心。

Gustavo Gili 出版社在艺术、建筑和设计领域广泛的图书出版，对西班牙语国家（包括拉丁美洲）产生了特别的影响。在意大利，新的西班牙设计主要通过一些杂志加以传播，包括《设计》（de diseño）、《实验》（Experimenta）和《On》。这些杂志将自己视为图形设计、产品设计、室内设计、建筑、艺术和时装的多样性的平台。

最为著名的西班牙设计师包括拉蒙·贝内迪托（Ramón Benedito）、佩佩·科尔特斯（Pepe Cortés）、哈维尔·马里斯卡尔、豪尔赫·彭西（Jorge Pensi）、奥斯卡·图斯奎茨和路易·克

油菜籽加油站，设计：诺曼·福斯特勋爵，ERCO 公司

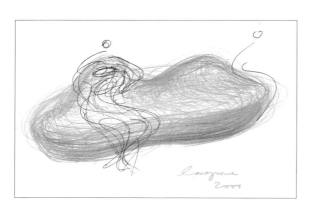

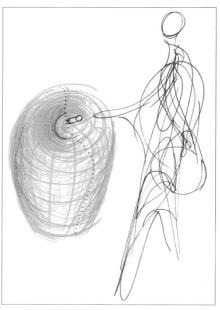

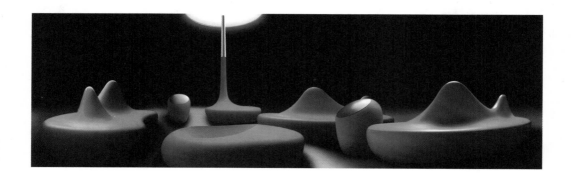

转变家具概念
设计: 罗斯·洛夫格罗夫, B.D. Ediciones
de Diseño 公司

洛泰（EI Diseño en España， 1985 年；BCD，1987 年）。图斯奎茨和克洛泰参加过 1980 年林资的"设计论坛"，但当时并未引起人们的注意。直到他们参加（1987 年卡瑟）第八届文件展，才使西班牙设计受到大众注目，例如，图斯奎茨设计的提供照明的书形灯具。

西班牙设计师的青年一代还有马丁·阿苏亚（Martín Azúa）、安娜·比客斯（Anna Bujons）、埃米利·帕德罗斯·库罗·克拉雷特(Emili Padrós Curro Claret)、马蒂·吉克塞（Martí Guixé）(2003 年)，特别以其概念性作品而著名的 Ana Mir 公司，以及 Torres& Torres 公司（家具和室内设计）。巴塞罗那的"Primavera 好的设计"双年展，已成为国际性的设计论坛。相关的几个西班牙公司通过积极的设计活动为其谋求声誉。此外还有 Amat 公司、B.D. Ediciones de Diseño 公司、Disform 公司、Santa Llole 公司以及 Puig 公司（全部家具制造商）；在国际设计师的帮助下，陶瓷企业 Roca 也已成为一家全球企业。

对最近西班牙设计最重要的总的看法，可能是 1998 年马德里举办的"西班牙工业设计展"，及其全面的目录（Giralt-Miracle、Capella 和 Larrea，1988 年）。

法国

长期以来法国在美感艺术（绘画、雕塑、文学、音乐和戏剧）和时装上的文化优势——并不提及哲学和自然科学——对设计的影响微乎其微。直到 20 世纪 30 年代艺术装饰时期，法国工匠和建筑师的装饰艺术，才达到第一个高峰。住宅的室内设计、公共建筑甚至远洋轮船都成为法国"图案设计师"的实验领域。这种"装饰艺术"风格至今仍一直影响法国设计。其代表人物包括菲利普·斯塔克、加鲁斯特（Garouste）和博内蒂（Bonetti）。斯塔克周而复始地强调典雅、均衡、嬉戏，这些成为他的作品的特征；除了许多产品之外还特别包括室内设计（例如宾馆、咖啡厅、酒吧）和一些完整的建筑。

已在 1919 年移居美国并获得成功的雷蒙德·洛伊，于 1956 年在巴黎开设了一家设计事务所；他在法国的工作关注于图形设计。雅克·维耶诺（Jacques Viénot）1952 年也在巴黎建立了设计事务所"Technes"；这个事务所从事图形设计和工业设计领域的项目。1956 年吕西安·勒普瓦（Lucien Lepoix）也在巴黎开设了他的工作室"国际科技造型"（Formes Techniques Intenationales，FTI）。

罗歇·塔隆（Roger Tallon）除了在家具、灯具（例如为 ERCO 公司）和钟表方面的设计工作外，特别是他在现代大众交通系统上的工作，获得国际性声誉。例如，墨西哥市地铁（1969 年）和法国国家铁路公司的高速列车 TGV 大西洋号（Tallon，1993 年）。

与欧洲其他国家不同，法国事实上直到 20 世纪 60 年代早期才开始比较深入地研究工业设计的问题。1969 年建立、1976 年迁入巴黎蓬皮杜艺术中心（the Center Pompidou）的工业创作中心（Centre de Création Industrielle，CCI），在这方面扮演了重要的角色。在那里举办的展览"法国设计 1960～1990 年"（A.P.C.I./C.C.I.，1988 年），对法国设计作了第一次具代表性的概览。

20 世纪 90 年代初，意大利的设计发展影响到法国。年轻设计师团体如 Nemo、Totem、Olivier 和 Pascal Morgue（现在已在全球作业），菲利普·斯塔克可以作为新法国设计国际最为著名的代表。在后现代哲学家如让·弗朗索瓦·利奥塔尔（Jean Francois Lyotard）和让·鲍德里亚的影响下，法国产生了混合形形色色的材料如混凝土和塑料、玻璃和钢铁、高雅与庸俗的各种各样的设计。

> 斯塔克根据产品的设计和使用来变化角色、更换规则。对他而言，形式和功能的关系不是一种从文字上遵循的功能主义的规则系统，而是可能的惊喜的宇宙，在此一个人能够用激情来设计，而无须屈服于使用性的前提。
>
> ——福尔克尔·阿尔布斯／福尔克尔·菲舍尔，1995 年

这些新设计特别显现在商店布置、精品店和酒吧中。最著名的例子就是 Costes 咖啡屋的陈设（1981 年）和在密特朗（Mitterand）总统推动下菲利普·斯塔克于 1982 年完成的巴黎爱丽舍宫（the Elysée Palace）的室内设计。

在 20 世纪 80 年代，斯塔克成为世界上最为著名和重要的设计师。与意大利先锋派运动（如炼金术工作室和孟菲斯）不同，斯塔克适时地在他的家具设计中表达出支持平民的主张，以确

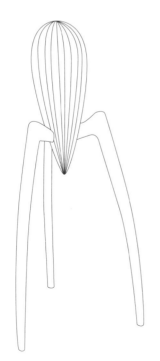

浴室，设计：菲利普·斯塔克，Duravit 公司

柑橘榨汁机，设计：菲利普·斯塔克（1987年），
阿莱西公司

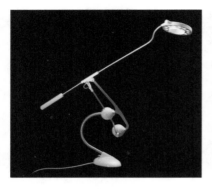

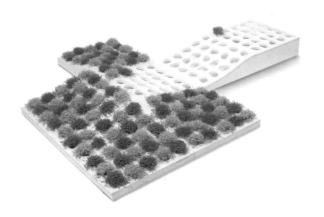

陨石二号台灯，设计：埃里克·乌尔多 (Eric Hourdeaux)

似非而是的灯，设计：纪尧姆·巴尔代 (Guillaume Bardet)

阔头夜灯，设计：桑德拉·安瑟洛 (Sandra Ancelot)，托马斯·布莱谢尔 (Thomas Bleicher)

非常好的椅子，设计：弗朗索瓦·阿藏堡 (Francois Azambourg)

CECI EST UNE LAMPE 灯，设计：弗拉维安·泰里 (Flavien Théry)

交叉的花架，设计：塞韦里纳·希曼斯基 (Séverine Szymanski)

保家具能以一个负担得起的价格制造和销售。例如，在20世纪80年代晚期，他的一些家具可以通过法国邮购公司Toris Suisses购买。在他为意大利公司阿莱西工作中，特别是柑橘榨汁机（1987年），他将交流功能置于实用功能之前。斯塔克被当作最著名的语意学（产品语意学）设计的支持者之一。以数百项产品、建筑和室内设计，他成为20世纪晚期的主要设计领袖之一。

在法国新设计运动的推动上扮演主要角色的是家具创新促进会（Valorisation de l'Innovation dans l'Ameublement，VIA）。这个机构通过组织竞赛、展览和奖励工作，鼓励家具设计的新发展，并为设计师介绍可能的制造商（Kluge，1988年）。工业部的代表也参加定期会议，探讨设计师的作品并评估其市场潜力。被选中的作品制造成样机，以调查预期的产量和制造程序。仅在短短数年中，这个程序就使得数百件家具物品被发展并投放市场。

当论及法国设计的装饰传统时，必须提到的是设计师安德烈·皮特曼（Andrée Putmann），他的作品包括法英超音速飞机、协和式飞机和巴黎博物馆（the Quai d'Orsay Museum）的室内设计。还有室内设计师杜奥·伊丽莎白·加鲁斯特（duo Elizabeth Garouste）和马蒂亚·博内蒂（Mattia Bonetti），他们被计入非凡的新巴洛克设计风格的代表人物之列，其眩目的设计在后现代大都市中找到了客户。相反，享有国际盛誉的建筑师J·努韦尔（Jean Nouvel）在他的家具设计中坚持古典现代主义。20世纪90年代许多青年设计师引起轰动，他们几乎全部都从事室内设计并因此持续法国设计的装饰路线。例如，他们包括Bouroullec兄弟（2003年），为卡佩里尼公司和Vitra公司创作用品和家具并从事概念设计实验的"Erwan"和"Ronan"。他们于2002年公布的办公家具系统，"Joyn"，结束了所有的惯例，展现出对一种新的、高柔软性的、模块化的产品文化的伟大贡献——完全重新定义了工作世界和家庭环境。

在20世纪90年代很多公司也通过设计获得声誉：汤姆森多媒体公司(Thomson Multimedia，高保真音响和娱乐电器)尤其因为其先锋派家庭娱乐系统而成名。而家庭用品集团SEB（Arno、Moulinex、Calor、Rowenta、Krups、Tefal），其辅助食品加工器（Moulinex）展现出特别的设计意识。真正的设计繁荣爆发在法国汽车工业。PSA集团（Peugeot and Citroën）以其尤具创新性和廉价的汽车兴风作浪。雪铁龙C3 Pluriel成为青年客户中新的流行车型，因为它可用作皮卡、跑车、targa和轿车。通过它，雪铁龙重拾传说中的2CV的传统，这写入了20世纪后半叶的设计和生活方式的历史。

在帕特里克·勒·克芒（Patrick Le Quément）的帮助下，雷诺"罗汉"（Renault）成功地为产品文化设立了全新的标准（Mason，2000年）。雷诺太空车（Espace）成为20世纪90年代欧洲货车的模范；雷诺Twingo小房车（1992年）是一个优美的盒子，尤其吸引年轻的和女性的目标群体；而雷诺古贝（Avantime）、雷诺威赛帝（Vel Satis）和雷诺风景（Scénic）等都是汽车的典范，它们富于表现力的形态重新配置了法国的汽车设计。

我们曾习惯用世界语设计，一种语言代表全部。现在，我们已经发现了新的、令人心悦诚服的概念和一种我们自己的语言。

——帕特里克·勒·克芒，2003年

JOYN办公家具系统, 设计: Bouroullec兄弟, Vitra 公司（图片: Miro Zagoli）

陶瓷收音机, 汤姆森公司

新型雪橇, 设计: 贝努瓦·维尼奥 (Benoit Vignot)

雪铁龙 C3 PLURIEL

雷诺风景 II

荷兰

在设计的地理版图上，荷兰因其公共设计活动的模式占据着特殊的地位。人们到处——二维平面上的钞票、邮票、表单、街道标识，三维世界的公共汽车、火车，邮局政府、机关，城市、街道、广场——面对着难以进行比较的现代设计语言。

20世纪初期，德意志制造联盟的设计同样也被荷兰所感知，对于工业产品质量的提升以一种理性、功能的设计语言联合起来。格里特·T·里特维尔的家具设计——如红蓝椅（1918年）、施罗德（Schröder）I桌子（1923年）、之形椅（1934年）——都是该方法的代表性的例子。

在1910~1930年期间，风格派（De Stijl）已经接受到了从公共团体到城市规划设计以及产品和服务设计的委托（Lueg，1994年）。马特·史坦在20世纪20年代为包豪斯工作过一段时间，在那期间他开发出了传奇般的钢管家具。

维姆·里特维尔（Wim Rietveld，格里特·T·里特维尔之子）是最早的工业设计师之一。他创造了大量的家具，以及交通工具（如阿姆斯特丹地铁）、农用机器和电力设施（Hinte，1996年）。另一个功能主义传统设计的追随者是弗里索·克拉默（Friso Kramer），他为Ahrend集团和德国家具制造商Wilkhahn设计了大量的办公家具。

许多国际知名设计机构开始从荷兰运作，其中最突出者应属n/p/k（Ninaber、Peters和Krouwel，2002年），其声誉主要建立在公共设计领域。其他特别为国际客户提供功能技术设计的机构有：乌特勒支（Utrecht）的Brandes en Merus，代夫特的Elex，鹿特丹的Landmark，乌特勒支的Well Design。在企业设计特别活跃的包括：海牙的Studio Dumbar（传达和公共设计），阿姆斯特丹、海牙、布鲁塞尔、马斯特里赫特（Maastricht）和科隆的Total Design（传达、识别、展示设计和设计战略）。

Droog小组开始对不同设计师的产品进行折衷收藏，产品由伦尼·拉马克斯（Renny Ramakers）和吉斯·巴克（Gijs Bakker）进行选择，由安德烈·布兰兹以Droog设计的名义在1992年比利时科特克（Kortrijk）家具展和1993年米兰国际家具展中进行。这些设计师的共同之处在于对产品功能和材料的创新处理（Zijl，1997年）。很快就有来自德国Rosenthal、威尼斯玻璃用品制造商Salviati和丹麦Bang & Olufsen的设计委托。赫拉·约莉丝（Hella Jongerius）因其在Droog的工作出名，这很快重新定义了日常生活用品。她于2000年在鹿特丹成立的约莉丝实验室也为自己赢得了国际声誉（Jongerius和Schonwenberg，2003年）。

> 一个在未来建立品牌新方法的生动案例是荷兰电子公司飞利浦。它开发了在线儿童产品，很快进入了欧洲市场。飞利浦所作的第一件事是将工业设计师、开发心理学家、人类学家和社会学家派向消费者。特别是在意大利拥有汽车的家庭，他们组织社区。在法国和荷兰他们向成人和儿童提问，以帮助他们找到能够更好平衡消费者需求的新电子产品的想法。
>
> ——雷吉斯·麦克纳（Re-gis Mckenna），1996年

　　飞利浦公司1891年在埃因霍温成立的时候只是家灯泡制造商，1924年变为收音机（Bakelite案例）制造商，1950年则成为电视制造商。如今飞利浦已经是全球企业，其地位在不少程度上应该归因于设计活动。飞利浦在20世纪80年代成立了由美国人罗伯特·布莱克（Robert Blaich, Blaich,1993年）主管的企业设计中心，在罗伯特·布莱克及其继任者斯特凡诺·马尔扎诺（Stefano Marzano）的领导下，该中心成为世界上最大的设计中心。超过500名设计师工作于其设在埃因霍温的总部和分布在全球的20家分支办公室。飞利浦是全球主要的医疗设备制造商之一，但是它也与类似阿莱西和卡佩里尼这样的公司进行产品合作。完整系列的重要设计出版物也在马扎诺的支持下出版了，——例如，曼齐尼（Manzini）和苏珊尼（Susani）（1995年），门迪尼、布兰兹和马尔扎诺（1995年），飞利浦（1996年），马尔扎诺（1998年）以及飞利浦（1998年）——这有助于将飞利浦企业设计中心建立成公司智囊团。

　　汽车制造商DAF在1958年发布了具有全自动传动装置的迷你汽车DAF 600，但是在1974~1975年被瑞典公司沃尔沃（它自己也被福特收购）收购。Oce是知名的复印机制造商，它因其突出的界面概念在20世纪90年代为自己赢得声誉。

　　代尔夫特技术大学在荷兰设计中扮演着重要角色，它于1969年成立的工业设计工程系今天仍然是世界主要的设计训练机构。大多数工作在荷兰的设计师都是从这个设计部门招募的。与飞利浦企业设计中心同处于一栋建筑的埃因霍温设计学院，很大程度上将自己视作年轻设计师的实践地点。

实验设备，设计：nlplk 工业设计
Vital 科技公司

荷兰邮政邮箱，设计：nlplk工业设计

  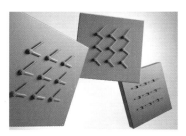

FLEX 产品：
电缆线轴
电缆鼓
壁钟（NINE O´CLOCK WALL CLOCK）
儿童椅，设计：Droog 设计

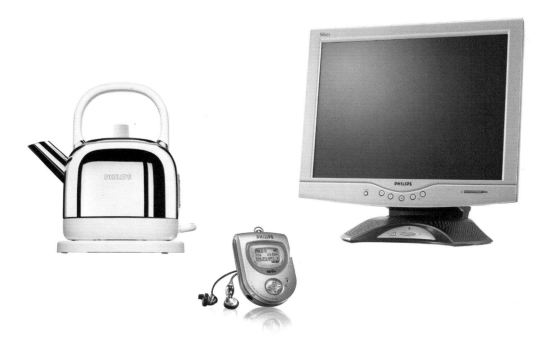

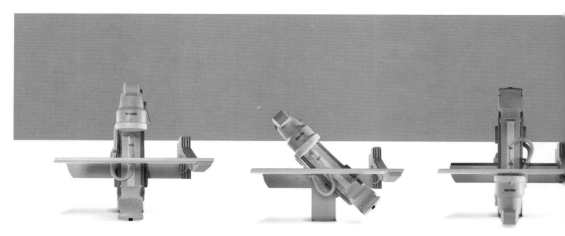

飞利浦产品：
电水壶
数字音频播放器
液晶显示器
为生活而设计

V-MAIL 相机（USB 接口，摄像头）
收音机 /CD 唱机
搅拌器（飞利浦，阿莱西）

蒙大拿（MONTANA）家具设备，柏林波茨坦广场（Postdamer Platz）地铁站

克努兹·霍尔舍（Knud Holscher）的产品：
灯具
楼梯栏杆
大衣架

斯堪的纳维亚

家具、灯泡、墙纸、玻璃制品、瓷器和陶器这些都是会让人自然联想到"斯堪的纳维亚设计"的产品，斯堪的纳维亚设计具有一贯的高产品文化标准特征，没有那些可以在意大利设计中找到的明显的简单部分。斯堪的纳维亚设计的发展一直与手工技术品质的非间断传统有联系。很多年以来，应用艺术和室内用品支配着设计活动。直到最近，设计师才转移到钢铁和塑料、办公设备、工程器械、汽车工业、医疗和康复设备和无线电通讯（爱立信和诺基亚）的领域。

斯堪的纳维亚设计纯粹的功能主义形式语言和对材料、颜色经济的使用使其成为德国战后设计的典范。博朗产品（例如无限收发装置）的起源可以在这个语境下得到解释。

正如汉斯·维希曼（1988年）在其回顾中描述的那样，斯堪的纳维亚产品设计的统治地位直到20世纪60年代才被打破，意大利的设计师使其设计和材料更好地适应了20世纪下半时期技术和产品文化的变化。

丹麦

手工传统同样也是丹麦设计的决定性因素：玻璃制品、瓷器、家居项目（家具最为典型），以及hi-fi设备。最重要的丹麦设计师是建筑师阿尔内·雅各布森（Arne Jacobsen），他设计了椅子、灯具、玻璃制品、餐具，以及大量的建筑。他的卫生设施作品被认作是简约功能主义建筑的典范。南纳·迪策尔（Nanna Ditzel）（家具），波尔·凯霍姆（Poul Kjaerholm）（灯具），埃里克·马格努森（Erik Magnussen）（金属制品），约恩·默勒（Jørgen Møller）（家居用品和家具）和汉斯·J·韦格纳（Hans J.Wegener）（家具）是丹麦设计的国际知名人物。维尔纳·潘顿（Verner Panton）创造了家具、灯具和纺织品。他设计的可叠起塑料椅——1960年设计，从1967～1975年由赫尔曼·米勒（Herman Miller）公司生产——被看作是赋予塑料材质新自由形式的精华。

在20世纪70年代初，他创作的梦幻般的生活环境——对于颜色和形式真正无节制的使用——在科隆国际家具展上得到展出。直到今天仍然存在的由《明镜》（Der Spiegel）周刊汉堡办公室设计的室内设计是对于这一设计理解的证据。

建筑师和设计师克努兹·霍尔舍是设计功能主义解释的主要支持者之一，以最少的手段来实现设计的视觉简洁（Skriver,2000年）。B&O（Bang & Olufsen）同样也顺应这一传统，在高保真音响领域上延续了传统现代主义的一贯性（Bang,2000年）。家具制造商弗里茨·汉森将手工传统和国际设计师的创新概念融合起来，同时全球企业乐高（Lego玩具）在标准原则的发展过程中起了主导作用，它的产品对儿童的心理－社会发展产生了重大影响。

椅子，设计：阿尔内·雅各布森，
弗里茨·汉森（Fritz Hansen）

高保真音响系统
前卫 DVD 系统

芬兰

　　芬兰也具有悠久的手工艺传统，主要是在玻璃制品和瓷器领域。无线通讯设备制造商诺基亚在20世纪90年代的高速扩张，使得人们对于芬兰的印象转变为一个高科技的国家。设在赫尔辛基的艺术和设计大学（UIAH）是首要因素，它因在20世纪90年代得到的巨额国家投资，一举转变成为世界上首屈一指的设计大学。

　　在20世纪30年代，建筑师和设计师阿尔瓦·阿尔托（Alvar Aalto）就开始了夹板的实验，这些材料最初是被用作滑雪橇上（因其弹性）。阿尔托吸取了包豪斯钢管家具中的结构理念并将其应用到了木材上。塔皮奥·维尔卡拉（Tapio Wirkkala）因其为德国公司 Rosenthal 设计的玻璃制品和瓷器而声明远扬。如今像 Arabia（瓷器），Artek 和 Asko（家具），Fiskas（工具），Hackmann（家庭用具）和 Woodnotes（地板）这样的公司是芬兰设计的主要代表。年轻一代的设计师包括哈里·科斯肯宁（Harri Koskinen），他站在芬兰现代主义传统观念上为玻璃制品、餐具、厨房设施、家具和照明这些领域的国际企业进行设计；同时还包括斯特凡·林德福什（Stefan Lindfors），他是建筑师、设计师、艺术家和纺织品设计师，他为 Arabia，Hackmann 和 Iittala 这些公司设计玻璃制品和家居用品（芬兰设计论坛，1998年）。

　　当初只是橡胶靴生产商的诺基亚，最终发展成为世界上首屈一指的无线通讯系统和设备制造商。诺基亚执行着多元的产品政策，将当代时尚潮流和艺术级的技术融合在一起，成为了世界上主要的移动电话制造商。

挪威

　　挪威是斯堪的纳维亚国家中设计发展最少的国家。由于对艺术和手工活动的额外重视，挪威几乎完全没有制造工业，直到最近才发展到系列产品设计的阶段。斯堪的纳维亚设计在这里被理解成一种生活方式：简化的形式语言，简单的制造过程，高度的可靠性是挪威产品设计的重要特征。但是设计师更倾向于追寻早期的欧洲现代主义而不是去追随自身的斯堪的纳维亚传统。

　　在20世纪70年代出现了两种不同的设计方法。"双敏"（Unika）使设计师潜心于在工作室中为客户创造一次性的设计，第二种态度则是服务于工业规模生产（多是海外的）。如今被遵循的是第三种方法，真诚的、民族的和生态的工作方法（Butenschøn，1998年）。代表人物有，奥拉夫·埃尔道伊（Olav Eldøy）（家具），埃里克·伦德·尼尔森（Eirik Lund Nielsen）（为德国运动商品制造商阿迪达斯工作），卡米拉·宋格－默勒（Camilla Songe-Møller）（家具），萨里·叙韦洛马（Sari Syvaluoma）（纺织品），约翰·韦尔德（Johan Verde）（家具），赫尔曼·坦德贝里（Herman Tandberg）（炉具），以及在奥斯陆（Oslo）的360 Grader 产品设计（技术产品）。

玻璃制品和花瓶，设计: 阿尔瓦·阿尔托，littala

7600 移动电话，诺基亚

为老年人设计的声控手表，国际安全技术公司
(international security technology，ist)

瑞典家具, 瑞典 Möbler AB (图片: Gösta Reiland)

长沙发椅子, 设计: 克拉松·科伊维斯托 (Claesson Koivisto), 鲁内·阿基特克康特 (Rune Arkitektkontor), 卡佩里尼公司

瑞典

瑞典建筑第一次真正意义上的革命发生在20世纪初期。1917年贡纳·阿斯普隆德（Gunner Asplund）将起居室和厨房的融合，目的在于实现简单牢固的工业规模化生产，其家具是由斯堪的纳维亚地区独一无二的松木制造而成，这就是发展的起点。在 1930 年，斯德哥尔摩（Stockholm）的一次展出表明功能家具可以被视为时代的体现：简约和功能性是支配原则。同时在德国已经有了钢管座椅的实验。1939 年的纽约世界展使"瑞典现代主义"成为国际设计概念的突破口（Sparke，1986 年）。

20 世纪 40 年代，瑞典人制造联盟致力于提升家居环境，尤其是在适于儿童的房间方面。在接下来的十年中，出现了新的居住方式。莱娜·拉松（Lena Larsson）是那些创造了起居、烹饪、游戏和工作的多功能房间的建筑师之一，她在 1955 年海森堡制造联盟展上发布了作品。

第二次世界大战后瑞典转变成为福利国家的典范，其中一个基本要素就是大量的房屋建造计划。在新的综合社区设施中，学校、图书馆、青年俱乐部、电影院和商店都被规划、建造和装修。但是 20 世纪 70 年代的全球经济危机使得瑞典的这一发展终止，尽管其高生活水准得以保留。直到 20 世纪 90 年代瑞典人才与这一无法实现的国家福利概念说了再见。

> 系统地将瑞典腐朽传统和日常生活设计的每个方面相结合，直接导致国民对所有事物的消费热情，保持居家舒适是在整体上对癖好的纵容。
>
> ——克里斯蒂娜·迈特·青克（Kristina Maidt- Zinke），1999 年

20世纪六七十年代很多大规模的家具生产链在瑞典建立，其目的在于塑造瑞典家具设计的产品文化形象。最著名的是宜家（IKEA），它在五个大洲30个国家开设了超过150家分店。大约7万名员工每年创造出超过百亿欧元的营业额，每家分店出售的产品超出 11 500 种。宜家将其产品印刷在年录上全球发布。消费者可以在家中平静地进行阅读和购买，通过邮件定购，或在分店中挑选。出于合理化原则，大多数家具被分解成几个部分，以使消费者能够自行装配。通过自己挑选颜色组合，有些家具可以由购买者自己实现定制。宜家的产品范围所吸引的人群年龄段从20岁到40岁，他们通常是为自己或孩子购买家具。这些产品相应的并不昂贵，并且开始影响了整个人群的家庭陈饰观念。Billy 书柜就是其中的经典，每年的销售超过 200 万个单体。

宜家的生产没有受到瑞典的限制，低工资国家同样也参与到了设计中。在20世纪80年代初期，宜家开始拓展市场。鹿皮——最初是斯堪的纳维亚松树传统的象征——被放弃了。新的产品线——宜家办公——产品范围开始扩展到包括受意大利家具设计影响的国际现代主义产品（Bomann，1988 年）。轻量设计概念——有时十分时尚——被加入到产品目录中，以诱惑年轻消费者（受够了父母的那种松树样式）加入大"宜家社区"。丹麦设计师尼尔斯·加默尔高（Niels Gammelgaard）和他的设计公司 Pelikan 设计，对宜家的新产品文化作出了很大贡献。

David设计公司销售自己设计的产品和由国际知名设计师设计的产品。它于2002年在东京开始了一个新的展示厅。年轻的设计公司提供的设计和产品日益明确：例子有Materia、David设计和cbi，他们都属于瑞典的设计先锋。

在社团设计领域，EDG（Ergonomi Design Gruppen）设计代理公司获得了很高的国际地位，其基础在于为设计医学、人类环境改造学、社会和美学所设计的优秀产品。

> 长期以来市场为设计师的名字所左右，这对于开发而言意味着终结。选择设计师是个战略因素：要点不是谁能够使得产品漂亮，而是哪个设计师能够将企业的战略和抱负实现最佳的视觉化。
>
> ——斯特凡·于特博恩，2003年

1996年，斯特凡·于特博恩（Stefan Ytterborn）成立了 Ytterborn & Fuentes 公司，开展企业形象和战略设计领域的工作。他被认为是斯堪的纳维亚设计复新的重要人物，他为国际企业和相关的设计项目工作，其中包括阿拉伯（Arabia）、爱立信、Hackmann、宜家、伊塔拉（Iittala）、麦当劳、Saab 等等。在这之上，他协助设计展出并组织设计竞赛。事实上，他对单独产品设计的兴趣要少于以最佳的视觉方式来表达企业战略和抱负（Frenzl，2003年）。

类似伊莱克斯（室内设施）、哈苏（Hasselblad，摄影器材）、山特维克（Sandvik，工具）、Saab 和沃尔沃（汽车）的这些企业，以其永恒的、几乎免疫于时尚风潮的高质量技术产品为瑞典赢得了国际声誉。20世纪90年代，无线通讯企业爱立信将自己转变为移动电话及相关基础设施的主要制造商。

伊莱克斯真空清理机器人

P800 移动电话，索尼 - 爱立信

俄罗斯

前苏联的设计起源可以追溯到20世纪早期的俄罗斯先锋运动（Wolter和Schwenk，1992年）。这一运动中有两条不同的发展主线：一是情感和直觉与世界的统一，二是对于语境的理性和建设性分析。尽管其前景实际上十分狭窄，后者还是在那一时期留下了自己的名字。用以解决问题和开发产品的主观、客观辩证方法成为了俄罗斯早期设计工作的基础。

卡济米尔·马列维奇和弗拉基米尔·塔特林是发展了新现实主义绘画的早期先锋艺术家之一。他们的基础研究（形状、颜色、平面等）间接地为后来的基础课程打下了基础。如今我们仍然可以在塔特林的作品中看到自然和技术的综合。他为第三国际设计的纪念塔"迪纳摩塔"（1919~1920年于莫斯科设计）被认为是俄罗斯艺术革命的标志性作品，同样也是20世纪现代主义的图标。

塔特林也为服装、餐具、炉具及其他的很多物品设计了模型，并在高等应用艺术学校（1920~1930年期间在VKhuTeMas，从1927年起在VKhuTeln）授课，其遵循的教育原则类似于魏玛的包豪斯。塔特林坚信自由艺术应该为技术对象的实用设计提供模型，并尝试去建立设计的标准法则。艺术和理性的先锋们喜欢大范围地夸耀其理论反思，这可以在他们的很多宣言和手册中得到见证。

在这一时期，国家瓷器工厂出品的很多产品与苏联政府的宣传效应有直接的联系：盘子上有镰刀和锤子的图案，以及"科学必须服务人民"、"人不能不劳而获"这些类似的口号（Adamowitsch，1921年）。很多的纺织品也表现出了新社会主义的号召；建筑也是如此，并将自己定位在为革命服务。

工业设计原则第一次被应用到制造上是在20世纪30年代。设计师的工作领域有火车头、汽车、电话装置、设施，以及莫斯科的地铁建筑项目。

在20世纪40~50年代之间，在工厂、设计办事处和研究学院形成了很多设计小组。他们工作在航空建筑、汽车制造、轮船修建和机器工具生产等领域。

20世纪60年代发展工业设计最初目的是形成完整的系统与长期的传统实现联系（VNITE，1976）。按照苏联部长委员会的决定，一个基于科学方法学、符合制造工业的统一系统被建立。之后，全联盟技术美学研究协会在莫斯科成立。和地方的10个分支一起，它指导着纯研究工作和相应的制造活动。在20世纪70年代，加入这个协会的企业中有超过1500个设计部门和小组在运行。"技术美学"在那时代表着协调自然、技术和设计的尝试，类似于仿生学（Borisowski，1969年）。

尤里·索洛维约夫（Yuri Soloviev）是VNITE的长期指导，苏维埃设计师团体的主席，ICSID执行会议的一员。他致力于提升"国民设计"，其结果可以在最初设计的资本货物中看到。基础的人类环境改造学研究和工业生产条件之间的紧密关系，导致了严格的功能主义设计，这一现象在很多社会主义国家中十分典型，如东德也是如此。其目标不是为消费生产商品，而是为工作的人群创造满意的条件。这样，设计的人文主义目标便陷入了短处，产品的社会用途伴随

罗莫（LOMO）相机（图片：Wo-
lfgang Gastager, Lomograp-
hische Gesellschaft Vienna）

拉达·尼瓦（LADA NIVA）汽车
（1977 年）

着个人兴趣出现了。

20世纪80年代早期，设计已经成熟了。在之前的发展阶段中，它在解决重要历史难题过程中已经积累了理论、方法学和实用的经验（Design in der USSR，1987年）。这一点可以从产品过剩中看出，例如机器工具的整体特征已经被引进的微电子技术所改变。欧卡（Oka）汽车类似于意大利菲亚特的熊猫（Panda），光学设备仿效Hasselblad和Rollei，Phobos磁带录音机则是模仿的飞利浦的产品。

戈尔巴乔夫在1985年当选苏联共产党（CPSU）的总书记推进了改革的进程，这也改变了苏联的社会和经济结构。1990年的经济改革目的在于引入"管制的市场经济"。随着苏联解体，新独立的波罗的海国家（爱沙尼亚、立陶宛、拉脱维亚）与斯堪的纳维亚的传统纽带开始复活，并开始培养自己的设计活动。但是宏观经济的重建带来了设计政策的极大不连续性，类似于1917年后期的俄罗斯复新过程正在进行（Lavrentiev和Nasarow，1995年）。相互经济援助委员会（COMECON）在1991年的解散带来了全新的贸易结构，这将俄罗斯的设计直接推向了真正的市场竞争环境。然而结果是，俄罗斯联邦的工作条件和工作机会并未改进，反而趋于恶化。

最重要的独立设计代理可能是德米特里·阿斯基兰（Dmitrii Askiran）在莫斯科开设的（室内设施、交通工具、技术产品、办公家具）。塔季扬娜·萨莫伊洛娃（Tatjana Samojlowa）在圣彼得堡开办了一家工作室，跨越了自由艺术和实用设计的界限（钟表、电动剃须刀、日常用品）。安德烈·梅夏尼诺夫（Andrei Meshchaninov）曾经与萨莫伊洛娃在VNITE圣彼得堡的分支合作多年，他开办了一家设计办事处，设计医疗设备、水下设备和企业形象，同样也设计了莫斯科与圣彼得堡之间的高速列车。

在意大利菲亚特的帮助下，20世纪70年代一个汽车生产厂在伏尔加陶丽亚蒂（Togliatti）被建立，其获得国际成功的拉达车直到今天都还在生产。最初菲亚特124被许可制造，这种车日益发展成了一种独立模式。它体现了第二次世界大战后俄罗斯设计实用、功能主义的特征。拉达·尼瓦（Lada Niva）或多或少是目前深受欢迎、各汽车制造商争相推出新模型的SUV的先驱。

Lomo相机，其特殊镜头以拉迪诺·洛莫（Radino Lomo）命名，成为了西方国家礼拜式的产品。其简化主义设计得到了最高技术表现的补充（其允许的曝光时间长达60秒）。

可口可乐瓶的演化史（图片：德国可口可乐公司）

北美

自18世纪许多国家的移民来到北美后，随之而来的是文化技术的多样性，经济的影响带来的是20世纪设计相关学科异常激烈的混合。建筑、平面艺术、工业设计、自由艺术和文学，都找到了一群善于接受、宽容的听众，这也激发了媒介和风格的多元化。清教主义和流行文化，创造精神和经济困扰，霸权行为和对地方文化的尊重，这些因素都在塑造北美设计过程起到一些作用。

尤其是美国，已经成为成功引导设计风格的异常启动者，它既被赞美，也引发了被批评为肤浅"样式"的强烈反对。美国设计的产品文化优势，在输入亚洲和欧洲后，激起了巨大的抵抗。处在接收端、深受经济依赖的国家，如拉丁美洲国家，则变成了其他模式。在拉丁美洲国家，欧洲的设计诠释统治了很长时间。其他国家地区，如日本、韩国和台湾，长期处在强大的美国设计的影响之下，终于在20世纪90年代末实现了彻底的摆脱。

美国

开端

美国产品设计的起源通常被认为是在18世纪下半叶沙克族（Shakers）——一个源自英国人和法国人的宗教社团——开始在北美定居时。随着严厉的教规和最斯巴达式的方式，使他们很快就开发出了基于手工的实用产品来满足自身的需求（Andrews和Andrews，1964年）。沙克的生活和设计理念进入到20世纪后变得更加有意义，其间一场颠覆此前被过于夸大和粉饰的历史相对论原理的运动正在开展。

> 设计的起源是上帝的名字。沙克族具有创造力，谦卑和良知。所有这些直接体现在他们意识到产品必须具有最高的品质。
>
> ——阿农(Anon)，2000年

沙克设计的家具和器械的简洁和功能性生成出了非物质起源的原理。形式和生活方式之间的联系未被触动，与此同时被广为宣扬的基于包豪斯功能主义的理念在20世纪60～70年代间退化成了一种生活风格——甚至直到今天，沙克的产品仍被标记为"生活风格产品"设计（Donaldson，2001年），这一命运与其他很多运动是一样的。

对于设计发展而言，好几位包豪斯最著名的教师，包括赫伯特·拜尔（Herbert Bayer）、沃尔特·格罗皮乌斯和密斯·凡·德·罗，移居到美国所起到的重要性不容忽视，在美国思想格外开放的学院和客户使得他们能够成功地完成自己的终身事业。

在19世纪的下半段，美国已经经历了创造性智力的高产量阶段，被西格弗里德·吉迪恩（1948年）形容为"专利家具运动"。例如，人类工程学的基础研究就是在坐具设计的基

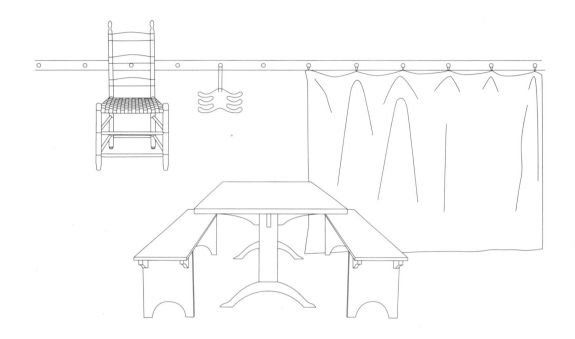

沙克家具：
沙克椅
晾衣架
踢脚线和幕布
沙克桌子和长凳

础上产生的，这些坐具被设计得必须适应人体的任何姿势。椅子、床和橱柜的可转变性、空间的节省和易于运输，培育出持续到 20 世纪早期的美国实用和装饰产品文化的传统，这时社会已经逐渐成为一个两极的系统。

流线型时代

20 世纪设计的大规模生产在很大程度上——尤其是在美国——是由机械化和自动化所驱动的。比照产品开发和设计的观点主要来自功能前景的趋势（当时在现实主义传统背景下的欧洲拥有牢固的地位），美国人很快意识到愉快设计的市场潜力。

20 世纪 20 年代是欧洲的艺术装饰时期，而在美国则是"流线型年代"（Lichtenstein和Engler，1992 年）。在这一时期，流线型设计被应用到从汽车、收音装置、室内用品、办公设施到室内装饰上。

美国大众文化的一个原型产品是自 20 世纪 30 年代出现的气流大篷车。航空建造业的铝技术被转移到了交通工具制造上，产品自身也被赋予了空气动力学的外型。大篷车成为了永远流动的美国社会的一个表现标志。

水滴被认为是最理想的形态，源自自然的形态——流线型成为了现代性和进步的标志，也成为了更加美好未来的期待。设计师将自己的工作理解成使得产品"无法拒绝"（inesistible）——换言之，他们通过激发消费者对于产品渴望和需求的潜意识以驱使其购买。脱离了技术问题解决，设计师的工作被限制在了风格和样式。在这一时期，吉迪恩（1987 年）将设计师在塑造品位上的影响比作电影院的角色。

20 世纪的一个例外是理查德·巴克敏斯特·富勒，作为建筑师、工程师和设计师，他将"活力"（dynamic）和"最高效"（maximum efficiency）合成为"dymaxion"一词。在这一原则之下，他设计了建筑结构，例如测量学意义上的穹顶，希望它能够覆盖整个城市地区。在微观层面上，他设计了滑艇和汽车（如三轮 Dymaxion 汽车），这些产品被认为是流线型时代的先驱。

在这场设计运动中最有名的人物是法国人雷蒙德·洛伊，他在 1919 年移居到美国，很快便因宣扬设计是营销手段而获得成功。他那令人窒息的飞跃开始于对基士得耶（Gestetner）复印机、冰箱、交通工具、室内用品和室内装饰的再设计，他为 Lucky Strike 香烟的包装设计是少数没有被模仿的几个项目。"永远不要忽视足够满意"（Never Leave Well Enough Alone），是他的口号和自传（Loewy，1949 年）的标题，这也成为整个一代设计师（不只是在美国）的警句。风格设计的起源和现存产品外形肤浅的多样化都可以在这一意识形态中找到。雷蒙德·洛伊的毕生工作（Loewy，1979 年）精彩地记录了设计学科是如何将自己完全置身于商业利益的服务中的过程（Schönberger，1990 年）。20 世纪 60 年代商品美学的猛烈批评直接指向这些肤浅的装置主义和那些在资本主义国家被极度镇压的设计。

诺曼·贝尔·格迪斯、亨利·德赖弗斯、沃尔特·多温·蒂格是流线型时代的主要代表人物。他们长期成功的职业生涯建立在为远洋轮船、汽车、公共汽车、火车、家具以及其他很多产品所作出的先锋设计上。

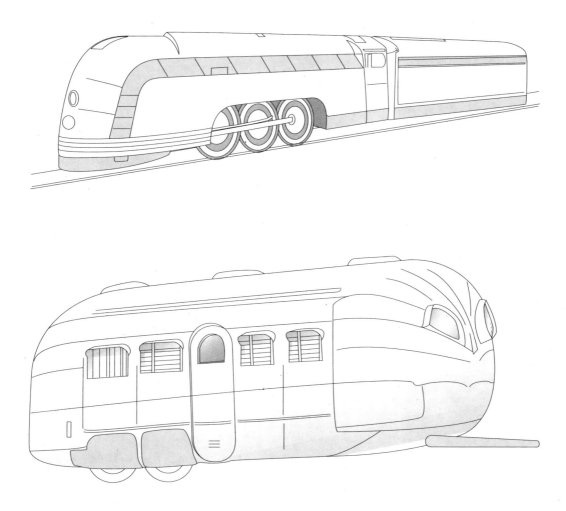

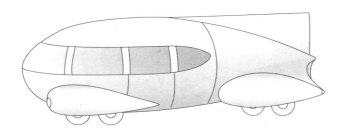

水银机车，设计：亨利·德赖弗斯
（Henry Dreyfuss），纽约中心

流线型活动房屋，1936年，Airstream
公司

9号摩托车，设计：诺曼·贝尔·格迪
斯（Norman bel Geddes），1932年

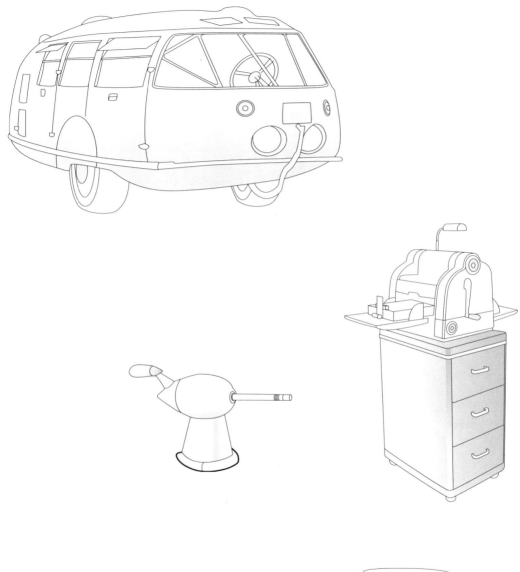

Dymaxion **汽车，**设计：理查德·巴克敏斯特·
富勒（Richard Buckminster Fuller），1933 年

油印机，设计：雷蒙德·洛伊，1951 年，基士
得耶（Gestener）

卷笔刀，设计：雷蒙德·洛伊，1934 年

小相机，设计：沃尔特·多温·蒂格（Walter
Dorwin Teague），1936 年，柯达公司

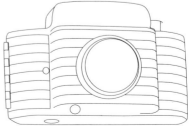

扶手椅，No.420 C，设计：哈里・贝尔图亚，1953
年，Knoll 公司

扶手椅，设计：查尔斯和雷・埃姆斯（Charles and
Ray Eames），1949 年

72键打字机，设计：埃略特・诺伊斯，1961年，IBM
公司

设计师和企业

埃罗·萨里宁（Eero Saarinen）、哈里·贝尔图亚（Harry Bertoia）、查尔斯·埃姆斯（Charles Eames）和乔治·内尔松（George Nelson）等人设计的家具在另一方面与欧洲设计传统有着更为强烈的联系。这些设计师的基本兴趣在于对新材料的研究，如合板和塑料，并将它们试验性地应用到设计上。他们把全新的雕塑学诠释设计融合进了功能性方面，建立了与美国流线型时期有机的设计方法之间的关联。

汽车设计师哈利·厄尔（Harley Earl）自 1927 年起主管通用汽车公司（GM）的设计工作室的时间超过了 30 年，对很多汽车的设计作出了决定性的贡献。他对于一种全新美国产品的出现起到主要作用：街道巡洋舰。这是一款为公路网络高度发达、汽油价格便宜且具有流动习惯的国家所设计的汽车。街道巡洋舰遵从每年变化的模式（Bayley，1983 年，1991 年），这使得"风格样式"的概念得到了提升：对于产品所进行的短生命周期和与时尚相关的改造。在那时样式对于哈利·厄尔而言有着绝对正面的内涵——现代和新潮。

埃略特·诺伊斯（Eliot Noyes）是最早关注于技术产品设计的设计师之一。在 1956 年被任命为 IBM 的设计指导后，他为企业的视觉形象作出了重要贡献。在长期担任芝加哥伊利诺伊理工学院（Illinois Institute of Technology，IIT）设计学院导师期间，杰伊·多布林（Jay Doblin）发展出了设计的交互学科方法，这一方法经受了设计咨询公司德布林小组（Doblin Group）的考验。

对于美国样式设计的明确评价直到 20 世纪 60 年代晚期仍未受到严肃的挑战。随着社会批判运动的开展以及其对音乐、绘画和建筑上的影响日趋明显，新的设计趋势也开始出现了。生活和工作可供选择的模型开始得到实践，尤其是在加利福亚州。

在这一背景下维克托·帕帕内克（Victor Papanek）的工作值得关注。奥地利人帕潘内克花费了很长时间在美国呼吁大规模的系列生产应该被放弃。但是他的设计建议对于第三世界的产品设计而言，从未超越过天真的业余层面。

20 世纪 80 年代后，大企业不仅使得美国成为经济上的全球主导者，也使美国因设计而赢得尊敬。传统的交通工具制造企业位于这份名单的前列，福特、通用、哈雷-戴维森和波音，但是我们也能在名单上找到家具制造商 Haworth、Knoll 国际、赫门曼米勒和 Steelcase 的身影；电子企业如苹果电脑、惠普、IBM、微软、摩托罗拉、帕洛阿图（Palo Alto）国际产品（Palm 的 PDA 和 Rochet 电子图书）、Sun（计算机硬件和软件）、施乐（复印系统）。Black & Decker（电动工具）、Bose（高保真音响）、John Deere（农业机械）、柯达（照相产品）、耐克（运动装备）、Oxo（家居产品）、Ray Ban（太阳镜）、Samsonite（行李箱）、Sunbeam（装饰产品）、Thomson 消费电子公司和特百惠（Tupperware），这些企业都是优秀设计的代表。

硅谷

20 世纪 80 年代早期，在加利福尼亚州被称作硅谷的地方成为了新设计飞跃的中枢。计算

哈雷-戴维森 VRSVA V-ROD 摩托车

分解的办公系统，赫尔曼·米勒公司

苹果电脑
IPOD mp3 播放器
G5 计算机
机场终端
苹果笔记本电脑

相机，设计：Design Continuum，宝丽莱 (Polaroid)

人力运输装置，概念：迪安·卡门 (Dean Kamen)，
赛格威 (Segway)

快速游泳衣，Speedo

机公司的涌现催生了对设计的高度需求。英国人比尔·莫格里奇（Bill Moggridge）早在1976年就预言了这一令人激动的增长，并在此开办第二个办事处——ID TWO——以作为其在伦敦本部的补充。史蒂文·P·约布斯（Steven P. Jobs），苹果电脑公司的两个创办人之一，被哈特穆特·埃斯林格尔为索尼设计的随身听所震惊，随即与埃斯林格尔的设计代理公司青蛙设计签约，让其为苹果公司工作。位于德国Altensteig的青蛙设计1982年在加利福尼亚州的坎贝尔（Campell）开设了分支。在这一时期，在拥有了为奥利维蒂相关领域几年的工作经验后，索托萨斯也试图在美国立足。

加利福尼亚的飞跃引发了很多新美国设计代理公司的成立，如大卫·凯利（David Kelley）设计（在1991年与ID TWO合并成为IDEO）、Lunar Design、Matrix产品设计和GVO（在2001年停止运作）；在曼罗公园（Menlo Park）的Interform；洛杉矶的Designworks（20世纪90年代被德国汽车制造商BMW收购，在慕尼黑仍保留了办事处）；在波士顿、米兰和首尔的Design Continuum；在旧金山的Fitch和Montgomery Pfeiffer；在俄亥俄哥伦布斯（Columbus，Ohio）的Design Central；在俄亥俄沃瑟林顿（Worthington，Ohio）和波士顿的RichardsonSmith；芝加哥的Design Logic；纽约的Smart Design和Ecco Design；在俄勒冈（Oregon）、波特兰和慕尼黑的Ziba Design。这些设计公司为塑造美国设计的全新形象作出了重要贡献，其中对于微电子产品的创新性处理是一个决定性的因素。将自己视作企业营销战略的重要合作伙伴，他们也发展出了完整的二维和三维的企业设计和企业识别。

无忧无虑的生活方式、前沿的技术和文化革新，以及气候（南加利福尼亚从来不下雨），所以这些都注定了美国的最西部地区成为设计和产品开发的主角。20世纪80年代欧洲和亚洲的设计部门都在那里开设了办事处，其目的在于紧跟最新的潮流。起源自加利福尼亚的产品包括山地自行车和单排轮的旱冰鞋，同时还有尼桑Pulsar、马自达MX-5和奥迪TT汽车等汽车概念。

在从赫尔曼米勒换到在埃因霍温的飞利浦公司后，罗伯特·I·布莱希（Robert I Blaich）作为设计师和设计经理赢得了国际声誉，从1980～1992年，他一直是飞利浦企业设计中心的主管（Blaich，1993年）。他的工作赋予了飞利浦这个世界最重要的引领设计的公司一个高度的概括。塔克·维耶梅斯特（Tucker Viemeister）曾经在Smart Design、青蛙设计和在纽约的多媒体公司Razorfish工作过，他将自己称作"世界上最后一个工业设计师"。他实现的从硬件到软件的无缝转变取得了很大成功。唐纳德·查德威克（Donald Chad-wick）和威廉·斯顿夫（William Stumpf）设计出了最独特的美国产品：为赫尔曼米勒设计的Aeron办公椅（1992年），这一设计融合了人体工程学的乘坐舒适、绝对明确的用途和技术进步的表达。理查德·霍尔布鲁克（Richard Holbrook）和杰克·凯利（Jack Kelley）——他们的客户也包括米勒公司——是20世纪后半叶最知名的两个美国设计师。

ZIP 250 驱动器，设计：菲奇（Fitch），Iomega 公司

V70 移动电话，设计：约瑟夫·福拉克斯（Jozeph Forakis），摩托罗拉

平板电脑，惠普

升降办公椅，设计：Ideo，Steelcase 公司

短波收音机和 CD 唱机，Bose 公司

Cobalt Qube 3 计算机，Sun 公司

匡溪（Cranbrook）艺术学院

美国设计发展中的一个重要角色是由位于底特律附近Bloomfield山谷的匡溪艺术学院所扮演的（Aldersey-Wiliams，1988年）。1930~1940年间，设计师如埃罗·萨里宁，哈里·贝尔图亚和查尔斯·埃姆斯就在此授课，凯瑟琳（Katherine）和迈克尔·麦科伊（Michael McCoy）将产品语意应用到平面和产品设计后，学院在1970~1980年经历了真正的飞跃（Aldersey-Wiliams，1980，参见第279页）。

美国生活方式

很多作为设计师的美国建筑师应该被提到，这通常都是与他们设计的建筑有关。其中包括，大卫·弗里德曼（David Friedman），弗兰克·O·盖里（参见第307页），迈克尔·格雷夫斯，理查德·迈耶（参见第308页），斯坦利·蒂格曼（Stanley Tigerman），罗伯特·文丘里，丹尼丝·斯科特·布朗，保罗·兰德（Paul Rand），蒂博尔·卡尔曼（Tibor Kalman），阿普丽尔·格雷曼（April Greiman），大卫·卡森（David Carson）为美国的平面设计赢得了国际声誉，这些都和产品设计紧密相关。

卡里姆·拉希德说："工作得越快，设计得越好。"

——贝恩德·波尔斯特（Bernd Polster），2002年

进入新千年后的美国设计新偶像是卡里姆·拉希德（Karim Rashid），他出生在埃及，在加拿大学习长大，现在居住在纽约。在几年时间里，他设计了几百种产品，其中包括家具、室内、零售商店配件、时尚附属品、包装、照明装置，以及为汤米·希尔费格（Tommy Hilfiger），三宅一生（Issey Miyake），Prada和索尼等公司设计了时尚用品。他对于材料、颜色和形式的处理十分活泼且极具创新。他没有使用独特的风格，而是尝试在设计的各个层面进行实验（设计是生活的全体验）。拉希德的成功植根于他对时代潮流的准确感受。在他的著作《我想要改变世界》（I Want to Change the World）（Rashid，2001年）中，他坚持用户至上原则，使我们对其抱有设计出更多产品的希望。卡里姆的兄弟哈尼·拉希德（Hani Rashid）是纽约渐近线建筑的联合创始人之一（Couture and Rashid,2002年），他的设计包括为Knoll设计的具有领袖意义的A3办公家具系统。

学科之间紧密的交互关系塑造着我们的环境和文化（建筑、设计和艺术），这一点在美国尤为明显（Inside Design Now，2003年）。主流的时装设计师，如汤米·希尔费格，唐娜·卡兰（Donna Karan），卡尔文·克莱恩（Calvin Klein，CK）和拉尔夫·劳伦（Ralph Lauren）在向全世界宣扬"美国生活方式"的过程中也扮演了主要角色（Polster，1995年）。

加拿大

在19世纪晚期，英国移民把艺术手工运动的观念也带到了加拿大，然而，和被引入的斯堪的纳

卡里姆·拉希德，"有机技术房屋"

科隆国家家具展， 2003 年
（图片：C. Meyer, Cologne + I. Kurth, Frankfurt a.M.）

维亚设计原则一样，这个过程发生得十分缓慢。在进入20世纪之前，传统的生活方式和家居模型一直统治着这个地广人稀的国家的产品文化。大城市中的工业制造很大程度上是为了向美国出口产品。

　　戈特利布（Gotlieb）和戈尔登（Golden，2002年）描述了工艺是如何在1930年开始复苏的，尤其是在家具、纺织品、瓷器和灯具领域。在加拿大西海岸查尔斯·埃姆斯的影响已经消退，当地的航空工业（尽管还在幼年期）催生了对于夹板的应用。第二次世界大战后，独立的塑料和制铝工业开始建立，这也为其自身的产品革新提出了要求。直到20世纪60年代，才出现自主的设计发展；大众文化在国民太空旅行梦想的基础上提出了"太空时代风格"。

　　加拿大设计最重要的先驱之一是朱利安·埃贝尔（Julien Hébert），他为1967年加拿大蒙特利尔世博会（Expo'67）设计的作品得到了全国的承认。加拿大蒙特利尔世博会在公共设计和城市规划领域也具有广泛兴趣。作为设计师和建筑师，他设计了多种椅子，赢得了很多设计奖项。他对于设计的理解植根于自然和文化的交互关系（Racine，2002年）。

　　罗宾·布什（Robin Bush）是加拿大家具设计的另一个重要人物，其最知名的办事处可能是KAN工业设计公司——1963～1996年在多伦多从事开发家具、公共设计对象、灯具和展示概念。

　　加拿大设计特点是受到明星设计师（他们在当地几乎不知名）的影响要少于技术原理和设计方案多样性的影响。加拿大礼拜式的产品是水壶，几乎所有的设计师都至少亲自设计过一次，市面上这些产品的版本数量十分可观。

　　20世纪60年代崛起的消费电子工业为设计提出了更多要求。一个具有象征意义的设计是休·斯潘塞（Hugh Spencer）为多伦多Clairtone音响公司开发的G3立体声系统。

　　年轻一代的设计师包括，迈克尔·斯图尔德（Michael Steward），基思·穆勒（Keith Muller）和托马斯·兰姆（Thomas Lamb）。海伦·克尔（Hellen Kerr）和她在多伦多的设计代理公司克尔公司一起知名全国，其业务包括战略产品开发、设计和未来消费商品的营销。黛安娜·比森（Diane Bisson）从事产品设计过程中的新材料理论、实际应用和生态问题的指导工作（Delacretaz，2002年）。

　　　感谢数字化的形式和风格，设计正在成为一种时尚和生活潮流现象，充满了新世纪的风格特征：零。

　　　　　　　　　　　　　　　　　　　　　　　　　　　　——卡里姆·拉布德，2003年

　　卡里姆·拉希德生于埃及，在加拿大长大，在卡尔顿（Carleton）大学学习设计，并且在KAN工业设计公司获得了他的第一次职业经历。尽管他于1992年在纽约开办了自己的设计公司并且被认为是世界上最成功的设计师之一（其设计作品超过800个），他仍然被打上了"加拿大设计师"的标签。他为Garbo & Garbino公司设计的废纸篓（1996年），以及为加拿大公司Umbra所做的设计，被认为是边缘切割和生活方式指向设计风格的典型例子。

　　同样值得一提的是媒介科学家马歇尔·麦克卢汉(Marshall Mc Luhan)，他在多伦多从事教学和研究，在1960～1970年间，他就以电视机为例预言了电子媒介的长期发展。如今麦克卢汉在文化和技术领域继续着他的工作，并且将目光放在了当前问题上（de Kerckhove，2002年）。今天，蒙特利尔的Softimage公司出品的高科技计算机动画软件在全世界的建筑、设计和电影工业上广为使用。

南美洲

南北美洲发展上的差别几乎更大。如康斯坦丁·凡·巴洛文（Constantin von Barloewen，2002 年）在研究中指出的那样，差别（尤其是在哲学和历史/文化上）和由此产生的工业化速度的对比是明白无误的。这些因素也与这一地区的设计相关联。

作为欧洲移民的余波（几个世纪以来其目标一直是美洲），在此过程中北美开始出现了一种不受限制的信仰，这在 20 世纪现代概念影响下得到了进一步的加强。威廉·詹姆斯（William James，1842～1910 年）和约翰·杜威（John Dewey，1859～1952 年）在假定的基础上得出了实效性的观念，人类必须为其行为负责，并且能够一直改善自身的处境。作为比较，南美文化直到今日仍然深深地植根于上帝中心论（个人的命运由超自然和神决定）。在北美，科学方法的应用混合了加尔文教派（Calvinist）的价值体系，"圣母及其无所不在的神圣的王国"依旧统治着南美（Barloewen，2002 年）。南美和北美两个大陆对于自然的态度截然相反。

拉丁美洲十分谨慎的工业化过程仍然可以看见曙光。北美的企业，如联合水果公司和汽车制造商或家居用品制造商，充分利用了拉丁美洲国家的低生产成本。这使得人疏远了他们自己最初的文化，这也带来了他们对于北美相当的怨恨。

自从生产制造专门针对美国后，自主和国家产品开发只有极少的空间，在设计上则更少。直到第二次世界大战后工业设计才开始在拉丁美洲建立。阿根廷人托马斯·马尔多纳多（Tomás Maldonado）是 20 世纪 50 年代布宜诺斯艾利斯的先锋艺术家之一。搬迁到欧洲后他在乌尔姆设计学院授课直到 1967 年，他对拉丁美洲国家的影响很大，尤其是在设计理论上的贡献。他认为，设计应该在现代主义的理性框架下进行，而不应该期望于大陆的艺术和手工传统。但事实上，国际工业基础的缺乏，使得活动的空间只能限于为本地市场改造本地生产的产品。

古伊·邦西彭在乌尔姆设计学院学习并随后在那里授课，1968 年乌尔姆设计学院被关闭后，他搬迁到了智利，为萨尔瓦多·阿连德（Salvador Allende）大众联盟政府统治下的圣地亚哥技术研究学院工作。在那里，产品开发的基本目标是提高国家的技术地位，而产品开发创造性的方面在那一时期很少被提及。由于其极度的可仿效性，他们成为了拉美很多国家的典范。此外设计理论课程受到了诸如首都外围、技术欠发达和技术依赖性、革命以及大众文化这些事件的严重影响（Bonsiepe，1983 年）。

尽管如此，当设计呈现出的欧洲后现代主义与大众生活概念格格不入时，20 世纪 80 年代拉美国家得到的令人震惊的体验也就不难理解了。

但在随后的时期里，并没有出现在真正意义上将现代设计与这个大陆华丽的艺术和手工传统结合起来的尝试，尽管新技术为其提供了众多机会。其结果就是，很多拉美国家的设计仍停留在初始阶段。

巴西

在正在进行的工业化过程中——至少是在某些地区——巴西见证了很多与设计相关的运

动。20 世纪 60 年代初期当 ESDI（Escola Superior de Desenho Industrial）在里约热内卢成立的时候，其重要参照点是乌尔姆设计学院的传统。卡尔·海因茨·伯格米勒（Karl Heinz Bergmiller）毕业于乌尔姆设计学院，长期负责 ESDI 的课程，同时也成功地将自己训练成为一名家具设计师。如今已经出现了超过 50 家设计学校，这使设计在巴西得以立足。

在国家设计发展中一个重要的角色是由 CNPq（Conselho Nacional de Desenvolvimento Científico e Tecnológico）扮演的，其雇佣的设计师有古伊·邦西彭西普，它为巴西设计带来了强大的技术推动。

"巴西设计项目"（Programa brasileiro de design）于 1995 年成立，目的在于提升设计在商业中的认识。设计活动集中在家具设计（很大一部分出口），20 世纪 80 年代后转移到计算机和无线通讯工业（设计：método e industrialismo，1998 年）。

国内设计师包括若译·卡洛斯·马里奥·博尔纳奇尼（José Carlos Mário Bornancini），他从 20 世纪 60 年代起就一直与内尔松·伊万·佩措尔德（Nelson Ivan Petzold）合作，主要在家居用品领域。塞尔希奥·罗德里格斯（Sergio Rodriguez），建筑师，擅长家具设计，在 1955～1968 年间开办了 OCA 家具公司，很多设计师曾工作于此。弗雷迪·范·坎普（Freddy van Camp），ESDI 的第一届毕业生，后授课于此，工作领域包括家具设计、电子产品和室内设计。牛顿·伽马（Newton Gama），Multibrás（惠而浦公司的一部分）的设计部门主管。奥斯瓦尔多·梅洛内（Oswaldo Mellone），另一个家具设计师，同样也从事电子产品的设计。费尔南德和温贝托·坎帕纳（Humberto Campana），从事家具和对象设计，可能是巴西最著名的国际设计师（Campana，2003 年）。乔治·乔治·伊（Giorgi Giorgi Jr）和法维奥·法兰热（Fabio Falange），开发了照明系统，在 Artemide 的授权下得以在巴西制造。古托·因迪奥·达·科斯塔（Guto Índio da Costa），工作于街道家具和室内设施领域。安杰拉·卡瓦略（Angela Carvalho）和德国设计师亚历山大·诺伊迈斯特一起在里约热内卢开办了 NCS 设计公司。

亚洲

一系列的亚洲国家地区，包括中国香港、日本、韩国、新加坡和中国台湾在 20 世纪 80 年代开始的设计飞跃达到了一个空前的高度。尤其是日本、韩国、新加坡和中国台湾的主要公司都在设计的战略重要性上投下重注。在 20 世纪 90 年代中期成立的一些设计部门已经拥有了数目可观的员工：松下公司在大阪的企业设计中心有大约 100 名员工，在日本其他的工厂有另外 250 名；日立的企业设计中心大约有 180 名员工；索尼公司设计人员的人数大约在 300 名，NEC 为 100 名，夏普则有超过 300 名设计人员（Bürdek，1997a）。韩国企业 LG 电子（前身是金星）20 世纪 90 年代在首尔成立的数字设计中心雇佣了超过 200 名设计师，三星集团的设计师大约有 500 名。

然而，进入 21 世纪之后，越来越多的亚洲企业将制造活动迁移到中国以降低成本。随之而来的是，设计机构也开始向中国转移，他们希望能够从预期的飞速增长中获得利益。新的中心位于上海和香港的腹地珠江三角洲。

克里斯托夫（Kristof）和伍洁芳（WuDunn）（2000 年）预计，在 21 世纪中叶，全球将有

温贝托（Humberto）和费尔南德·坎姆帕纳
（Fernando Campana）设计的家具：

贫民扶手椅，Edra 公司

Vermelha 扶手椅，Edra 公司

2/3的人口生活在亚洲。三个国家值得特殊的关注：印度（因为其高速的人口增长率）、日本（因其高科技工业）和中国（最大的市场）。同样应该记住的是——至少不是设计战略的原因——这个独特的经济区域的发展独立于欧洲和美国。随着美国在全球贸易所占份额的迅速萎缩，中国的份额正飞速增加。站在设计的角度，到21世纪末，世界的经济和政治格局将大为不同。

亚洲商业的迅速成功很大程度上应该是基于一系列的战略考虑。他们从20世纪70年代就开始关注于特定市场为大规模生产提供正当理由，并且通过稳固下降的价格赢得了竞争优势。这一现象可以从打字机、摄影器材、高保真音响和娱乐电子产品、腕表、计算机和办公电子产品、无线通信设备和汽车等领域中发现。

> 的确在亚洲仍然存在自我意识缺乏，还有很多的基础艺术和设计研究工作需要做。这不能总是通过分析来实现，这需要在时间上和想像上进行多种转变。
>
> ——迈克克·埃霍尔夫，1977年

通过对高科技产品的再定位，大规模的市场入侵在20世纪80年代出现了，电子技术和数字化的应用使其成为亚洲制造商的领域。自有的微芯片技术确保了明显的技术优势，这也通过现代设计得以实现视觉化并被传达出来。例如，2002年德国企业西门子决定将其简单的移动电话生产搬到中国，因为在这些产品的营销和设计方面，他们具有比欧洲更为深入的体验。

为了取得战略目标，当机遇来临时，竞争对手结成同盟也就不存在任何障碍了。这样的同盟不仅限于国内企业，如日本的松下和NEC，或东芝和三菱，在全球范围内也存在。后者的例子包括富士通（日本）和西门子（德国）个人电脑生产的同盟，索尼（日本）和爱立信（瑞典）在移动电话生产和销售领域的风险联合，诺基亚软件（芬兰）和三星（南韩）移动电话的整合。这些例子表明，宏观发展已经使得设计成为了全球化的工具。

这些发展同样也引发了反抗的声音。加拿大的内奥米·克莱恩（Naomi Klein）2000年在她的《非标识》（No Logo）一书中率先发难，她攻击了大公司的全球化运作。Attac是一个攻击经济帝国主义的组织，他们宣布了批判全球化的在世界范围内的庇护运动。

在对中国的投资上，全球发展的速度是非常明显的，例如商业投资兴趣在欧洲已经陷入困境。亚洲投资者只对品牌名称感兴趣，因为产品本身是在其国内制造的。香港的和记黄埔（Hutchison Whampoa）就是这样的例子：联合企业和全球投资商同样在无线通讯业务上投下巨资（UMTS）。

一个重要的角色是由"亚洲价值"所扮演，例如个人隶属于团体，对于个人主义的反对，这被看作是限制西方文化的特点（Yintai，1999年）。日本人通常说，钉子如果突出了就要用锤子砸平。这一现象一方面包含彻底的一致决定过程（通常是在新产品和设计上），另一方面意味着大规模生产的趋势。这表明文化的大厦正在崩溃。

模仿的技巧同样也在亚洲文化中得到高度评价。无论是自由还是实用艺术，获得与原件同样的质量标准被认为是重要的美德，这在各自的培训系统中是极为成熟的。传统上，复制品的价值与原件的衡量是直接对立于西方价值体系的。在这个语境下，20世纪80年代亚洲的企业

微电子杂货铺
台北电脑商店
(图片: Bürdek摄)

和机构开始雇佣西方设计伙伴以学习他们的经验,这也是同样重要的。欧洲和美国的设计师在塑造本土设计行为时起了重要作用。

另一个重要步骤是在欧洲和美国设立联络办公室,目的在于更加贴近各自的市场。这些办公室组织市场调研和趋势研究(如商业展览),同时也与学院和设计机构保持联系。同样也有大量的指导亚洲商业研究和发展的技术设计中心:丰田在布鲁塞尔(开发)和尼斯(设计),本田和马自达在法兰克福的莱茵-缅因地区,佳能在科隆地区,美能达在汉堡,索尼在科隆和柏林。西方商业对亚洲市场的关注就达不到这个程度。

亚洲国家的另一个要素是对于进步的强烈热情和对革新的无杂念信仰。在欧洲占统治地位的19世纪和美国占统治地位的20世纪过后,21世纪无疑将成为"亚洲世纪",换句话说,新的"文化帝国主义者"将是亚洲人。

中国

中国直到20世纪80年代早期才有了独立的设计发展。最初有很多的艺术和工艺学校,如1902年在南京成立的学院教授制图、绘画、材料等。随后南京模式的院校开始在全国出现,其重心放在纺织品、瓷器和平面设计上(Jun,2001年)。然而,必须考虑在内的是,这个国家的政治历史和独特的社会经济框架是首要的影响因素。

中国直到20世纪还保持着隔绝。只有少数企业才生产源自国外的产品,如仿造英国Raleigh 1903年的自行车,美国公司胜家风格的缝纫机,美国设计的钢笔。其中有些产品直到20世纪80年代还基本没有发生变化,因为大量人口对基本产品的需求要绝对优先于设计上的革新和创新要求。另外当时的制造业几乎不存在竞争。

1949年中华人民共和国成立后,发起了旨在建立重工业(冶铁和炼钢)、运输系统和工程的项目。大规模的援助来自苏联,同时也带来了产品文化模式。20世纪50年代的计划经济包括了所有日用品的集中生产。当时甚至没有设计这个词汇;取代计划产品中创造性工作的是"实用艺术"甚至是"手工艺"。1956年,当中央工艺美院在北京成立时,第一个平面艺术系、纺织系、陶瓷系和建筑系才出现,其他各省很快也接着出现了类似学院。在文化大革命(1966~1976年)时期,这些活动又被停止了。

在王受之(1995年)对于发展的详细分析中,中国的现代化进程——由邓小平在文革后领导的——重点在四个领域:农业、工业、科学和国防。这对于设计的发展几乎没有起到作用。系统的设计行为直到1979年中国工业艺术协会(CAIA)——后官方改为中国工业设计协会(CAID)——的成立才出现。20世纪80年代,成立了超过20家设计培训机构,国际设计专家被邀请到中国,并开始交换学生。最早的独立设计机构在20世纪80年代中期出现,这时设计被认为是国内和国际竞争的工具。很多在家居用品、摩托车、家具和电子产品领域的企业成立了自己的设计部门。如今中国拥有超过200家教授设计的培训机构,每年毕业大约4000名学生。

中国工业设计委员会(CIDC)在1987年成立后便成为了国家设计推动的主要因素。由10

个部分组成（电子产品、家具、玻璃制品、瓷器、医疗产品和展示设计等），委员会的重点在于分别对各自领域的工业发展进行管理和支持，同时与设计院校保持联系，组织展览和出版，目的在于在国家层面上提升设计。到 1988 年中国工业设计委员会已经拥有超过 6500 个会员。

在接下来的 20 年里，中国甚至将取代美国成为世界上最大的经济实体。

——《WIRTSCHAFTS WOC HE》46/2002

20 世纪 80 年代，中国开始从亚洲、欧洲和美国大量进口电子产品以加速经济的发展。其结果之一是整个国家充斥着与传统语境极其不符的产品文化模型。

20 世纪 90 年代，国外企业开始在中国设立分支。目标有二：一是在于降低劳务成本，二则是为将来做准备，因为中国内地（超过 10 亿人口）将是 21 世纪最有潜力的市场。在这个过程中，中国很快成为世界工厂。

这些企业有佳能、通用汽车、日立、Jeep、科达、NEC、标致、索尼、丰田、雅马哈和德国大众（它在上海的分厂生产适应中国市场的汽车）。

中国设计的整个发展过程可以简述如下（Jun，2001 年）：

20 世纪 80 年代早期：进口产品；

20 世纪 80 年代：仿制产品；

20 世纪 90 年代早期：生产线改造；

20 世纪 90 年代末期：创新的发展工作；

2000 年至今：中国技术、设计和营销的革新。

20 世纪 90 年代末，第一家意识到企业形象的重要性并对工业设计有了足够认识的企业是海尔（June，2000 年）。自 1989 年成立后，海尔集团已经成为一家运作于国内和海外的公司。它在中国以外同时有 8 家设计中心和 13 个工厂正在运行。事实上海尔已经是世界第二大冰箱制造商，除了出口到美国外，它还在那里生产。海尔的惊人成就已经被用来与 20 世纪 50 年代的索尼和 20 世纪 80 年代的三星进行比较（Sprague，2002 年）。联想是国内主要的微电子产品制造商，它最初起步于适应不同消费群体的需求。设计在这家公司的成功中扮演着战略意义的角色。显然更多的中国企业将开发自身的品牌以成为全球企业。中国是 21 世纪最具设计潜力的国家。

来自台湾的企业和设计机构在这个过程中起了特殊作用，因为中国内地工业化的过程与台湾第二次世界大战后的发展类似，只是规模更大。共同的语言和文化使得从台湾迁移到内地更为容易，台湾的设计机构逐渐开始在内地开设分支。台湾和日本的企业同样也把制造中心搬到中国内地，有些是完全搬迁（如宏基）。中国自身也开始自发地扩展研究项目和高级技术，因此我们可以期待她很快将创造出自己的革新技术。

这个过程同样也包含了社会文化的迅速变革。亚洲人的一致原则——几乎完全缺乏个人表现（如时装和产品）——正处在溶解的过程中。中国正处在大部分人口的生活将发生巨大变化的开端，如同之前在日本发生的那样。设计的持续繁荣和扩张在中国蕴涵着巨大的机遇。

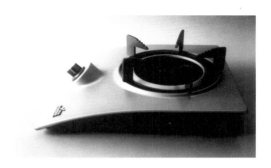

冰箱，海尔

煤气炉，设计：系统设
计工作室,Vantage

洗衣机，海尔

移动电话，TCL

个人电脑，联想

中国香港

香港的设计史开始于19世纪珠江三角洲的工业化过程（Turner，1988年）。最初只是大量出口的手工产品：玻璃制品、瓷器、陶器、金属制品、纺织品、木制和藤条家具以及皮毛制品等等。

"中国的崛起将像美国的工业化一样改变世界，甚至可能更多。"（Andy Xie，摩根斯坦利银行资深主管，香港）

——《WIRTSCHAF-TSWOCHE》46/2002

香港从19世纪起成为英国的殖民地，直到1997年7月1日回归中国。20世纪初期，香港产品的范围急剧扩展，20世纪30年代塑料材质的出现带来了更多的新产品，最初是酚醛塑料，后来则是其他的塑料材质。全新的工业开始增长，礼品、电子配件、家居用品、钟表和玩具，这些还只是提到的一小部分。此外，钢制家具、传输工具如自行车和卡车、公共交通工具和军事产品等在与英国企业紧密合作下开始生产。

殖民地的低生产成本导致了第二次世界大战后制造业惊人增长，但是在独立的本地特色方面却收获甚少。主要是面向西方的贸易出口，要求设计战略必须针对这些市场。产品本身要么是西方企业定制的，OEM方式（Original Equipment Manufacture），要么是对产品文化模式的模仿。"设计"一词最早是在20世纪40年代开始使用，起先是在家具、室内和展示设计领域。

由于针对出口市场——通常是无风险的常规商业等级结构——香港从未尝试去创造自身独立的产品文化形象。广泛的"适应设计"原则意味着东方或西方的模式持续支配着香港自身的产品文化，有时会导致对这些模式的直接复制。

平面设计占据着一个特殊的地位，在这一领域特别容易产生对多元风格的适应改造。在这里很多实验被成功地用于敲击西方人对于亚洲文化的迷恋。包装、海报、混合了西方和东方风格元素的小册子，反映着作为英国殖民地的香港在生活结构上的发展。

从20世纪90年代中期开始，强烈的设计意识出现了，这催生和促进了大量的设计机构，其中香港理工大学的设计学院成为了一个教学和研究的国际中心。通过组织展览、奖项和出版，以及像香港设计师协会和设计师特许社团这些专业实体，帮助在策略、工业和公共意见方面建立了稳固的设计认识。

作为对上文提到的工业企业常规等级结构的回应，几个香港设计师成立了自己的"制造企业"，他们可以自己进行设计、生产和营销的指导。基亚泰利（Gear Atelier）公司和叶智荣设计有限公司（Alan Yip Design）可以作为这一现象的范例。他们在各自的出口市场与营销专家紧密合作。有些独立的公司，如新兴机构（Sun Hing/E'zech）和伟易达集团（Vtech）同样通过为西方出口市场所做的独立设计而赢得声誉。

随着生产成本日益增长，制造商开始将生产搬迁到中国内地，甚至在香港回归中国之前就开始了。在香港，为设计和工程提供管理的服务业开始出现。目前大约有1700家设计服务公

寿司计算器, 设计: 叶智荣
(图片: 叶智荣)

司，它们拥有大约 5500 名员工，在整个设计领域的员工总数则估计在 20000 名。

香港的回归导致了其企业市场定位的改变，也极大地扩展了产品范围。在香港，人们终于开始关注于设计的文化身份。

日本

世界上的日本独立——这一点直到 19 世纪末期才结束——所产生的稳固的、长达数个世纪的古老文化和传统社会结构一直持续到了现在。1945 年后，美国对日本的经济产生了决定性的影响，这使得日本很快成为世界上领先的工业化国家。和德国一样，日本在第二次世界大战期间受到了极大的破坏。同样类似欧洲，美国的占领（1945～1952 年）所带来的经济、政治和社会影响在这个国家的文化上留下了深刻的印记。例如，日本的设计师长期将美国样式视作其工作的模范。日本工业最初将北美大陆视作主要市场，原材料的缺乏迫使日本必须出口大量的技术产品以平衡其自身的进口支出。

> 日本是最符号化的社会，一切都是符号，一切都是表面和界面。
>
> ——福尔克尔·格拉斯默克（Volker Grassmuck），1994 年

一个有意思的历史/文化问题是现代技术——及其设计——是如何影响了这个具有上千年历史文化的国家。第二次世界大战后日本的宗教、美学和日常生活都处在巨大的压力之下。快速的工业化和对全球市场的开放引发了传统生活方式的迷失。日本社会风气、工作作风和社会行为的不断恶化一直被谈起。西方的文化输入也对日本生活方式的转变发挥了重要作用。20 世纪 80 年代中期数字媒体的日益应用，如娱乐电子和通信产品，引发了一场电子设备的空前转变，最终导致了在日本和海外所有产品的泛滥。

高人口密度和住房的短缺（三四个人只能居住在一个狭小的两个房间的公寓）催生出了一种强烈社会整体道德准绳：一方面，是一致的休闲娱乐；另一方面，则是一种独立的与世隔绝，如为情侣提供的"爱之旅店"。西方的个人主义对于日本人来说一直是相当陌生，但是现在却日益变得具有吸引力，而且引发了社会冲突。

从战略上考虑，日本的工业重心放在少数能够很快在技术上获得优势的产品上。其中包括精密机械（尤其是钟表）、光学、电气和电子设备（高保真音响、电视机和录像机）、交通工具、微电子产品（计算机、显示器和外设）以及办公通讯产品。日本企业的市场策略要求其产品能够提供高技术性能、低价格和新潮的设计。德国索尼的一个发言人在回应"日本文化帝国主义"的评论时曾经说道，在欧洲和美国，研发和工业生产之间总有一条鸿沟，而在日本则有时能够做得更好，实现创新并使之能适应市场。"看看晶体管的例子。美国人因为发明晶体管而获得诺贝尔奖，但是美国人却不知道如何去使用它。他们认为它可能在辅助听力方面有好处，但是日本人却一直将晶体管的优秀性能限制在特定的领域，如电子产品。"（Wagner，1990 年）

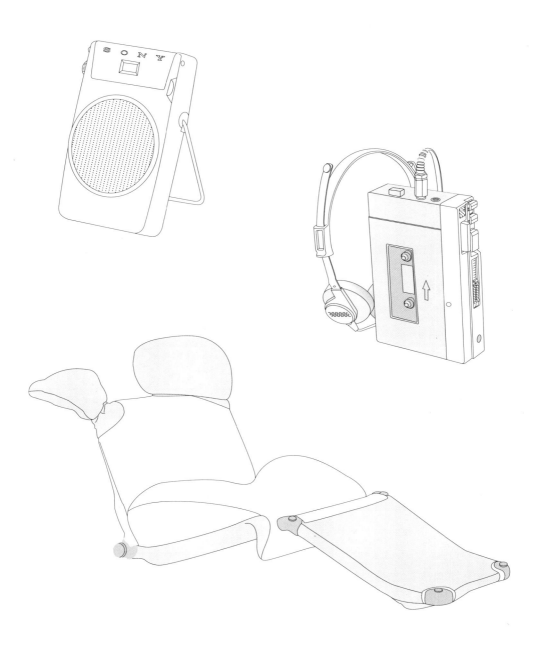

晶体管收音机，索尼（1958 年）

随身听，索尼（1978 年）

眨眼轻便椅，设计：喜多俊之（Toshiyuki
Kita，1980 年），Cassina 公司

现在日本的工程师和设计师把重点放在了小型化上。受困于自身环境的空间限制，他们试图尽可能地将技术产品小型化。1958年，索尼公司就成功地开发出了可放在口袋中的晶体管收音机（Sparke，1988年）。在日本，快速发展的微电子技术被当作小型化产品和增加功能的一个挑战和机遇，例如，内置了计算器的腕表（需要一种特殊的尖笔来使用），直板电视设备，以及整合到耳机中的收音机等等。

前述的日本住宿的空间限制，高保真音响的排列不是水平方向（例如1960年博朗的产品）上的，而是从控制中心或控制台获得灵感的垂直装配方式。这些音柱——迷你版和大号版——直到现在仍然保持了产品文化标准。

随身听——动感、永远保持活力的年轻一代的标志——在技术先决条件实现后，于20世纪70年代晚期在日本发明。对于类似的电子产品的一瞥表明，它们与日本的传统没有绝对的联系，但是在其出口的国家却没有出现这样的发明。古日本文化的根基更容易在战后日本的建筑中找到，这些大量建筑在过去和现在文化间成功地建立起了沟通桥梁。

丹下健三是第一个受欧洲现代主义影响，尝试将全新的加重混凝土技术与传统木材架构方法（如他为1964年东京奥运会设计的体育馆）相结合的建筑师。黑川纪章（Kisho Kurokawa）是第一个发表"新陈代谢"宣言的作家（1960年），他的观点融合了佛教传统和欧洲个人主义。建筑师和设计师矶崎新成功地将传统和后现代主义元素结合到了建筑和家具上（如他为洛杉矶当代艺术博物馆所作的设计）。他的建筑和室内设计在禁欲主义原则中为人们提供了最大的生活愉悦（Krüger，1987年）。野口勇（Isamu Noguchi）曾经是雕塑家和设计师，他设计的灯具和家具（如为Knoll国际的设计）体现了对设计的雕塑理解，这也迎合了国际的呼声，尤其是在20世纪40年代后。

日本的年轻一代建筑师对百万人口城市建筑观点产生了极度的怀疑，并且对技术进展的观念失去了信心。他们对普遍混乱状况的反应是让其"百花齐放"。换言之，在设计观念学上，每个人都有自由去设计和建构自己认为对于各自的设计任务而言的正确方案。在这一方面，精神沉思的新生是建筑师和设计师所从事创造性工作的重要元素。他们故意分散了传统沉思目录，并重新审视自己，以抵消日本生活世界（Lebenswelt）中的公众疯狂天性，在这一过程中他们创作出了当代室内设计中令人印象深刻的案例。

这些趋势在设计上体现得不是那么明显。随之对美国市场统治力的衰减以及对相关风格影响的减弱，使得日本的设计师在20世纪70年代末期开始将风格转向意大利设计师的多元方法。例如，喜多俊之的眨眼轻便椅（由Cassina制造）就是对充满反讽的波普文化的愉快综合，也是对功能设计的一个很好的解释。德国设计师路易吉·科拉尼——有机、空气动力学形式语言的发展者（参见第249页）——在1973年第一次访问日本，并且在1982~1986年间生活于此，他曾为很多企业工作，包括佳能、索尼和雅马哈。他对20世纪80~90年代日本产品在产品语言上的影响——至少一些作家认为——是相当可观的（La collection de design，2001年）。

梅田正德设计的生活附属品和照明系统进入了1981年米兰的孟菲斯收藏，而苍松四郎的家具则体现了对日本家居传统和西方现代主义的成功综合。在这一得到加固的价值体系群体中，只有少数的日本设计师成为了国际知名人物，而且独立的设计代理的根基也相当薄弱。水工作

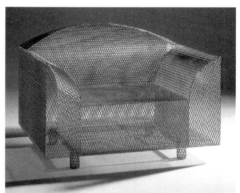

纸月亮灯具，设计：内田繁（Shigeru Uchida）（图片：Kuzumi Kanda）

"月亮有多高"扶手椅，设计：苍松四郎（图片：Vita公司）

扶手椅，设计：梅田正德，Edra公司

兰花扶手椅，设计：梅田正德，Edra公司

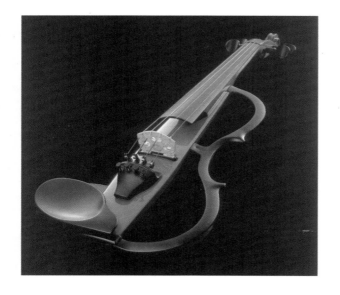

便携MD播放器, 夏普公司,©AXIS 杂志

CD 随身听, 设计:Noriaki Takagi, 索尼公司

数码相机, 美能达公司(正面与背面)

电子乐器, 雅马哈公司

东京秋叶区的电子城市
（图片：Bürdek 摄）

无印良品（MUJI）的产品
（图片：Wolfgang Seibt）

室（Water Studio）自 1973 年起一直为尼桑、奥林巴斯、夏普和铃木这样的公司工作。如今日本设计代理公司的最高等级包括 GK 设计小组（与荣久庵宪司共同建立，2003 年），他们因为雅马哈设计的摩托车而赢得了声誉，同时还有为龟甲万公司（Kikkoman）设计的酱油酱汁瓶。此外，还有在东京和芝加哥的平野设计（整合了营销和设计，医疗产品和互动设计）。

　　总的来说，日本的设计形象是由大公司所决定的——电子产品制造商佳能、日立、本田、松下、NEC、夏普、索尼和东芝；光学产品制造商美能达和奥林巴斯；交通工具制造商本田、马自达、尼桑、铃木、丰田和雅马哈。

　　奇特的是——在设计上也是如此——在东京的秋叶原（Akihabara）区，大量的商店橱窗陈列着最新的产品，从电子产品到国内的工业装备。很多只是针对日本的市场，而且只有少数能够售出。秋叶原区因而成为企业用真实的消费者来检验革新和设计概念的巨大市场。

　　索尼已经成功地将自己打造成了全球设计的引领者：如今，"这就是索尼"（It's a Sony，参见第 362 页）成为高技术、艺术水准的设计、终极的现代生活方式的象征。在进入 21 世纪后，索尼公司延续了这一概念，建立了索尼风格店（Sony Style Shops），以一种前卫的室内设计方式来展示其最新潮、最具革新性的产品，并且为消费者提供互动的展示和计算机化的定单选择。

　　日本的时尚设计师传递出了另外一种重要的交流因素以联系传统和现代的生活方式。其中包括，具有独特想像的高田贤三（Kenzo Takada），通常只提他的名，这也是他公司的名字。高田贤三在 1999 年退出了商业运作，但是他的公司仍然是全球引领者。在一个形象转换的案例中，高田贤三在 1999 年的时尚收藏发布上推出了特殊金属版本的诺基亚 8210 移动电话。三宅一生，他的商标为其赢得了全球时尚品牌的地位，在为身体和环境进行剪裁的同时，他在这一过程中将传统和现代材料相结合。这对于服装意义的再定义作出了贡献。山本耀司（Yohji Yamamoto）是一个遵从特别纯粹工作方法的激进设计师，他总是追求对服装每一个特性的新鲜和基本的研究尝试。他的工作包括为威廉·弗赛思（William Forsythe）——法兰克福芭蕾舞的英国指导——所作的舞台设计。1991 年德国电影导演维姆·文德斯（Wim Wenders）拍摄了一部关于山本耀司的电影，名字叫作《城市和服装的记事本》（Notebook on Cities and Clothes）（Hiesinger 和 Fischer，1994 年）。

　　成立于 1980 年的无印良品公司所走道路的方向非常不同。如今，它已在日本开设了 260 家店面，在欧洲开设了 21 家（5 家在法国，16 家在英国），在香港开设了两家，其销售产品基于日本的传统工艺，但是融合了 21 世纪现代主义的设计观念。家具、室内用品、办公设备，所有的旅行用具以及服装都是由再生材料制成的。无印良品意味着"无品牌质量商品"，它体现出了年轻、具有环保意识消费者的生活概念，其对于产品长寿命、功能性和简洁性的重视高于繁忙的季节产品变换。

韩国

　　算上典型的韩国设计产品，韩国的设计史几乎可以追溯到一个世纪。早期的手工产品传达出了使用性和美学愉悦的哲学（g/df，2001年）。例子包括Chosun王朝时期的手枪和马毛帽子，启发了现代包装设计的稻草编织的鸡蛋容器，打击乐器，黏土碗，分割房间的纸隔板。

20世纪初韩国认识到这一领域培训和促进的重要性，这也使得韩国的产品能够在国际展览得以展示并获奖。日本人在1910～1945年间对韩国的占领，在这个民族身上产生了很强的敌对心态，这使得韩国将自身的目标定为超过日本。

第二次世界大战后，设计开始发挥重大效应，它被认为是国家经济发展的重要因素。起亚（KIA）在20世纪50年代就开始制造自行车和汽车，Daewon在电饭锅上取得了极大成功，金星（现在叫作LG）设计、制造和出口家用产品和收音机，在1977年成立了自己的设计部，现在拥有好几百位员工。

　　"设计是21世纪的核心竞争力。"（三星公司主席李凤柱）

——《WIRTSCHAF-TSWOCHE》，2002年第45期

电子和汽车工业受到了强烈的设计指引。所有的公司都维持着自身重要的设计部门，其任务在于跟随各自市场（亚洲、美洲和欧洲）的潮流和发展，并实施新的产品概念。三星公司目前雇有大约500名设计师，并且和国际的设计代理（包括Design Continuum，Fitch，青蛙设计，IDEO和保时捷设计）进行合作。三星越来越关注有机的形式语言，日益依赖亚洲公司（尤其是日本公司）的产品语意规则，而LG电子则更加看重欧洲现代主义传统，尽管二者之间的界限一直在变化。其他的知名企业有，Daewoong电子工业（家用产品），林内(Rinnai)韩国（烤箱）和Mutech（hi-fi电子产品）。

在汽车工业上，现代、起亚和大宇是国内和国际成功企业，它们的产品范围广泛。韩泰汽车轮胎设计体现了消费者对轮胎外形的兴趣，企业高度市场化的设计产品可以体现公司的技术实力。

在进入21世纪后，韩国在全球设计取得了支配地位。在设计的所有领域，大约8万名设计师为其工作，这可以被看成是实质的设计入侵。

目前在这个国家有超过2万名设计师，大量的独立设计代理和工作室，最著名的包括Clip设计，Creation & Creation，Dadam设计协会，Eye's设计，Inno设计，Jupiter计划，M.I.设计，Moto设计，Nuos，首尔设计和Tandem设计协会，其中大多设在首尔。

设计学院也扮演着重要角色（大约超过30个），韩国工业设计师团体（KSID）和韩国工业设计师协会（KAID）这样的机构也致力于促进设计的提高。2001年12月当ICSID世界代表大会在首尔召开时，这个国家因其设计活动赢得了重要的国际承认。

新加坡

新加坡的设计史很短。20世纪80年代微电子技术的飞跃使新加坡出现了很多公司，它们

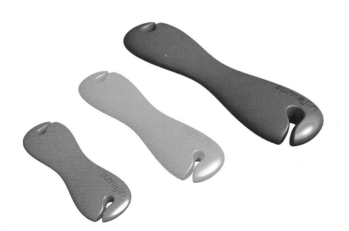

SGH-T100 GSM 移动电话，三星

移动电话，LG 电子

SR-N759 CSC 冰箱（带互联网接口和液晶显示器），三星

电线夹，设计：马库斯·廷（Marcus Ting），Sumajin 设计公司

的产品对于设计的要求日益增加。亚洲的仿效成功战略（无论是东方还是西方），意味着要紧盯目标市场。另外一个因素在于城市国家新加坡是个多元文化的熔炉，所以其设计包含了真正的全球维度，这使得识别设计的问题看上去几乎没有关联。

设计被视为重要的经济要素，并且得到了相应的国家支持。从1984年起，新加坡贸易发展部（TDB）开展了大范围的促进活动：设计代理、联合风险项目、各种论坛、贸易展、研讨会等。1988年起，国际设计论坛（IDF）为国际展览和会议提供了重要的平台。自1990年设立后，新加坡设计奖成为扩展到全亚洲具有极高声誉的国际奖项。

很多为地区和国际商业客户提供服务的设计代理和咨询公司都设在新加坡，包括：设计交换公司（Designexchange Pte），Inovasia设计公司，Orca设计咨询，Oval设计，Sumajin工业设计服务。时尚设计师Song & Kelly开发出了完全虚拟房间，可以用来诠释未来传达的形式（2000年新加坡设计奖）。

中国台湾

在相对较短的40年间，台湾通过极其活跃的设计提升运动，使自己由一个原始农业地区转变成为高品质、高科技的经济区域。

在20世纪60年代，台湾手工业促进中心和中国内地生产力中心积极地开展了设计提升活动，尤其是在国际市场方面。工业设计被视作重要的社会运动和地区经济增长的首要基础。20世纪60年代早期，德国和日本的专家受到邀请对当地的工业设计活动进行指导。1970年成立的中国对外贸易委员会（CETRA）和1979年成立的设计促进中心（DPCs）是大幅度提升台湾产品质量、形象和竞争力的前提。很多大学都开设了大量的设计课程。在全球化的影响下，台北设计中心在德国（杜塞尔多夫）、意大利（米兰）、日本（大阪）和美国（旧金山）成立，目的在于能够紧随这些国家的社会文化和技术发展潮流，同样也能够有助于台湾的出口业务。

很多大公司成立了设计部门，包括大同公司（Tatung，高保真音响，室内用品）、声宝公司（Sampo，室内电子用品）、声宝技术（娱乐电子）、捷安特（自行车）和宏基电脑，尽管后者在2001年将制造中心搬迁到中国内地以降低成本（现今在岛内它只是个服务公司）。在中国内地能够节省大约90%的工资支出，这极大刺激了台湾企业将制造中心迁往内地。其结果是结构的转变对于工作在那里的设计师显得格外重要，在将来更加如此。

"人们购买设计"。

——何恒春，2003年

20世纪80年代后，很多设计公司——为范围广泛的客户服务——在台湾成立。其中最重要者包括，I-U, U2id, Nova, Conner, Xcellent, Er, NDD, Duck, Quinte设计，以及文氏设计。面对中国内地日益增长的设计活动，好几家公司已经在上海和珠江三角地区开设了分支机构。

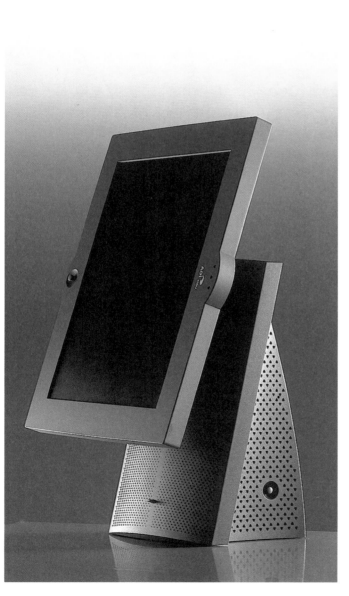

液晶显示器， 设计：Via 4，
托马斯·格拉赫（Thomas
Gerlach），ADI 公司

电视设备， 设计：Via 4，托
马斯·格拉赫，ADI 公司

设计与方法学

设计是与创造力、创新思维、发明精神和技术革新相关的活动。设计过程经常被视作一种创造的表现。

设计确实是创新的过程。但是设计不能在对颜色、形状和材料完全自由选择的真空环境下发生。每个设计对象都是受多种——不仅是艺术上的——条件和决策影响的发展过程的结果。社会经济、技术和文化的发展，尤其是伴随着历史背景和生产技术条件，以及人机工程学和生态学的要求、经济和政治的兴趣、艺术实验的渴望，这些都扮演着重要角色。因此，设计所做的细节处理也一直是这些条件的反映，是使这些条件对产品的影响呈现出来并视觉化。

设计理论和方法学就像是声明某种特定的客观性，因为它们的效应将最终指导方法、规则和批判的优化，以助于设计的研究、评估甚至提升。根据更深入的发现，理论和方法的发展由文化、历史和文化环境所塑造的趋势日益明显。因此，处理设计的第一步是要将注意力放在认识论上。这将带来认知性，用恩斯特·布洛赫（1980 年）的话说，同样意味着世界可以因这一认知基础和人类必须经过的艰难道路基础而改变，而且这还远没有完。

如同其他的每一门学科，设计理论和方法学发展是在特定的假设和必要条件基础上进行的，这些很多都是不言而喻和下意识的。研究设计理论，也必须研究基于方法上的处理方式和创造性的观念，这最后都导致对哲学的研究。

第二次世界大战以后，欧洲工业国家开始出现全面的经济高涨。这些受市场经济影响的国家之间的竞争，很快就加剧成为今天称之为"全球化"的国际性的贸易竞争。在此情况下，设计也必须适应这种改变了的状况。当工业界逐渐开始将设计、结构和生产予以合理化的同时，设计已不可能再用那种源于德意志制造联盟的艺术与手工艺传统、主观而感性的设计方法了。因此设计师显然要竭力将科学的方法整合到设计过程之中，以便能被工业界当成重要伙伴。在此方面，乌尔姆设计学院扮演了开路先锋的角色。

经过对方法学的深入探讨，设计才真正成为可传授的、可学习的，因而是可沟通的。直至今天这项方法学对于教学上一成不变的重要性在于，通过它培养了学生逻辑化和系统化思考的能力。结果是，它具有的不是一种专利处方的性质——尽管这是长期以来的误解，而是教学法上的特性。

世界一直都变得更加复杂，任何一个设计师都不可能理解所有的方面。正是由于这个原因，系统论被视为对设计有益的重要学科。这一方法正在成长，在今天甚至更为相关，设计理论家们承袭了尼克拉斯·卢曼（Niklas Luhmann）的思路并试图宣布系统的（整体的、网络的）思考设计。意义问题越来越多地转换到设计的前台。因此，从方法学的角度看，如何设计产品已完全不是问题；问题在于，应该设计哪种产品。

从科学和理论的角度看，方法学——关于方法的科学——涵盖了比设计方法的概念更为重要的领域，而通常它被过于狭隘的应用。波兰哲学家约瑟夫·玛丽亚·博亨斯基（Józef Maria Bocheński，1954年）分析了方法学在学术上的起源，这可作为上述观察的合理框架。依据他的描述可以发现，传统的设计方法学几乎专门关注处理生理行为的方法，且获得了充分的文献成果（Bürdek,1971年，1977年）。

　　然而，在设计方面对精神行为的方法却鲜有描述。正由于这种不均衡性，本书对前者只作简要的提纲挈领，对后者则进行相当细致的探讨。在论及设计的新趋势时，符号学（记号学）、诠释学和现象学方法的运用就显得越来越重要。

　　20世纪90年代，从人文学科的视角审视设计，为其增加了许多至关重要的概念。对设计管理的关注甚至使设计具有一种短期的战略重要性。当然，对品牌或者商标的广泛讨论的核心还是符号。另一方面，设计实务中一个日益增长的需求是在生产之前检查新的产品概念能否在潜在用户中找到共鸣；经验主义由此进入设计方法学。

方法学的源流

　　　　　相信意义的人将被意义毁灭，即使它被包裹在钢铁外表之内。

　　　　　　　　　　　　　　　　　　　　　　　——让·鲍德里亚，1989年

设计的认识论方法

　　人文学科在设计方法和理论的发展中占有一个特殊的地位。这门学科对意义的持续争论，实际上是持续增长的对理论的需求和沉思的表现——也就是，哲学。由于这个原因，下一部分将讨论源自欧洲哲学的设计理论和设计方法学方面的问题。

古希腊的一些观点

　　苏格拉底（Socrates，公元前470年～公元前399年）可称为第一位真正发展并实践了方法学的认识论学者。他从不关注收集、引介知识内涵或已完成的体系，而是对事物的本质以及究竟如何才能获得真正的确定的知识这些问题更感兴趣。

　　柏拉图（Plato，公元前427年～公元前347年）拟定了一种可以通过思考探索不同概念之间关联的辩证法。普通的概念被拆解为所有与之不同的类型，直到获得不可分割的概念。这种方法被称之为"概念分解"法（Dieresis），也是定义规则中第一个著名的例子。今天，一种相关的方法仍被应用于复杂事物的结构。

一般　　一般

演绎　　归纳

个别　　个别

演绎—归纳

亚里士多德（Aristotle，公元前384年～公元前322年）是探讨科学的系统本质及方法的第一人，他将哲学划分为逻辑学、物理学和伦理学。他在其形式逻辑中指出，思维总是运用三种简单的基本元素，即概念、判断和结论，直到今天这仍是逻辑学的主要元素。他在逻辑学上的主要成就是发展出演绎法（从一般推断出个别）和归纳法（从个别推断出一般）。

阿基米德（Archmedes，约公元前285年～公元前212年）是一位数学及物理学家。在《机械原理方法学》一书中，他描述自己如何以机械的观念（今天我们称之为模型），发现数学问题的某些假设及解答，后来他也能准确地证明这一点。启发学（Heuristics）正是由于他"Eureka！"（我发现了！）的呼声而命名。这种解决问题的方法，呈现了逻辑程序的对立面，因为此处为了发现答案还使用了类比和假设。

从古代到现代

古代（甚至之后很长一段时间）自亚里士多德之后，在哲学和方法学上就没有本质上的新观念，仅仅有些补充或修正。直到伽利略（Galileo Galilei，1564～1642年）时代现代自然科学才被建立。他批评亚里士多德只将演绎法视为科学的断言，认为其因此不能将例如过程的考察及其变动予以掌握。因而他自己的研究就是以归纳法为基础的。但仅仅如此还是不够的。还需要充当方法的实验以及目标的确立，并由此推导和表达出法则。

笛卡尔（René Descartes，1596～1650年）被视为现代哲学之父。他的目标是发展一门新的、广泛的、精确的自然科学。他以怀疑的方法，探寻人类认知的确定基础。从他的名言"我思故我在"出发，他将人类所有知识归结为理性思考。

笛卡尔促使数学突破成为一种普遍的方法。如同在他的分析几何学中一般，他认为整个世界的内涵是由最单纯、合理且可掌握的基本元素即数字综合而成。当我们将复杂的状况拆解成许多部分，并归纳其基本要素时，再利用分析、直观和演绎法，应该就能探究并了解所有的复杂状况。笛卡尔数学式的知识观以及他认为整个存在都可以用理性看透的坚定信念，使他成为理性主义的鼻祖。整个设计发展史，一直到20世纪70年代还受笛卡尔思想的影响。

莱布尼兹（Gottfried Wilhelm Leibniz，1646～1716年）尝试通过结合数学和逻辑的处理方式，创造出一门普遍科学（scientia generalis）。这种科学能够把一切事实在其自然逻辑的脉络中表达出来。其广博个性可与亚里士多德相媲美的莱布尼兹，对整个科学领域都充满了兴趣。他说，科学思考一定总是发生在"寻找"和"证明"之间的交互关系中，这里的"寻找"通常被理解为研究（例如找到新事物）。由此他发展出自己的方法，称之为"创造的艺术"。

笛卡尔也提出观察更加复杂问题的方法：他们必须从较小的能被解释的单元中还原出来。这就是著名的笛卡尔还原主义。其结果之一就是过于简单地考虑了组成整体的部分之间的关系的复杂性。

——米哈伊·纳丁（Mihai Nadin），2003年

康德（Immanuel Kant，1724～1804 年），现代科学概念的理论家，试图回答这样一个问题：人的认识到底是什么？康德同时指责理性主义（如莱布尼兹）和经验主义（如洛克），认为他们在解释认知的可能性时只以纯粹的思维或以纯粹的感觉为依据。在他的名言"无内容的思想是空，无概念的直观是盲"之下，他试图将二者予以结合。他推论，科学虽然提出了普遍且必然的命题，但与此同时也必须回答感官经验是什么。

对设计而言，康德的理性概念具有特别的意义。法兰克福哲学家威尔弗里德·菲比希（Wilfried Fiebig，1986 年）由此出发而提出：人类概念的源泉是由感官知觉与理性掌握所构成，而这两者都进入理性总体的概念。虽然在这个理性概念中，感性与理性的外在分离（二元论）被扬弃了，但他们本身还是继续辩证地存在。因为概念的差别仍是由它们间的分离决定的，所以在语言的整体里，要以一个共同的理性概念作为前提。换言之，理性是语言表现的基础。因而，产生语言的理论就回到了对康德理性概念的辩论上。设计的目标因此成为发展"理性"的解决方案。

> 根据草图产生出来的每件事物都是设计。康德说：我们只能理解根据我们自己
> 的草图产生的东西。
>
> ——霍尔格·凡·登恩·博姆，1994 年

黑格尔（Georg Wilhelm Friedrich Hegel，1770～1831 年）是最早将自然、历史和思想表达成一种过程的人。他由自然、历史及人文世界的持续运动、变化和发展出发，试图指出这些运动和发展的脉络。

恩格斯（Friedrich Engels，1820～1895年）超越了自然哲学的认识并发展成为自然辩证法。他尤其反对方法与对象的分离。他认为，辩证法总是一个对象的方法，是事物本身的方法，如自然、历史、艺术和法律。对恩格斯而言，确切地认识一件事物，意味着知晓事物出现、历史发展以及转化为其他事物的必要的诸多条件。

对恩格斯而言，正题—反题—综合这三个步骤，不仅仅是一种方法，同时也是观念的历史。因为生命中所有的事物都在变化，他还依据黑格尔的观念描述说，所有我们以为是静态的事物都仅仅只是其永恒的、开放的运动的某个瞬间，他不是静态地而是动态地把握概念。

20 世纪各门科学总是不断分化。人文学科中的三个分支：符号学（Semiotics）、现象学（Phenomenology）和诠释学（Hermeneutics，一译解释学）在设计领域占有特别重要的地位。

> 哲学不是一门人文学科。海因里希（Heinrich）这样说过，伽达默尔（Gadamer）
> 也同意此观点。有一点可以确定，他不想对流行的将人文学科再创造为"文化科学"
> 的做法表露出一丝赞成的意味。恰恰相反，哲学并不是人文科学，因为首先它不是科
> 学。哲学是追求真理的，而科学是建立方法的。
>
> ——帕特里克·巴纳(Patrick Bahners)，1993 年

符号学与设计

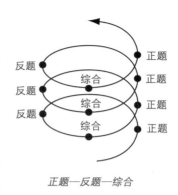

正题—反题—综合

设计不是一门只产生物质现实的学科，它也满足沟通的功能 (Bürdek, 1997b)。虽然这个方面几十年来几乎为人所忽略：设计师总是聚焦于产品的实用功能（例如功能的、技术的安排）和产品的社会功能（如操作性问题和需求的满足）。

甚至在 20 世纪初就已经有了"会说话的家具"。法国设计师埃米尔·加莱 (Emile Gallé) 在南锡设计并生产了带有"心灵意境"的家具，好像可以说出生活的话语。他尝试以精细的搁板、枯萎的树叶或精美的木材将植物的"灵魂"艺术化地转用到其家具上。每天接触它，应该会对当时受技术及工业折磨的人类产生安抚与调和的效果 (Bangert, 1980 年)。

以简单的日用品椅子为例可以看出，设计发展必须考虑的不仅是人体工学、结构和生产技术方面的要求，牵涉到的问题除了坐的何种方式——比如在工作场所、家里、公共场所、学校、在车上、短期坐或长期坐、和小孩坐或和老人坐——之外，设计一直还涉及"坐"这个词所具有的隐喻（也即，附加的情感或表现的意义）。

翁贝托·埃科 (1972 年) 以王座为例，说明"坐"只是其诸多功能之一，而且这个功能还未能被较好地实现。对王座而言，更重要的是焕发出庄重的威严、表现权力、唤起敬畏之心。这样的阐释模式也被转用到其他椅子上。例如办公椅必须非常好地满足人体工学上的要求，同时也表现出工作场所的等级中使用者的位置。

> 物品根据其符号学特征可将其划分为两种广义的类别（埃科，1975 年）：家庭用具或象征物品。我想即兴地指明象征物品是明确地和主要地意味着某些事物，像信号和旗帜，但也包括图画和图形那样的美学事物。作为家庭用品的物品则主要实现一个实用的任务，因此包括可操作的事物和能够有益地使用的物品。
>
> ——蒂尔曼·哈伯马斯 (Tilmann Habermas)，1996 年

这种多层次的观察可以用在所有产品上。例如，汽车不只是一种交通的手段，也是高度象征性的生活或文化用品。罗兰·巴尔特 (1967 年) 在对服装的分析中发现，时装也具有双重意义：实际上的利用和修辞上的表达（"鸡尾酒，小黑人服装"）。自然的事物向我们说话，那些人为的创造也必须赋予一个声音：它们应该说出它们如何产生、运用了哪些技术、源自哪些文化脉络。它们也应该告诉我们一些有关使用者及其生活方式、对一个社会群体真正的或想像的归属以及他们的价值观念。首先，设计师必须理解这些语言；其次，他必须能够教会这些物品说话。一旦我们懂得了这一点，我们就能够在物品的形态中认识到生活的独特形态 (Bauer-Wabnegg, 1997 年)。

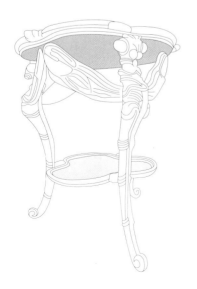

国王的扶手椅，设计：恩索文设计组（Enthoven Associates），贝尔戈·赫罗姆（Belgo Chrom）

三个蜻蜓腿的圆桌（Guéridon Aux Trois Libellules），设计：埃米尔·加莱（1900 年）

符号学简史

符号学本身的历史要追溯到古代。在古希腊这一概念运用于医学领域，用于那些根据症状对疾病作诊断和预测的范畴。在古代，一件待分析的尿液样本，称之为"Signum"，也即，符号。

柏拉图陈述过许多关于符号的探讨，下面的符号学术语之间的区别就可以追溯至柏拉图：

—符号（Semeion）；

—符号的意义（Semainómenon）；

—对象（物）。

他关注于确立符号、符号的意义以及符号所指明的事物之间的关系。这三层关系大多被遗忘，直至19世纪才由查尔斯·桑德斯·皮尔士（Charles Sanders Peirce）再次着手研究。

亚里士多德运用了各种符号学概念，如符号科学、符号理论、符号艺术（Semeiotiké）、符号（Sema 或 Semeion），以及很多其他说法。他延续了柏拉图的思考，并发展成一套口语和书写符号的理论，实际上其精髓在于：符号之中"某物代表他物"。

> *让我们将能使一个人让符号说话并发现它们的意义的知识和技巧的总和称之为：*
> *诠释学。让我们将能够使一个人区别符号，使他清楚地解释是什么组成了符号，使他*
> *知道它们之间如何联结并通过哪些规则联结的知识和技巧的总和称之为：符号学。*
>
> *——米歇尔·福柯（Michel Foucault），1997年*

19世纪符号学在欧洲大学中经历的进一步发展是在医学方面。由古希腊出发，发展出一门医疗的症候学（Reimers，1983年）。它具有一种整体观，也就是说，它依据既往病历上的症状评价一个过去的生命期（既往病历＝重新回忆，既往的疾病史），并根据诊断出的症状（诊断＝断定）观察目前的情况，并且针对所预想的疾病变化或痊愈过程提出推测的症状（预测＝预言）。这些症状之间彼此互相联系。阐明了相互之间的联系，也就是认识了符号，解释了符号（也即，符号学）。

对符号学理论今天的形式来说，正如其在设计上的应用，符号学在其发展过程中主要受到两条路线的影响：由语言学派生而来的语言符号学（Semiology），和当前意义下的符号学（Semiotics），它源自美国的实用主义。

皮尔士（1839～1914年）

他被当成真正的符号学之父，实用主义学派的创始人，被视为普遍博学最新的一位代表人物。对他而言，普遍性旨在知识的统一，这一点在他的《符号学的逻辑》一书中已经充分了解了。1867年皮尔士开始出版他的符号学研究著作。符号学的

符号生产者

符号

符号所指涉的对象

符号的阐释者

皮尔士的"符号—对象—阐释者"

中心概念——三合一关系便源自于他。他强调符号的联系特性，也就是说，符号只存在于对象与阐释之间的关系中。他称这种关系为三通关系或三合一关系。皮尔士应用了代表的概念，意思是某物代表他物，或者是在想法上可以将某物视作他物。在这种意义下，符号就是某物的代表。

索绪尔（1857~1913年）

费迪南·德·索绪尔（Ferdinand de Saussure）于1906~1911年之间在日内瓦大学授课。《普通语言学教程》一书是由他的学生的笔记结集出版的。总的来说，索绪尔被视为结构主义语言学和结构主义思想的建立者。他的著作使得语言学突破成为独立的学科。

索绪尔谈到语言的参照特性，意指人们使用语言去指涉存在于语言之外的事物：真实存在的物和事实。语言符号不只是生理上的声音，而且是心灵上的印象。它将这个联合体称之为概念与语言形态的总体。一把椅子的概念和这组字母的发声之间没有必然的观念。关联只是通过集体约定（如习俗）才建立的。

穆卡洛夫斯基（1891~1975年）

让·穆卡洛夫斯基（Jan Mukařovský）这位捷克语言学家属于1930年代在布拉格形成的一个文学圈，他们讨论结构主义理论观念的基础，而且之前就已经接触过索绪尔的著作。他分析了艺术品的美学功能，他认为艺术品应该归类到社会现象之中。在他的著作中既援引了查尔斯·威廉·莫里斯的三合一符号概念，也利用了索绪尔的核心概念：语言（社会的语言系统）和言语（个人的说话行为）。

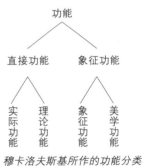

穆卡洛夫斯基所作的功能分类

他美学上的符号学观点是以功能的概念取代美的观念。他以演绎的方式，发展了功能的类型（1942年），并在此明确提及结构主义。其中，他将各种功能的等级划分视为一种持续的动态程序。

莫里斯（1901~1979年）

查尔斯·威廉·莫里斯从皮尔士和约翰·杜威（1910年）的研究出发，提出一项符号学的行为科学观念。他以特征、评价及断定这三个范畴来确定符号行为。在他的纲领性著作《符号理论基础》（1938年）中，他划分了符号学的三个面向：

——语构（Syntactic）层面，也即，符号彼此之间的形式关系及其与其他符号的关系；

——语意（Semantic）层面，也即，符号与对象及其意义之间的关系；

莫里斯的"语意学——语构学——语用学"

—语用（Pragmatic）层面，也即，符号与符号使用者即阐释者之间的关系。

马克斯·本泽（1910～1990年）

在20世纪的后半叶，马克斯·本泽（Max Bense）以其著作在创造性学科中可能发挥了最为持久的影响（Walther，2002年）。他是最早研究皮尔士和莫里斯著作的人之一，并试图运用其对美学问题的概念化。通过同时在斯图加特大学和乌尔姆设计学院的教学位置，他于学会中发起了在信息、产品设计和视觉传达领域的符号学研究。本泽发表了大量符号学著作（Bense，1954～1960年，1967年，1969年，1971年），这些已在设计讨论中留下长久的烙印。

让·鲍德里亚（生于1929年）

让·鲍德里亚（一译布希亚）可视为一位真正的设计符号基础理论奠基者。因为他将符号学——结构主义的方法运用于对日常生活用品的分析。他研究物品的语言（1991年），这指的是例如家居用品、汽车、科技用品等等。当人类四周的东西说话，它们会报告它们的所有者，报告他们的价值、欲求和希望。他对物品的分析导致了政治经济学方面的真相显露出来：商品的存在并不是为了"被占有和使用，而是为了被生产和购买。换言之，它们之所以产生并不是因为我们的需要，也不是依照世界传统秩序，而仅仅是出于生产秩序和意识形态标准化的目标"（Baudrillard，1974年）。

翁贝托·艾柯（生于1932年）

艾柯在其无数论著中致力于文学符号学、美学、认识论、符号学及结构主义方法等问题的研究。他应用了符号学领域的概念，也即，不同的符号学观点都在这个领域中被实现。对艾柯而言，只要是作为信息传送的沟通是在符码的基础上发生作用，符号学的研究就存在。

艾柯延续了皮尔士的思考并研究沟通过程。任何文化事件都可以用符号学的手段进行分析。符码是一种转换规则，通过它能够对某符号进行加密，这样当符号被解码时，其意义便能够被识别。此外他还应用了设计中的重要概念：明示意指（denotation）和内涵意指（connotation）。

对明示意指，艾柯的意思是指一项表达（或符号）在（处于某一特定文化的）信息接受者所触发的直接效果。以椅子为例就是：这可以坐。反之，对内涵意指，艾柯的意思是指所有能使（处于这个特定文化中的）个人想起符号含义的事物。仍以椅子为例，国王的椅子、艺术作品的椅子、法官的椅子，或许多其他的东西。因此，内涵意指可以被当作在一个特定社会中依据确定的符号而产生的联想的总和。

在艾柯的《符号学导论》（1972年）中有详尽的一章专门讨论符号学与建筑。他宣称，这一论题还包括设计和城市规划。他以鲜活的案例揭示出，如果各种产品的符码没有被学习或告知给社会的话，功能主义的原则，即形式追随功能仍只是幻想。如果没有人能破译各种不同的按钮、箭头等，怎能操作一台电梯呢？从传播技术的角度说，形式必须十分清楚地明示功能，使产品的操作不仅成为可能，也变得值得追求。也就是说，引导最合适的实现功能的动作。形式指明功能仅只能建立在一个已掌握的期望和习惯的系统的基础之上。

符号学与建筑

以建筑为对象的符号学研究尤为流行。20世纪60年代文丘里在其基础研究《建筑的复杂性和矛盾性》（文丘里，1966年）一书中明确指出这一路径。在书中他宣称，有意义的建筑应该明确抵制国际主义风格。在斯图加特的本泽学派的圈子里，第一批在符号学与建筑之间建立连接的著作出现在20世纪60年代（Kiemle，1967年）。乔治·R·基弗（Georg R. Kiefer，1970年）将建筑视为一个非语言交流的系统，并建立起"环境符号论"，意指环境通过符号与人类交谈。

> 为解决认知问题的每一次尝试都将语言作为表现、告知和分析的手段。我们运用语言发表或攻击观点，支持或反对陈述。语言是在解释时的每一次尝试的一般要素。
> ——H·R·马特图拉纳（Humberto R.Maturana），1987年

直到查尔斯·詹克斯（Charles Jencks，1978年）的著作才将建筑与语言的相似性介绍给更广层面的公众。根据詹克斯的意思，一个人能够谈及建筑词汇、意义、句法和符号学。他的著作开启了后现代主义建筑之门——也即，建筑的多样性——并使其获得世界范围的重要性；由于这个原因，詹克斯当然被视为后现代主义最有影响力的推进者。

乌尔姆设计学院的符号学

德国在设计领域对符号学的兴趣可以追溯到20世纪50年代。1959年托马斯·马尔多纳多发表了一份关于"符号学"的研讨文章，接着于1961年又有一份早期的《符号学术语》。古伊·邦西彭普（1963年）强调符号学对设计的重要性时说道："关于物品的世界和符号的世界建构的同一性的假设，确实能够硕果累累。而且，基于符号程序的在使用者和器具之间的沟通方面可能是工业设计理论最重要的部分。"

汉斯·古格洛特在1962年的一次报告中，以"作为符号的设计"一语指明符号与设计的一致性："具有正确信息内容的任何产品都是一个符号。这就是为什么我支持自己将设计和符号的概念统一起来的原因……对我们的思维方式而言，假设人们能够理解事物的语言，是理所当然的事情。在某种程度上，这一点甚至能在一个封闭的文化圈内预示出来。"

乌尔姆设计学院是第一所尝试设计符号学的院校，当然这部分是在马克斯·本泽的带动之下。

符号学与传达

早期被应用于设计的、基于无线电通讯的沟通模型（Meyer-Eppler，1959年；Maser，1971

年），提出一种假说即被称之为"传送者/接受者模型"。其科学基础是建立在控制论的基础之上，尤其是对乌尔姆设计学院及其方法学的高度尊重。如此技术性的模型没有能够运用于生物学上的交互行为，认知系统（Rusch，1994年）直到激进的结构主义的例证作品才确切地显露出来。马图拉纳、弗朗西斯科·J·瓦雷拉（Francisco J. Varela）、海因茨·凡·弗尔斯特（Heinz von Foerster）、恩斯特·凡·格拉泽菲尔德（Ernst von Glaserfeld）、格哈德·罗特（Gerhard Roth）的著作，尤其是西格弗里德·J·施密特（Siegfried J. Schmidt，1987年、1992年）的两卷广为流传的著作，引导了看待沟通的全新方式。这个新方式揭示了行为者之间交换的互惠过程，对行为者而言，目标即称之为适应输出，这样沟通才能真正成功。基础主题在于，（对符号或产品的）理解永远是解释，也即，意义的归因发生于人类的大脑。既然这样，它恢复了先前的经验甚至习俗（Schmidt，1986年）。

沟通中的决定性特征是，信息不是（如其在无线电通讯中一样）被传送的而是被建构的："这里，对这个建构程序有影响的每一种环境的、社会文化的和个人的因素都被考虑在内。但是在封闭操作的自变式（autopoietic）系统里运作的连贯模型中，沟通的所有方面的描述都是似是而非的"（Schmidt，1987年）。产品语言方面共同的争论是，产品自身完全不会说话。它们确实不会说话，它们也不是信号或讯息（如同早期模型中假设的那样）；然而，在沟通的程序中（在发送者、接受者和使用者之间），它们根本被指定为语言（和由此而来的意义）。对认可这样的沟通程序的团体而言，他们在某种程度上同意被某些产品证明的意义（昂贵的、专业的、技术的、生态的、创新的等等）。

社会学家尼克拉斯·卢曼（1984年）曾经说道，在这个脉络上"沟通就是沟通中的偶然性"。对认可这样的沟通程序的团体而言，产生所谓关联性（connectibility）是必要的，因为只有这样沟通才能够成功。通常认为设计者传递讯息给世界，这样才被潜在的接受者所理解（如传统沟通模型中假设的那样）；并非如此。更准确的是，在这样的沟通程序中，关键点是交互行为的形成（例如，互惠的关系）。从产品文化脉络、生活方式、行为模式的分析看来，提供一种能够被潜在使用者理解、区分并评价的沟通是非常必要的。从这个角度看，设计必须阐明和生成能够在最多样化水平上的有效识别。产品自身在如社会交互行为中的交通工具一样的程序中运行，他们提供了潜在联结的广泛可能性（Bürdek，2001a）。

> 联结意味着使意义成为可能。当联结有用时，意义就产生了，这样，在未来继续这个游戏就成为可能。在我的关系中我具有的联结越多——自然运行的，而不是经常被打断的，因而是设计优良的联结——在未来我具有的选择的意见和可能性也就越多。
>
> ——伯恩哈德·凡·穆蒂乌斯（Bernhard von Mutius），2000年

不同的作者曾使用相近的概念描述物件或产品的沟通功能。鲍德里亚（1968年）曾谈及物品的主要功能和次要功能。埃科（1968年）阐明了物品的"缺席的结构"，并将其划分为第一功能和第二功能。当然，对他而言，这种次序不是一种价值判断，好像一个功能比另一个功

能重要一样；恰恰相反，第二功能（内涵意指）是建立在第一功能（明示意指，例如，客观的意义）的基础之上的。在埃科看来，整个世界都是由符号构成的，一种文化的条件可以从其符号中被解读出来。

现象学与设计

现象学，一种在人文学科中富有传统的方法，在设计上仅只能小心地应用。一般所理解的一个现象的系统是能够通过放弃理论分析（特别是简化）来描述的。最早的现象学方法出现在 18 世纪。例如，康德提出"现象的归纳"（phaenomenologia generalis）。这是一门可视为形而上学的先驱之一的学问，但直到19世纪，这个哲学方向才被集中地详细阐明。

胡塞尔（1859～1938 年）

正是埃德蒙德·胡塞尔（Edmund Husserl）将现象学形成当前的形态。他被视为现象学哲学的创立者，其早期形态在他的《逻辑研究》（1900～1901 年）一书中公布于众。他的目的是提倡"面对实事本身"（例如，面对思想的最初的逻辑形态）。

赫尔佐格和德·默隆（de Meuron）将其方法想像为现象学方法——在项目的详述中对位置和宽阔的理解是形成设计和选择材料的决定性的出发点。

——卡琳·舒尔策(Karin Schulze)，2004 年

现象学的历史与诠释学的历史（参见第205页）紧密缠绕。在他的《纯粹现象学及现象学哲学的观念》（1913 年）一书中，胡塞尔使自己成为超验主观主义的代表人物。在他的理论中，每一个对象物都从它所表现出来的角度予以研究，其中对象可能是：
——外在感觉世界的现象，
——经验范围内的视觉品质，
——智力结构或程序的象征性显现。
胡塞尔介绍了"生活世界"的概念以强调，对对象的分析总是必须反映出一个独特的世界（和时间）。因此现象学的方法称为这样一个程序：尝试直接地和整体地理解人类的生活世界，并将日常生活及其环境也考虑在内。只有深入研究生活世界，才有可能掌握日常物品的意义。这些又成为诠释学的阐释方法，也是人文学科的一种方法。而且，每一个现象学的陈述，总是在一个确定的、有时空限制的历史视野的范围内才适用。因此，当应用于设计领域时，现象学立志要从产品的整个视野进行一个广泛的调查和描述。

现象学研究的例子

哲学家马丁·海德格尔（Martin Heidegger，1889~1976年）的著作显示出与现象学的强烈联系，例如他关于艺术的著作中（1968年）。在弗赖堡（Freiburg）大学海德格尔继胡塞尔之后出版了关于具体物品的现象学研究。在其短文中有三篇堪称为这一领域的杰作：《论事物》（Das Ding）、《关于技术的问题》（Die Frage nach der Technik）、《任·居·思》（Bauen Wohnen Denken）（1967年），这三篇全部都确实论及设计的文脉。例如，瑞士建筑师彼得·卒姆托（Peter Zumthor)曾详细论及这些现象学的立场（参见第315页）。

> 海德格尔曾经被问及这个出发点是以何种方式或以哪一种交通工具开始的，他本应该有责任去更精确地重新考虑他的整个讲演。但实际上，历史将这个问题传递给费迪南德·波尔舍，他将以他发明大众汽车的方式回答这个问题。海德格尔仅仅为一个人民的汽车梦提供了哲学上的伴奏。这个汽车也成为海德格尔的"Fahr-Zeug"（驱动装置），在他的装置历史的意义上，它帮助实现了人类的存在。
>
> ——曼弗雷德·拉索(Manfred Russo)，2000年

直到20世纪80年代现象学方法才再次进入设计的讨论。两个现象学研究都是致力于随身听的，现在已成为一个传奇产品。1980年索尼公司在日本发明了随身听并将其投放到市场，这是一个可以在所有环境下播放音乐的装置，由此产生了一个品类全新并很快就无所不在的产品群。细川周平（Shuhei Hosokawa，1987年）指示他的评论不是对其最初的产品，而是其在城市环境中的效果："随身听作为一种城市战略的装置、作为一个城市的声音或音乐的装置"。这里他运用鲍德里亚关于首要（实际的）功能和次要（非物质的）功能的分类（1972年）。细川较少关注物品的本质属性（initself）和自身属性（of itself），而是更关心物品的使用：它对使用者意味着什么，它如何被它周围的世界所感知，以及隐藏其后的都市风格形象是什么。他完全展示了这些生活世界。

关于随身听的另一个意义重大的、更为广泛的现象学研究是雷纳·舍恩哈默尔（Rainer Schönhammer，1988年）发表的。延续了应用现象学研究的传统（Waldenfels，1980年，1985年），舍恩哈默尔描述了随身听如何决定今天它的使用者的生活世界。他也称他的研究为感官经验的文化史快照："利用这个装置可以在暴露的位置确保一种音乐的庇护所的可能性，创造出相应的物质帷幔：随身听成为一种生活的象征，这种生活超越了主体与世界之间的分离；它成为一种永久可能性的象征，这种不断体验融合的可能性"（Schönhammer，1988年）。这样，"在这个围绕耳机自身的空间里，正发生着听觉上的分离，这种分离则将引发一种异化的体验。这种差别可使之成为一种具有特别影响力的音乐事件。排除这种听觉环境，既是使用耳机的（次要）目标，又是一种不希望出现的状况。相应地，使用者通过调整音量来寻求逃避。其他人的各种挑衅也被考虑进去"（ibid.）。

在他关于远程控制的研究中，舍恩哈默尔（1997年）继续了这些"对一家人而言充满魔

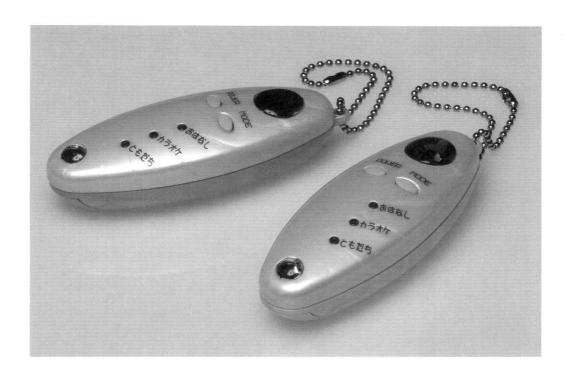

情侣 Getties（图片来源: 法兰克福应用艺术博物馆，Bürdek捐赠）

力的元素"是如何被建立和传播的问题。他们在远方实施的结果，也就是让使用者在并不接触产品的情况下操作产品，改变了我们在最基本的水平上处理产品的方式。即使对电视、立体声系统、CD播放器、录像或车库大门，远程控制成为一种"文化的中介技术"，有了它，我们可以认为我们自治地决定了我们的媒介行为，但是它最终进一步巩固我们对电子媒介的依赖。

　　在20世纪90年代末，两个彻底以设计为导向的出版物开始建立像胡塞尔和海德格的哲学传统，并将现象学传统引入当下。延斯·森特根（Jens Soentgen）专心致力于《材料、事物和不规则形的创造》（1997年），使其成为卓有威望的现代现象学家，因此，有意识地建立起对当前设计的参考。森特根解释的产品语言的坚定的符号学方向只有在一个现象学的维度才能够真正地发展，因为"符号学是一种理论的偏见，它可能有很多优点，但也有其缺点，它必须一直将每个事物都想像成符号而忽视了不能以符号来重新解释的任何事物"（Soentgen，1997年）。他也指出这两种人类科学方法的有争议的区别："现象学的描述意味着在没有考虑任何早先的知识、没有考虑任何假设、没有考虑并不直接属于对事物本身的可察觉的（显而易见的）感官存在的任何事物，在这样的情况下描述某物。另一方面，即使通过经验或通过习俗，符号都永远是被作为中介；因此，符号学以这种中介或可以被视为中介的态度关注自身，现象学则以非中介的、直接的态度。"

　　　　物品并不能代表它们自己，但就像现象学告诉我们的"视界"一样。视界并不是具体存在的，而是为一个物体所占据的空间所做的草图，它延伸出一个具体给定的、并或多或少可供选择的事物中限制它。

　　　　　　　　　　　　　　　　　　　　——克拉夫特·韦策尔（Kraft Wetzel），1995年

　　在另一部论文的合集中，森特根（1998年）生动地论述了一个决定我们日常生活的现象变化，包括"粗劣的工艺品"、"大理石、石头和异丙醇"、"铜绿"、"闪闪发光的铬合金"以及其他。所有这些也作为对一个人文学科的方向如何能被运用于设计的有益的和可启发的例子。

　　福尔克尔·菲舍尔（2001年）说明一篇名为"电子'设备'现象学"的论文，作为一种指明所有那些有用的和无用的数字助手（例如可移动的光盘播放器、小型磁盘录音机、蜂窝电话、随身听、摄像机、游戏机、电子宠物和情人Getties的手段，参见第264页）。菲舍尔不仅探讨了产品设计的个别案例的小玩意，还将他们作为具有长久影响的全部生活世界的例子的基础，特别是对儿童和十几岁的孩子处理当前的"数字设备"的方式产生了影响。用户行为的改变带来比产品设计更为意义重大的结果（这在很多这样的案例中被当作相当老套的），这仅仅是我们归功于现象学分析所获得的洞察力之一。

诠释学与设计

　　诠释学在严格意义上可理解为阐释、说明及翻译文本的艺术。阐释是理解的关键。这几乎能用于所有的生活脉络，包括行为与手势、科学著作、文学和艺术，以及历史事件。作为一种理论，诠释学阐释了对条件、理解标准的沉思，并用语言将其表达出来。

诠释学简史

　　诠释学有两个古代历史根源：一方面是希腊哲学，如柏拉图就运用"诠释技巧"（techné hermeneutiké）这个概念，意指解释和阐明文本的艺术；另一方面则是对犹太教圣经的注释。

　　现代诠释学直至19世纪才被建立，当时科学家被迫改变他们将世界视为机器的笛卡尔观念。这正是在这一时期，英国人约翰·S·米尔将自然科学从人文科学中区分出来：后者它称之为"道德科学"。

　　这种划分被查尔斯·珀西·斯诺（Charles Percy Snow）在其著作《两种文化》（1959年）中予以细察。他看到，文学研究与自然科学研究的分离是欧洲工业化的结果。今天关于技术的后果的讨论，特别是在处理微电子学中的问题（Weil与Dorsen，1997年；Bürdek，2001年），可以作为案例来说明自然科学的进展如何受到关于人文学科的进步的研究的挑战（例如，通过询问关于它们的意义）。

弗里德里希·丹尼尔·恩斯特·施莱尔马赫（1768～1834年）

　　弗里德里希·丹尼尔·恩斯特·施莱尔马赫（Friedrich Daniel Ernst Schleiermacher）被当作现代诠释学的第一位代表。尽管他没有撰写过任何有关诠释学的专著，但他在授课和致辞时所作的圣经阐述，仍被当作经典的诠释学著作。施莱尔马赫发展出可运用于神学以外的诠释对象的普遍性解释规则。他从语言的普遍性出发：语言和思维组成一个不可分割的整体。正如康德的理性概念——感性知觉和理性领会的总体——一样，在此，我们也发现了对设计作科学阐释的一个重要前提。

　　我认为，甚至尽最大努力去应用诠释学研究，都不能挖掘出我们的思想祖先的真正概念。

　　　　　　　　　　　　　　　　　　　　　　——恩斯特·凡·格拉泽菲尔德，1996年

约翰·古斯塔夫·德罗伊森（1808～1884年）

　　约翰·古斯塔夫·德罗伊森（Johann Gustav Droÿsen）建立了作为解释科学的历史描述。他将诠释学的本质方法定义为认识、解释和理解。历史科学的三个基本理论问题都可以归因于德罗伊森：

　　—关于对象的问题；

——关于方法的问题；

——关于目标的问题。

威廉·狄尔泰（1833~1911 年）

威廉·狄尔泰（Wilhelm Dilthey）被奉为人文学科真正的创建者、诠释学之父和科学的人生哲学之父。以心理学为例，狄尔泰揭示了解释性的（自然的）和描述性的人文学科之间的区别。这种区分源于他的论述（至今仍很重要）："我们解释自然，但以心灵去理解它们。"

以这个结合点类推到设计理论上，这一说法也可成立：产品也一直兼具物质现实和非物质现实（例如它们传送的意义）的双重性格。

奥托·弗里德奇·鲍尔诺（1903~1990 年）

奥托·弗里德奇·鲍尔诺（Otto Friedrich Bollnow）受到狄尔泰的生命哲学的强烈影响；他也常常被称为"小理解"或"小形式"的诠释学家。他的著作《理解》（1949 年）特别重要。它重拾施莱尔马赫的思想，也即"理解自己才能更好地理解一个作家"。这句话巧妙地总结出诠释学的真实目的，也就是，通过重新建构理念的产生来理解（Gadamer，1960 年）。

汉斯-乔治·伽达默尔（1900~2002 年）

汉斯-乔治·伽达默尔（Hans-Geoge Gadamer）可能是 20 世纪最为重要的一位诠释学家，海德格尔是他的老师之一。他的首要著作，《真理与方法》（1960 年），处理了对任何有意识的科学方法而言的中心问题：真理的不可接近性。对伽达默尔来说重要的是，被解释物与解释者以一种相互交换的方式笼罩在一起。因此解释也一直意味着对被理解的事物的影响。本质上地且自然而然地，诠释学不是一种机械的程序，而是一种艺术。

伽达默尔也深入研究了斯诺（Snovian）有关两种文化的问题（1988 年），由此人类的知识也被两种语言所掌握：工具性的语言（公式、计算、数学符号和自然科学的试验）和哲学的语言。

历史的发展被描绘在语言之中。语言可以记录下人类的经验，它是理解世界的工具。因此，伽达默尔强烈地确认，位于哲学中心地位的语言，应该被视为人文学科的核心问题；并且同样，这一观点显然对设计也适用。

诠释学的一些基本概念

诠释学以发展出许多被证明对设计有用的概念。

诠释学三角

"诠释学三角"是由作品、作者（作品的生产者）及接收者三者
组成，换句话说，就是设计师、产品与用户。

诠释学三角

先见（Previous Understanding）和视界融合（the Fusion of Horizons）

这两个是诠释学的重要概念。前者被理解为每一个接收者对将
被理解之物已经具有知识和意识，因为只有这样，实际的解释才成
为可能。

视界融合意味着，"想要理解"出自这样一个假设，接收者的先
见能与艺术家（或设计师）的知识范围相统一，并且反之亦然（例如，它们融为一体）。

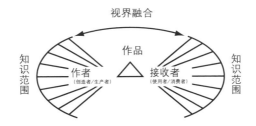

诠释学循环

"诠释学循环"是作为主体之间相互理解的基本模式。圆既没有开头也没有结尾；类似地，
"理解的圆圈结构"意味着，当一个等待被证明的东西已经被当作前提时，一个逻辑上的圆圈
（恶性循环）就存在了。这一现象的一个使用，也称之为"哲学之圆"，就是黑格尔的唯心主义：
为了认识某物，我必须先知道认识意味着什么，这就意味着，我之前一定已经认识了它。

作品阐释

依据拉迪·柯勒尔（Rudi Keller，1986年）的看法，阐释过程由以下步骤组成：
—感知一个符号，
—阐释它的含义，
—理解它的意义。
因此，阐释基本类似于解释、注解和含义。我们通常将其理解为对艺术品的阐释。因此，
阐释不依赖于感觉，也不是肤浅的空话；而是相反，作为一种人文学科的方法，它具有联络主

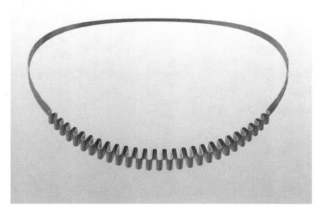

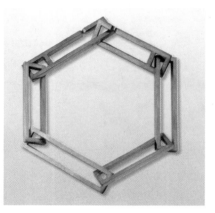

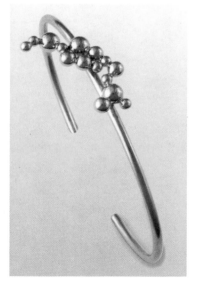

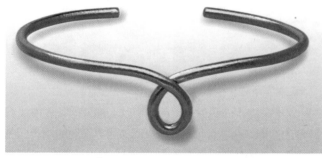

身体符号的收集品
比格尔·施穆克（Biegel Schmuck）设计

伊丽莎白，设计：西恩及东友子（Shin & Tomoko Azumi）

分子，设计：U·菲舍尔（Uwe Fischer）

框架，设计：汉内斯·韦特施泰因

云，设计：罗南(Ronan)和艾尔文·布尔乌里克（Erwan Bouroullec）

环，设计：阿克塞尔·库福斯

体性的特性：正如"理智的统一体"，这里所关心的是理性的和主观的方面的辩证法。

　　没有针对设计的文化及社会科学，也没有关于美学生态学、操作人类学和使用心理学等问题的研究。设计作用的根据仍是未知的，工业文化的诠释学也是不受欢迎的。

——格泽·泽勒，1990 年

意义（Sense）与含义（Reference）

这里使用的含义（或明示意指）这个概念与先前在符号学中所阐述的语意学的概念大体一致。然而，重要的是它与意义（或 Meaning）这个概念的区别。柯勒尔（1986 年）以语言为例说明了这种区别：一个人要么知道一个字的含义，要么不知道这个字的含义。无论什么时候，只要一个人知道如何使用一种（与约定和习俗一致的）表达，他就知道其含义。"理解意义"因而意味着掌握了意图，这类似于用于区分国际象棋游戏中一次移动只是整个策略的一部分。这个例子表明，只有通过阐释——在这个例子中，是通过对规则的熟悉——（一个棋子的移动的）意义才能够从（一步棋的）含义中推断出来。

诠释学的应用

　　然而，总是仅仅产生符号而不产生意味深长的东西，可能只不过是在我们文化的墓碑的设计上玩耍。

——若泽·R·门德斯－萨尔盖罗(José R. Méndez-Salgueiro)，1998 年

语言和本文的批判都是以感知、阐释、理解意义而完成的。然而，如果一个人想要超越描述的层面，就必须更进一步：应用。伽达默尔（1960 年）记得早在 18 世纪的传统中，诠释学过程就已经被划分为：
— subtilitas intelligendi（理解），
— subtilitas explicandi（阐明），
— subtilitas applicandi（应用）。
这三个元素必须彼此交互作用才能弥补理解。

诠释学的批判

尽管在过去诠释学已经经历过的设计领域中获得的所有评价都是完全肯定的，但仍不容忽视，自从伽达默尔的《真理与方法》（1960 年）问世以来，诠释学方法已经发展成为使普遍性失常的主张，Jochen Hörisch 也在《理解的狂暴》（The Frenzy of Understanding，1988 年）一书中探讨了这个话题。

诠释学之所以被批判，是因为其普遍想要产生相同的解释。怀疑和多数的减少持有统一的

许诺，最终却无法被实现："视界融合意味着在众多观点中仅有一个被保留。提出普遍性的要求至少整合和通常包含了可选择的要求。对那些在元层次上谈论诠释学的人来说，模糊的关系表明他们自身是相当易于了解的。"（Hörisch，1988年）

在20世纪70年代，法兰克福学派的批评理论和社会科学已经声称对传统诠释学的重大意义持保留意见。于尔根·哈伯马斯（1968年）特别指出它所失去的批评的距离；更进一步，他认为认知一直是为兴趣所驱动的。他在《一般语用论》中描述了人类理解的普遍条件的原则，但直到他的《沟通行为理论》(1981年) 一书中，他才发展出一个建立在语言基础上的体系，使人与人之间的理解完全可能。在设计理论的发展上，它形成了一条关于"语言学转向"的有趣的平行线。

在设计实践中，则对这些用于人文学科（也用于诠释学和现象学）的方法提出了截然不同的批评。乌里·斯克里帕利，慕尼黑展览服务公司（designafairs）的副总裁，谈及在设计实践中由现象学转向经验主义的必要性时（Bürdek，2002年），说道，今天产品的开发程序不是仅仅被个体（设计师、营销专家或开发者）的主观感受决定的，相反，这个程序要求概念被相应的目标群不断修正。

关于经验主义诠释学

法兰克福学派对诠释学作出了更为重要的发展。托马斯·莱特霍伊泽（Thomas Leithäuser）和比吉特·福尔默（Birgit Volmerg，1979年）最早勾勒出"经验主义诠释学"的轮廓。他们说道，为了避免在诠释学圆圈中经常出现的主观曲解，提出一个元诠释学的讨论是非常必要的。在这一理念背后，心理学的方法是基于对日常生活意识的经验主义调查研究。从方法上来说，经验主义诠释学是根植于语言哲学（"语言学转向"）的，因此也证明与设计上畅所欲言的讨论存在一种有趣的密切关系。

因此，经验主义诠释学在方法上具有决定性的一步已被确定，真正的社会-文化条件作为任何尝试阐释的出发点，并反映在其中，且永恒不变地去阻止投机的阐释。这为设计实务开启了重要的潜在结合点。

设计方法学的发展

设计方法学的根源，可以追溯至20世纪60年代。当时乌尔姆设计学院将其作为设计教育的重点。方法学作为一个领域的出现，是当时的工业设计师承担了为数众多而且又是全新的设计任务的结果。克里斯朵夫·亚历山大（Christopher Alexander，1964年），设计方法学的先驱之一，例举了四条理由，来说明为什么设计程序需要自身的方法：

——设计问题已变得太复杂，以至于很难仅靠直觉来处理；

——解决设计问题所需的信息量骤然大增，以至于一个设计师的独立工作都无法收集，更不用说处理了；

——设计问题的数量也在激增；

一总的来说，新的设计问题以比以往更快的速度出现，因此，甚至很少的设计问题都不能依赖长久以来建立的经验来解决。

人们经常误以为研究设计方法的目的，是发展出一套统一的、严格的设计方法。这个观点忽视了不同任务需要不同的方法，并且在任何设计程序中的第一步，都是去决定针对哪些问题应该采用哪些方法。在重新设计一个简单的家庭用品时的方法上的耗费，显然要比发展复杂的公共交通系统少很多。设计方法学有一项原则，就是在开始任何改变和新设计之前，去理解任务是什么是很重要的。在回顾中，这个早期阶段可以被当作建筑或设计的分析范例（Tzonis，1990年）。

第一代系统研究

20世纪60年代出现的设计方法学的重要研究起源于英国和北美，且强烈地受到需要解决复杂问题的太空研究的影响。霍斯特·瑞脱（Horst Rittel，1973年）曾将这些早期的观点称之为"第一代系统研究"。其基本假设是，设计过程一定可以被拆解成一些分离的步骤：

1. 理解并定义任务（任务的制定）。这一步必须非常谨慎地执行，而它也是所有后续步骤的必要前提。
2. 收集资料。在这个阶段必须知道现有的状况、技术可能性和诸如此类的情况。
3. 分析获得的资料。将资料和任务（目标条件）作比较，并从资料中得出结论。
4. 发展可选择的解决方案。这一阶段常常受到挫折，但有时也会出现开创性的进展。只要至少发展出一个极具可行性的解决方案时，这个阶段就可以结束了。
5. 评定赞成或反对备选方案并决定一个或多个解决方案。在此阶段可能伴随有所有类型的复杂程序，例如可以让系统研究者获得解决方案的品质印象的模拟法。
6. 检测和实施解决方案。测试之后将解决方案展示给决策者。在这个展示的基础上，他们将在所提供的备选方案中作出选择并确定他们选择方案的实施。

许多作者都发展出相近的模型，充满各种不同细节的程序。例如，莫里斯·阿西莫夫（Morris Asimov，1962年）发展了所谓设计形态学；布鲁斯·阿切尔（Bruce Archer，1963～1964年）发表了多卷检测表，希望去决定设计程序的每一步，但由于过于形式化而几乎没有人使用。约翰·R·M·阿尔杰（John R. M. Alger）和卡尔·V·海斯（Carl V. Hays，1964年）深入研究出一个评价不同设计方案的程序。而克里斯托弗·J·琼斯（Christopher J. Jones，1969年）则在国际水平上对方法学作出实质贡献。这方面的详尽概述，我已在关于乌尔姆的研究（Bürdek，1971a，b）的结论中予以发表。在20世纪70年代，奈杰尔·克罗斯（Nigel Cross，1984年、1989年）继续了这一传统，有时已做得过分了，特别是在代尔夫特科技大学（the Technical University of Delft）的工业设计工程领域（Roozenburg和Eekels，1995年）。

克里斯托弗·亚历山大的方法

在设计方法学的发展上，克里斯托弗·亚历山大（1964年）的论文扮演了一个特别的角色，由于他特别关注形式与内容的研究。亚历山大一直致力于将为从数学和逻辑等形式科学中

推导出的理性主义导入设计。他的主要关注点是将复杂的设计问题
拆散成为许多要素，通过这种方法寻找具体的解决方案。

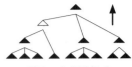

项目，由装置组成

如果说形式是设计问题的解决方案，那么脉络则定义了形式
（由于它包含了形式必须实现的要求）。并探讨了设计并不仅只涉及
形式，也涉及形式与脉络的统一体（参见第215页）。

亚历山大发展了一种建构设计问题（定义脉络）的方法，然后
通过这种作为结果的等级式的结构来发展形式。

实现，由图标组成

引自克里斯托弗·亚历山大
的分解与组合，1964年

将这种方法置于科学历史的脉络之中，亚历山大的方法整合了
笛卡尔的问题剖析和演绎法。在20世纪70年代，这个严格的方法
学途径，包括对设计程序的先分解再组合，在数据处理系统中被采
用和实施。然而，利用计算机将问题结构化的欣喜很快就消失了，也
由于消耗了大量时间。所剩下的是亚历山大的基本观点：以演绎的
方法将复杂的问题拆解成为子问题，并将在这些辅助问题中搜索可
选择的解决方案作为设计程序中的第一步。

这种方法在设计实践和工业设计中被证明非常有效，但在20世纪90年代，当形式与脉络
之间的关系经历了一个至关紧要的转化时，它的局限性也显露出来。由于功能主义被后现代主
义所取代，越来越关注于设计的交流功能，包括它所表达的新的非物质主题（如交互设计和界
面设计），需要全新的路径和方法（参见第328页）。由于这个原因，米哈伊·纳丁（2002年）
与"笛卡尔简化论"相决裂，它禁止运用变化的非确定性（例如动态的）模型。今天，甚至可
以运用那些可利用的但却仍未充分利用的网络潜能（参见关于头脑映射的章节，第215页），则
需要将笛卡尔的思想扔出船外。

乌尔姆设计学院的方法

1964年，托马斯·马尔多纳多和古伊·邦西彭普首次对设计从艺术转换为科学这一阶段
进行了回顾。当时，乌尔姆设计学院明显与德国学校以艺术与手工艺（德意志制造联盟）的传
统传授设计相疏远。这些学校大多提供在包豪斯的基础上稍微修改过的课程，并且全都难以将
完成从手工艺到工业设计的成功转化。乌尔姆设计学院明确表达出对科学与设计的关系的强烈
兴趣，许多科学学科及方法被拿来研究，以探讨其应用于设计过程的可能性。

对方法及方法学本身进行了广泛讨论，后者则围绕在产品设计所涉及的所有方法的系统
划分上。然而，如果据此认为产品设计上存在惟一的普遍正确的方法学，那就大错特错了。
恰恰相反，只存在一个方法集，其中许多数学方法占有特殊的地位（Maldonado和Bonsiepe，
1964年）。

这种数学方法特别清楚地表明，"乌尔姆方法学"是将方法学应用于真正的设计过程中，也
即，应用于产品的美学特征。20世纪60年代，工业界的新技术能力强烈提出合理化方面的
问题，而形式语言也很快支持新的风格原则："乌尔姆功能主义"。

超古典科学

对设计的科学理论的阐明和重新定位，可能最重要的贡献来自于西格弗里德·马泽尔（Siegfried Maser，1972 年），他区分了下述几种科学：

—现实科学；

—形式科学；

—人文科学或人的科学。

马泽尔依据目的、进展、原理、方法、结果和批判等标准，决定何种科学可能适合于作为某个设计理论的基础。因为这些原则中每一条都包含了古典科学的成分，他沿着控制科学（如控制论）的思路构思出一种超古典科学的设计理论。其中，实践是行为和理论的范围，也是论证的范围。这个理论的任务是为行为提供依据或去质疑、证明或批判它。

改变真实状态，是超古典的或控制的方法的中心（Maser，1972 年）："用控制论的术语，可将其表达如下：

1．首先应该如语言所允许的（古典的）那样可能精确、完整地描述现存的（本体的）条件状况。

2．由此出发，确定目标状态，并至少要有一个将既存状况转化为目标状态的计划。

3．根据制定的计划，有效改变现实。"

这些步骤说明了设计程序的最基本形式。

设计程序模型

《设计方法学导论》（Bürdek，1975 年）中以一种实践导向的设计程序模型表明，方法学并没有什么基本的工具。书中还列举了大量易于掌握的方法和技巧。

这个模型强调将设计程序视为信息处理系统，其特征是具有大量反馈的回路，并表明设计程序与直线式的问题解答相去甚远。设计实践中会因如不同意见、错误或新的信息、技术跃进和法规限制等原因将使发展程序拖延和冗长。因此，从更多不同资源获得更多信息不一定会使程序更加清晰透明，反而更讳莫如深。

《设计方法学导论》也介绍了一个在设计实践中已被证明有效的方法的基本准则，并建议将其作为设计训练的一部分进行传授。这包括：预备分析（市场、功能和资料分析）、编辑要求和规范清单、创造性的和解决问题的方法、（二维的或三维的）表现方法、评估程序以及测试程序。

在此也清楚地看到，所应用的方法类型须依据形成问题的复杂性而定（看是咖啡杯还是公共交通工具）。在讨论方法学是否有意义的时候，正是这一点被轻率地忽视了。设计方法训练的一环，

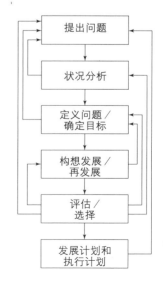

计划过程模型

是必须解释对学生而言在何种案例中应该选择何种类型的方法，也正是这一方面需要对方法学留有一点批判的距离。

方法学的范式更迭

20世纪70年代晚期开始了方法学的重新定位，可统称为范式更迭（a paradigm shift）。这个概念是由托马斯·S·库恩（Thomas S. Kuhn，1967年）所宣扬的。他将范式理解为在特定学科中为当时大多数研究者接受且认为是普遍有效的那些成分。范式更迭的概念清楚表明，科学并不是以稳定的步伐前进，逐渐积累知识；而是经历了偶然的革命性突破，必定使主流思维方式或多或少地激烈改变（Seiggert，1983年）。

其中，保罗·法伊阿本德（Paul Feyerabend，1976年）的研究对方法学尤为重要。他反对只有一个固定的方法（如笛卡尔哲学）被认为是普遍适用的这一思想："对一个教会而言，对一个（传统的或新的）神话中受到威胁的或贪得无厌的牺牲者而言，对暴君统治下的软弱的顺民而言，统一的意见才可能是正确的。"他断言，客观的知识需要众多不同的思想，此外，只有一种促成多样性的方法，才是惟一可与人文主义观点相协调的。

这一观念在设计上的重要性，直到20世纪80年代初才真正显示出来。当时后现代主义已成为设计的新趋势。与此同时，设计方法学也发生了范式更迭。直到进入20世纪70年代，所应用的方法大多是演绎式的，也即，由一个普遍的问题求得一特别的解答（由外向内）。在新设计中则越来越多采用归纳式的方法，它会先问一个特别的设计是要给谁（哪一目标群）使用，或者是为谁而销售的（由内向外）。

克里斯托弗·亚历山大的模式语言

就方法学本身，克里斯托弗·亚历山大的一本重要著作可能标志着决定性的范式更迭。在1977年，他与加利福尼亚伯克利环境结构中心的同事一起，发表了关于规划与建筑问题的最重要的著作：《模式语言》(A Pattern Language)。它和后来出版的《建筑的永恒之道》(The Timeless Way of Building，1979年)，代表了方法学发展的决定性一步。

模式语言的设计方法，阐明和揭示了设计所探讨的社会和功能问题，以及如何在三维世界中实施。其中心章节包含了一个计划，来提供城市居民和房屋自己塑造他们的环境的必要方法。这个计划的核心就是居民理解围绕他们的每一事物——结构、建筑和物品——都拥有自己的语言。他用了至少253个单独的案例，描述这种语言的个别词汇（模式），用这些词汇可以创造无数组合（例如小品文、讲演）。这种模式组成了区域、城市、邻里、建筑、空间和小生境，一直到如餐厅的气氛、卧室、座位、色彩、灯光等细节。每一个单独的模式都与其他模式相联，没有一个是独立存在的。所有都是假设和由此而来的规定：在新的经验和观察的基础上，他们能够进一步发展。

图形艺术家和建筑师都对文脉表现出强烈兴趣。这里的"文脉"意指：社会行为形成平凡，但也是导致艺术与建筑的出现和其意识形态退后的条件。

——芭芭拉·斯坦纳(Barbara Steiner)，1994 年

形式与语意之间的不明确性

如果形式是设计难题的解决方案，语意定义形式，那么关于设计的争论就不仅是关于形式，同时也关于形式和语意的统一体。亚历山大在1964年的这一论点在20世纪90年代又引发了一场新的争论。

上溯到20世纪80年代，只有在遇到实际需求时（例如人机工程环境、建筑规范、制造选择），设计师才会将语意考虑在设计之中。但是在现实中，设计通常是由一整套完全不同的条件所支配的。今天语意已经是设计的实际主题：首先相关的生活潮流必须作为背景在设计中得到阐明，这决定了何种产品能够得以生存。一个经常被提及的例子是大众汽车公司，沃尔夫斯堡汽车城（Autostadt Wolfsburg）和德累斯顿的"透明工厂"就是最好的例子，它们表明语意是如何成为比产品本身更重要的因素。这个汽车的案例被认为在整体体验上达到极致，因而能在最大程度上提升购买者的品牌忠诚度。

设计课题现在不单是形式上的困扰，取而代之的是：设计语意、建立语境或者至少能提供解释设计的语意模型正日益变得重要。当前的问题不再是：这些产品是如何制造的；而是这些产品对我们意味着什么。

事物存在于社会用途的语境中、现存文化中。当语境消失，事物将被孤立于博物馆之中，在临床上已经死亡。

——格特·泽勒，1997 年

新的设计方法

尽管由自然科学学科到人文学科的转变在20世纪80年代显得有些迟疑，但20世纪90年代日益成为主流的数字化进程使设计的基本原则的再定位成为必然。新的设计方法同样也需要设计实践，因为硬件和软件的设计概念需要经验主义的检验。

因此，当克里斯托弗·亚历山大的图形语言在软件语意发展中产生新的关联也就不足为奇了，毕竟这就是线性的设计过程（问题－分析－解决）被抛弃而其焦点转移到用户需求和兴趣的自然满足之所在。图板开始在设计发展过程中发挥更大的影响（Borchers，2001 年）。

这些图形为大众文化和社会提出了一个至关重要的问题——如何应对电子技术？唐纳德·A·诺曼（Donald A. Norman，1989 年)指出：产品的使用和操作应该在设计过程中占有显著比例。在数字产品（硬件和软件）的设计中，其重点由外观形式转移到用户界面上来。

头脑映射（Mind Mapping）

较之问题—解决方法(由种种反馈机制决定它们是线性还是特性)最激进的大概要算作被

称为头脑映射的模型了。从20世纪90年代中期，这些模型就开始在"视觉语言"的口号下以交互软件的形式进行着市场推广。由托尼·布赞（Tony Buzan）在20世纪70年代发展起来的头脑映射方法（Buzan，1991年，2002年），被设计出来用作辅助解决结构问题、产品开发和进程规划。这些模型从艺术纪念馆——追溯远古遗物的技术——的传统中孕育而来。

当线性思维被抛弃后，直觉跳跃和革新思想的产品便屡见不鲜了。这一切的简单原因就在于设计问题日益复杂，以至于传统的方法（树形图、准团体）已经无法勾勒出问题的轮廓，更别说去解决它们了。

与知识管理领域关联的头脑映射程序，以多媒体的方式（文字、图片、电影、音乐）将问题展现在设计师面前，为他们提示出全新的构造问题的方法。这种方法的自然交互性提供了极其多方面的描述，因而在设计革新上有很大潜能。因名称不同，头脑映射有多种版本，如双曲树（Hyperbolic Tree）、头脑经理（Mind Manager）、头脑地图（Mind Map）、大脑法（The Brain）、思维地图（Think Map）等。马特·伍尔曼（Matt Woolman，2002年），罗杰·福西特·唐（Roger Fawcett-Tang），威廉·欧文（William Owen，2002年）列举的应用实例表明，头脑映射法在问题构造并使问题形象化上具有极高的全面性。

场景（Scenario）技术

场景的概念源自希腊文"scene"，原意指剧本（戏剧、电影或歌剧）中最小的一个单元。今天它可能指的是一个草图（例如电影），或者是在项目和产品规划领域用于考虑偶然关联而构造的假定事件顺序。场景技术作为重要的方法在产品开发的两个不同领域内实施。

作为预测工具的场景技术

20世纪60年代，一个研究未来发展的美国人，赫尔曼·卡恩（Hermann Kahn）发明了一套总体描述科学、政治和社会在未来可能的发展状况的程序，用以满足交错方案推导之需要。这种方法为用户提供了在给定条件下获得最多可能事件的有效工具。卡恩本人在很多著作中介绍了这些方法（Kahn，1977年，1980年），但是他的很多预言看上去相当不可能实现。

场景方法同样被很多其他的作家所接受，并且证明了其作为相关工具的价值。阿尔文·托夫勒（Alvin Toffler）在三本重要的著作中应用了这一方法（Toffler，1970年，1980年，1990年），其中他那些看上去十分动人的预测引发了随之而来、数量可观的作品的问世。

随后那些基于这一方法的出版物在科学性上甚至要逊于卡恩的作品。作者们开始置身于了解潮流趋势，而这些正是他们预测的场景之一。在此种努力中尤为成功者当属约翰·奈斯比特（John Naisbitt，1984年，1995年，1999年）。1998年日本科学家加来道雄(Michio Kaku)出版了一部描述指向产品开发场景的作品，这部作品对未来计算机技术、生物技术和医疗技术表现出了特别的关注。

场景技术开始在设计实践中得到确认，并且不断证明其作为可依赖工具的价值。在埃卡德·P·明克斯（Eckard P.Minx）（Minx，2001年）的指导下，戴姆勒－克莱斯勒汽车集团建

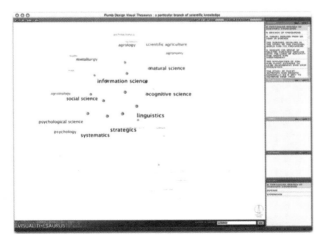

头脑映射

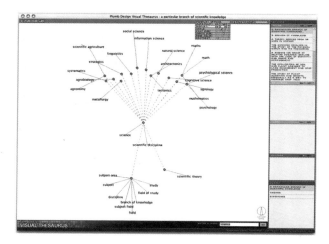

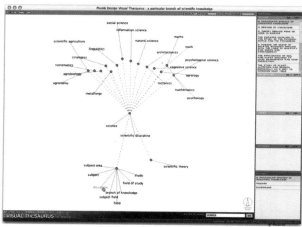

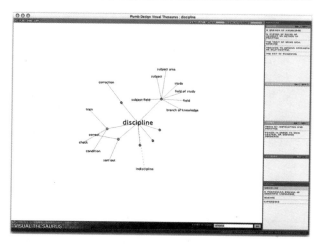

场景的封面，《Wired》特刊 (1996年)

立了一个分布于柏林、开普敦（Cape Town）、帕洛阿图市（Palo Alto）和东京的多学科研究小组。参与的学者被训练成既是各学科专家又是多学科小组成员。他们为戴姆勒－克莱斯勒汽车集团和其他客户研究的课题如下：

　　—未来世界的人类如何生活？

　　—何种产品将是未来生活方式所需？

　　—这些产品的销售是如何（通过新技术）实现交换的？

　　该小组对场景技术的不断研究提出了一个基准，这一基准使得那些组织和公司能够规划出切实可行的替代方案。与上文提到的那些可观的预测不同，这些作品描绘了2020年在城市变迁和通讯这两个方面的场景（Minx et al.,1994年）。

　　20世纪90年代设在埃因霍恩的飞利浦设计中心（由斯特凡诺·马尔扎诺指导，参见第322页）和米兰Domus设计学院进行了一项在未来数字媒介领域的广泛研究，刻画出了栩栩如生的场景并使之以设计概念的形式呈现出来。这一研究对于公司内部关于未来产品开发的对话十分重要，在其竞争领域更是如此，因为它明确地传达出了飞利浦公司引领工业设计前沿的野心。

软件开发的场景技术

　　场景技术同样也在软件开发领域以类似的方式得到了应用，主要是在交互性和界面设计方面。尽管很难在用户接受程度上得到反馈，场景技术还是被用在设计、开发和新程序的规划上，以节省时间（也包括开支）。软件开发场景技术包括了模拟新硬件和软件环境的短期操作流程。这些使得相对快捷经济的完全经验主义的测试成为可能，这些测试包括用户接受程度、对操作程序的理解程度，甚至还有用户界面的美学特征。

　　硬件模拟的虚拟程序在20世纪90年代开始被使用（Bürdek和Schupbach，1992年），并被认为是有效的工具。被称作为"作者系统"的场景技术实现了产品效果图的交互渲染过程，而这是能够由那些潜在用户来进行操作的（VDI 4500）。

情绪图表（Mood Charts）

　　形象化的方法在产品开发和发展中正逐渐成为必须。对于目标、概念和解决方案的口头描述已经远远不够了，尤其是当产品开发是面向全球市场时。各个概念在语意上的区别将导致甚至是同一开发小组中合作的设计师、技术人员、销售指导人员之间的误解。在国家和全球语意环境下，问题正变得越来越复杂和让人误解。

　　在保持"语意决定形式"观点的同时，从20世纪80年代起来自艺术世界的抽象主义原则开始被应用在设计上。在进入20世纪的时候，乔治·布拉克（Georges Braque）和巴勃罗·毕加索（Pablo Picasso）开始创作"拼贴"艺术——在图形元素、文字、纺织品、木材和其他材料上的蒙太奇。这种蒙太奇在未来主义者、达达主义者和超现实主义者的学校中被创作出来，文字蒙太奇来自文学，而同样具有创造性的原则在20世纪60年代则被用在音乐上。

在设计当中，这些抽象元素（图表）被用于形象化地描述用户（他们的情绪）的生活世界、公司主要销售的市场领域，或者干脆是整个产品领域（语意上）。对生活世界的相关深入研究与视觉化的前景都是在此基础上发展而来的。最持续性的视觉化前景在于能够实现并服务于产品的语意设计。同样它也被用于检验随后阶段的设计差异。因为符合给定的产品环境，它不需要用大量的词汇来进行描述，而只是通过对比图像实现检验。这样其局限性也就不言而喻了：在满足设计目标和设计结果之间传达需求后，它既不能实现革新，也无法生成新的产品——文化模型。技术上的革新通常能为我们的行为模式带来更深远的影响（以移动电话为例），而新模型的开发则是一个高度复杂的社会——心理过程，以至于无法只在图像层面上实现描述。更有甚者，作为在多学科内部交流上有力的工具，情绪图表在产品开发的应用中缺乏争论。

经验主义方法

在 20 世纪 80 年代后期（后现代主义开始消亡），设计实践不能单单依赖于有创意或聪明的设计想法的趋势正逐渐明朗。产品研发费用的日益上涨（例如，今天在低于 10 亿欧元开支的条件下，设计出一种全新的汽车模型是无法办到的），随之而来的便是企业希望（且必须）通过长时间以确认新产品能被潜在的消费者所认可。出于这一目的的开发过程正在逐渐找到产品（硬件）和软件（界面）上的应用。

通过生活圈决定目标群体

在确定新产品的潜在用户群体时，方法学上的开支是不能节省的。传统的社会——人口统计学参数（年龄、教育程度、性别、收入和居住的）已经变得无关紧要了，目前的重点是对目标群体习性的确认和分类（这些习性的确与传统的统计参数大不相同了）。1992 年格哈德·舒尔茨（Gerhard Schulze）在其文化社会学著作《体验社会》（Erlebniswelten）中将这些予以整合，并将其称为"生活圈"（Milieus）。

从 20 世纪 80 年代早期开始，广泛基于社会科学对当代生活世界的研究使得社会的正弦曲线开始出现。《弯曲环》（Sinus Milieus）开始定期地发行出版，它不仅介绍了指引社会的基础价值，还包括了我们对于工作、家庭、闲暇、金钱和消费的态度。这些更加全面的测试报告以定性断言为铺垫，得出了在产品开发、销售、设计中用户所共有的各自生活圈（新产品的潜在目标群体）的可靠数据。其中最重要的就是这个时代的定性变化。生活圈研究在近几年日益国际化：如今对于很多欧洲国家、美国（自 1997 年起）和俄罗斯（自 1999 年起）来说，生活圈数据都是可利用的。

设计，尤其是产品设计在这个发展过程中扮演了一个特殊的角色。设计自身的中心性对于企业的策略定位日益重要。设计不仅为企业的"美学输出"——品牌设计、产品设计，以及所有建构企业识别印象的多重任务——提供了明确无误的指导，也为公司整体战略方向提供基础。

案例：

让我们看看 Gruner & Jahr 出版社出版的描述 Leben und Wohnen 5.地区的书《居住类型学》（residence typology）。这份研究在德国调查了所有 18～64 岁拥有私人住房者的住宅情况（4800 万人）。它指出了居住者的住宅状况，以及他们对于家庭、厨房、生活潮流、生活品位的态度。

这本《居住类型学》由 Sinus's milieu 机构联合投资。数据显示，对于那些室内用品提供商来说，只是针对消费者和生活圈的类型学无法为他们提供有意义的战略部分。例如，Gruner & Jahr 的类型学称之为 "苛求" 的目标群体横断了 "弯曲环" 的上部。只有当这些群体被分割到不同的生活方式时，为供应商提出的公认的战略指导才可能出现。

来源：hm+p Herrmann, Moeller+Partner, Frankfurt am Main

产品临床学（Product Clinics）

这种方法的目的就是向一系列的被测试主体（潜在购买者）展示新产品，并且对他们进行多方面的询问。这个测试可以通过草图或者效果图、初步或者最终模型、计算机模拟模型，甚至是样机来完成。测试的问题设计必须科学，这样结果才能得到验证和比较。只要精心地预选，产品临床学能够从相对较小的随机样本中获得可靠的结果。这种方法在经济上的好处是显而易见的。

设计经验主义和日常生活：设计中有规划的太少，总的来说，定量的关于效应的研究唤起不同社会领域的记忆，影响到男女的日常生活。换言之：这涉及到以经验为依据的使用和处理设计。尤其是当认为对男人和女人使用和解释方式存在潜在差异的研究是有实际价值的时候，一条大裂缝就出现了。

——乌塔·布兰德斯,1998 年

在给定的项目开发阶段，不同组的问卷可以为特定的临床提供信息。这些问卷可以关注于产品的市场前景，如何使之有别于其他竞争产品，如何更好地贴近受访主体的生活。设计中产生的间接联想，预期的视觉传达，发生在受访主体身上对于其他产品的推论，都将被整合到设计评估中。受访主体的反应，对材料、表面质感、嗅觉的印象，以及受访主体传递出的其他印象，对于产品的进一步开发都是非常重要的（Heß,1997 年）。

产品临床学上的一个重要方面，尤其是对设计而言，是设计必须在其各自（未来）的语境中被判断。这些应该作为设计过程的一部分以从被测试主体中获得足够多的描述。

易用性（Usability）

另一套在产品问世前全面的测试程序包括了概念下的易用性。同样利用相对较小的测试群体，也能得出快捷可靠的数据，其中包括用户对提供互动和导航的软件界面的反应，特定解决

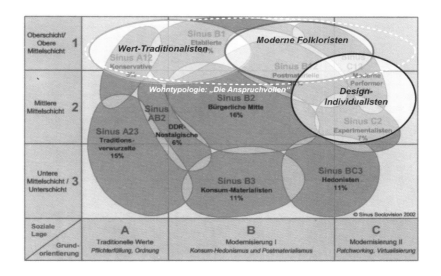

"弯曲环"的三个部分
生活圈 2002，hm+p，
Gruner & Jahr
"Wohnen+ Leben5"
（图片：hm+p Herm-
ann，Moeller + Part-
ner Corporate Cons-
ulting）

"风格世界"拼图
价值传统主义者（左）
现代民间传说主义者
（上）
设计个人主义者（右）
(图片:hm+p Hermann,
Moeller+ Partner,
Corporate Consulting)

非有意设计：
用作夹紧包装袋的衣夹
用作防水座垫的塑料袋
用作大衣架的椅子
固定不稳定桌子腿的平衡物
（图片：乌塔·布兰德斯）

方案的可理解性，软件在直觉操作上（看和感受）的潜能。ISO9241－11体系建立了一整套对于产品最为重要的易用性方面的国际标准。

最近两个严重脱离科学评估方法的话题开始显示其重要性。第一个是有关应用程序有效性的观点，即使用该软件应该接受何等程度的培训，使用者能得到多大的相对以前的益处。第二个是"使用愉悦"，即界面设计的情感方面——如今的软件同样需要有趣。

求助于经验主义方法，为工业应用程序的设计带来了希望和前景。关于新概念的决定不再只来自于"内部感受"，同样也能来自自然和人文科学。今天的设计可以依靠其他科学训练来自我发展。

非有意设计（NID, Non-Intention Design）

在科隆的设计教授乌塔·布兰德斯（1999年，2000年）提出了一个完全不同的经验论，以研究产品在被购买后是如何在实际中被使用的。她认为只有当被使用后产品才能体现出其真正意义。如同在史前文明中石头被用于取火工具、伐木工具和斧头，今天产品则是作为私人物品在办公室中随处可见：装饰窗台的盆景植物，产品（如计算机）自身被用作公告牌和存储空间。被抛弃的产品会在新语意中产生新的意义，很多案例表明产品的最初设计用途已经不再明确。无意识取代了有意识。

设计与理论

在设计方法学发展的同时，很多发展和塑造设计理论的尝试也被应用到了这一学科上。设计方法学的目标总是解释设计的过程并为优化这个过程提供必要的工具，而设计理论的客体却更为模糊。其中一个明确的重要任务应该是利用假设和经验去获得知识以架构这门学科的基本框架——能够回答设计能做什么，应该怎么做以及想要怎么做这些问题的知识。

由于设计中包含的多元交互影响，仅仅在其核心创建一种美学的设计理论是远远不够的。方法学家在尝试建构学科基础并为其提供学院正统时，他们将重点转移到了技术、社会经济、生态甚至政治的范畴上来。

德国第一次建构设计理论的尝试是在柏林国际设计论坛（Internationales Design-Zentrum）的研讨会上。在这次会议上，格尔达·米勒·克劳斯佩（1978 年）陈述了她所能辨认的四种设计理论趋势：

——努力使设计过程透明并实现可操作的设计方法（设计方法学）；

——聚焦于掌握视觉现象的定量（信息美学）；

——批评的设计理论（基于政治和经济）；

——功能主义的讨论，最终屈从于扩展的功能主义方法。

信息美学方法

在乌尔姆设计学院，来自信息理论的理念被应用到了设计实践上。马克斯·本泽和亚伯拉罕·A·莫莱斯的著作（1965 年）传递出了特别的疑惑，因为他们显露出使得美学可测量的可能性。

罗尔夫·加尔尼奇（1968 年）将他在这一时期发表的论文副标题定为"在分析过程中对美学环境进行客观描述的通用数学方法，对设计对象的人工过程中的通用设计方法"。今天，这项工作试图精确地计算一个咖啡壶的美学维度。

在建筑上，信息理论也取得了极大的共鸣。以这样的视点来观察美学问题正是曼弗雷德·基耶姆勒（Manfred Kiemle，1967 年）所进行的一项有深远意义工作的目标。这一工作由来自斯图加特本泽学校（Bense School）的西格弗里德·马泽尔（1970 年）延续下来，他出版了可能是这个主题的结论性著作《数字美学》（Numerical Aesthetics）。

尽管如此，方法学家还是花了很长的时间才放弃了将信息理论应用到设计的观念。这一观念的美学因素可能被笛卡尔哲学简单地判定为过于具有诱惑力。在这一运动到顶峰的整整10年后，前设计学院导师赫伯特·奥尔（Herbert Ohl）（曾被任命为世纪委员会的技术指导），得意

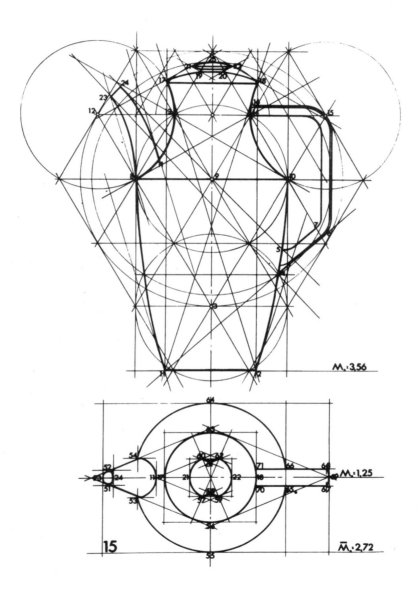

罗尔夫·加尔尼奇，咖啡壶美学
维度的计算（1968 年）

地宣布，"设计已经成为可以测量的"（1977年）。但是，这时的功能主义批判和生态学讨论早已达到了只是将这一声明视作设计在其轻浮的青春期所留下的遗物的阶段了。

批判理论的影响

随着学生运动的觉醒和社会批判著作的出现（主要是来自法兰克福学校），设计在20世纪60年代末开始受到攻击。由于设计这一职业并未牢固的建立，它很容易成为了简单口号的攻击目标，"确实存在比设计师的破坏力更大的职业，但是不多。事实上只有一种职业比设计师更值得怀疑：广告人。说服人们用不多的金钱去购买不必要的产品，目的只是为了向他人炫耀，这大概是当今最蹩脚的谋生方式了"（Papanek,1972年）。

在特奥多尔·W·阿多尔诺著作的影响下，同样也是设计师的马克斯·霍克海默尔和赫伯特·马库塞，出版了这一学科社会功能的著作。1968年迈克尔·克拉尔（Michael Klar）和1969年托马斯·库比（Thomas Kuby）在乌尔姆设计学院的学位论文可以被视为在这一语境指引下对商品美学进行深刻批判的最早的著作（Haug，1971年）。

设计界的一个重要事件是柏林国际设计论坛（IDZ）的成立，其开始是《设计？设计质问环境》（design？Umwelt wird in Frage gestellt）的出版（柏林，1970年）。这部著作包括不同作者的40多篇论文，讨论了设计作为一个整体在社会中所扮演的角色，以及其批判的语境。其中豪格（Haug）对设计进行了如下描述，"在资本主义环境中，设计所发挥的功能可以比作红十字在战时所发挥的作用。它只能照顾到少数（还不是最严重的）伤员。它只在少数地方的表面进行工作，保持士气和红十字延长战争一样延长着资本主义的寿命。"（Haug，1970年）

归于豪格（1970年，1971年，1972年，1986年）所宣传的地位，设计最终趋于瘫痪。设计怀疑论接着开始出现，尤其是在设计学校中，直到今日在很多观念中设计理论和实践之间的巨大裂痕一直存在（Bürdek，2002年）。这个出发点同样也排除了任何不受约束的方法。惟一保留下来的是对社会生产分析的错觉，这可能有助于工人阶级为阶级斗争作准备。

通往设计理论学科之路

将设计理论的讨论整合到普遍的社会学科，这同样也催生了新的途径。这最先出现在乌尔姆环境规划学院（Ulm Institute for Environmental Planning）。在设计辩证法（The Dialectics of Design）的标题下，约亨·格罗斯（Jochen Gros,1971年）发表了很多论文，宣布了纯粹形式（功能主义）的传统原则向形式至上（扩展的功能主义）原则的转变。他将心理学层面整合进了设计概念，这对别人对设计的看法产生了深远影响。

此外，设计理论必须获取并超越学科所必要的特定技术知识层面的观点开始逐渐形成。随着上层建筑，即社会环境，开始要求以交叉学科的方式进行研究，设计理论必须推动某种特定的、可能是很精确的技术语言的发展，以对学科知识进行描述。特定的学科专家意见对于交叉学科的合作是至关重要的。

西格弗里德·马泽尔在这个过程中扮演了重要角色,他为科学理论创造出了第一个先决条件（1972年,1976年）。为了阐明他的科学理论方法,他创作出了"知者"（knowers）和"行者"（doers）的概念。某个领域的知者是那些在能够应用尽可能多的知识去解决问题的人。因此知者必须在尽可能多的领域拥有尽可能多的知识。另一方面,行者则是传统意义上的专家。他们只在自己的学科领域（物理、化学、技术、营销或设计）了解尽可能完整的知识,以便能够在开发过程中解决实际问题。

> 所有以有意识、管制和推理的方式来处理设计的事物,被理解成通往设计理论之路：关于实质问题和设计起因；作为判断设计；证明这些判断的有效性和能力；历史、现在和将来；作为手工者、艺术家或科学家的设计师的自我理解；作为连接其他领域的知识和活动等等。
>
> ——西格弗里德·马泽尔,1993 年

这个区别在设计实践中是不可缺少的。当设计师负责产品所有的创新和交流方面时,他是一个行者；当在人机工程学、制造和计算领域提出疑问时,则是知者。

行者—知者观念在20世纪70年代中期得到了进一步的发展,尤其是在奥芬巴赫设计学校。20 世纪 80 年代,好几本关于这个主题的著作得到出版（Fischer 和 Mikosch,1984 年；Gros,1983 年、1987 年）,它们在设计领域长期被孤立,但是在产品开发上（设计、经济、生态学、技术）却获得了生动的效果,尤其是在商业领域。

此外,设计师和设计机构仍然愿意——或者至少是宣称——将自己视为"创造美好者"（do-gooders）,并且决不放过在国际会议上,如国际工业设计师协会委员会（International Council of Society of Industrial Designers,ICSID）阐明这点的机会。更近距离的观察设计实践就会发现声明和现实之间的差别,在大量的实例中,设计师只是工作于对象而不是整个世界。

2001 年 ICSID 首尔工业设计师宣言

挑战

- 工业设计不再只是定义在工业上的设计。
- 工业设计不再只是关注工业产品的方法。
- 工业设计不再将环境视作单独的实体。
- 工业设计不再只是追求材料的处理。

任务

- 工业设计应该寻求人和人造环境之间的正面积极交流,优先提出问题"为什么?"而不是对草率提出的问题"如何?"作出回答。
- 工业设计应该通过寻求主体和客体之间的和谐之处,以努力实现人与人、人与物、人与自然以及身体和心灵之间成熟、平等和全面关系。
- 工业设计应该鼓励人们通过连接可视和不可视的事物以体验生活的深度和多样性。
- 工业设计应该是一个开放的概念,弹性地满足当前和未来的社会需求。

更新的使命

- 作为有良知的工业设计师,我们应该通过提供个体能有创造力地实现与人工物关联的机会,来培养人类的自主性并赋予其尊严。
- 作为全球工业设计师,我们应该通过协调不同方面因素在诸如政治、经济、文化、技术和环境等学识上的影响,以寻求可持续发展的道路。
- 作为启蒙的工业设计师,我们应该通过对隐藏在日常生活中的深度价值和内涵进行再发掘来提升生活的品质,而不是去满足人类无尽的欲望。
- 作为人道主义的工业设计师,我们应该在尊重文化多样性的同时提升文化之间的对话交流,以推动多文化的共存。
- 总之,作为有责任感的工业设计师,我们应该清醒地认识到今天的设计决策将影响到未来的进程。

　　随着20世纪90年代核心竞争力的概念开始被管理学校所接受,设计很快找到了新的方向。设计依然充满热情地唱着交叉学科、跨学科和多学科的赞歌,但是它已经开始逐渐接受其文字有些过于夸张的事实。例如,在英语中对前缀"交叉"(inter-)的定义是"介于或处于;互相地或一起"(between or among;mutually or together),在这里"介于"(between)因而是个空间,虚无,绝对不能由设计所定义的事物:"其要点是将特定的限制赋予这些项目——在这个案例中——强调程序上的孤立的确是不够的"(Bürdek,1997年)。

在20世纪90年代后半段,一场关于设计是否已经成为一门学科并且能够允许其博士生在设计领域撰写论文的广泛讨论正在开展。讨论确认了设计的学科性。

在国际会议上,设计学者开始关注艺术状态,同时也开始鼓励在研发领域创造全球网络。很多学报和会刊代表地反映出了当前设计理论和研究。其中包括:

——《设计博士教育》(*Doctoral Education in Design*),俄亥俄州立大学(Ohio State University),俄亥俄州哥伦布(Columbus),1998年

——《设计和研究》(*Design plus Research*),米兰工业大学(Politecnico di Milano),意大利 ,2000年

——《设计博士教育:未来的基础》(*Doctoral Education in Design: foundations for the future*),法国克鲁萨(La Clusaz),2000年

——《国际设计科学论文集》(*International Symposium on Design Science*),第五届亚洲设计会议,韩国首尔,2001年

——《知识、感性和生产力》(*Integration of Knowledge, Kansei and Industrial Power*),第六届亚洲设计会议和第三期《设计博士教育》,日本筑波大学,2003年

在首尔,英国设计方法学家奈杰尔·克罗斯得出了一个有意思的结论,贴切地概述了设计的发展。他宣称,设计上的聚合变化40年一个循环周期:

——20世纪20年代科学发现被第一次运用到设计训练当中(包豪斯)。

——20世纪60年代是设计方法学的鼎盛时期(英国、乌尔姆设计学院和美国),也是被宣扬成科学设计的年代。

——2000年重点转移到将设计描绘成独立学科上(Cross,2001年)。

克罗斯的演讲引发了国际争论,不仅仅是在设计的学术环境与其他学科的比较上。随着其他学科将设计从伪学科中解放出来并使其得到科学社团的接受,设计获得了相同的学科地位。设计的惟一立足方法是成为自立的学科,发展独立的学科知识并有能力与其他学科交流。必要的知识实体刚刚开始出现:"设计更应该是学科而不是科学。这一学科寻求设计理论和研究的自主独立发展途径。这一学科的潜在原则在于,对于设计师的认识和能力而言,有些知识的形态过于怪异,它们独立于设计实践中的不同职业领域"(Cross,2001年)。

在未来,设计知识的垂直(学科内部)和水平(各学科之间)发展传播将变得日益重要。1998年在俄亥俄哥伦布(Columbus, Ohio)举办的第一届设计博士会议上,阿兰·芬德利(Alain Findeli)(加拿大蒙特利尔大学,University of Montreal)指出,设计知识已经传递到了例如工程科学、营销、通讯科学和教育之类的其他学科中。接下来符合逻辑的步骤就是去精确地拟订设计知识的构成。

设计学科理论方面

　　设计理论发展需求的话题引发了多种关于这种理论应该如何架构的观点：应该是交叉学科，还是多学科，甚至是跨学科？很少有人提到设计理论自身也可以是一门学科。可能是因为设计理论的辩护者对设计理论的成就缺乏信心，以至于设计理论必须依附于其他学科。更有甚者，在今天大行其道的交叉学科（多种学科合作）观点并不是因为设计在问题—解决过程中所扮演的角色日益复杂。

　　设计一直以来很难创建出一个明确的基础理论，以向其他学科延伸。原因无非是如果没有其他单独学科的合作，交叉学科理论很难为自己唱赞歌。因此1992年卢茨·约贝尔（Lutz Göbel）提出了一个与设计相关的有意思的观点。他指出，企业日益需要的既不是专才（只在专一领域有深入了解的人），也非通才（即对多领域都有一些认识的人），而是复合人才（至少在一个领域有多学科知识的人），特别是这些人必须能够对问题进行全局考虑。

　　　　如今设计批判被限制在偶尔相当理性的层面，对于设计理论自身却不完全是这样。目前设计理论源自活跃于职业设计领域的人，根据通常的科学批判进行评估，经常只是相当尖锐。

　　　　　　　　　　　　　　　　　　　　　　　　　　　　——霍尔格·凡·登恩·博姆，1994年

　　随着设计博士学位课程的出现，而且设计日益成为私营企业的上层梯队（关键词：设计管理），该领域专家意见的确认并将其传递给全体职员成为必然。卡内基−梅隆大学成功的走出了迈向博士课程的第一步，因而它的毕业生都拥有了"学科代表"的头衔（参见下页，Golde和Walker，2001年）。

　　尽管在20世纪70年代早期奥芬巴赫设计学校就在"感观功能"的概念下提出了设计学科的话题，以上所有这些事务的出现对于设计而言还是相当新鲜的。"感观"一词的双重含义包括"可感知的"（通过感觉）和"美感的"（类似于康德的理性一致概念），但是"感观"一词既不能被正确理解，也不会被完全误解。由于过于尝试将"感观性"直接引向感观—情欲设计，摆脱长期占统治地位的刻板僵化的德国功能主义，这些概念无法翻译成其他语言的简单事实注定了其失败的命运。

　　因此在20世纪80年代初期，感观功能的概念被产品语言的概念所取代。在这一期间出现的符号学——也许是查尔斯·詹克斯的著作《后现代建筑语言》（The Language of Postmodern Architecture，1977年）中获得灵感而产生的——与之形成了有意思的平行线。

　　以上这些清楚地表明，一方面科学的设计理论必须建立在人文学科基础之上。另一方面自然学科对于这一理论而言必须得到重视。设计同样应该确认其自身特定能力，自身的知识——也就是设计学科自身的理论。

学科代表 "Steward of a discipline"

我们坚信博士训练的目的就在于创造出"学科代表"。这一学位要求在学科的三个方面具备高成就：发展、保存和革新。博士学位拥有者必须能够发展新知识，而且能够迎接挑战和批评；保存过去和当前工作的最重要的思想和发现；将发展和保存的知识转化为理解应用的教育方法。另外，学科代表必须了解学科如何切入智力范畴，了解其他各自学科的范例，了解学科如何提出重要问题。

代表工作的成型就在于特定学科。这意味着成为一名化学学科代表与成为英语和数学学科代表在某种程度上是不同的。类似的，创建代表的过程因学科而异。我们将忠于这在各个学科语境迈出的第一步，承认特定学科课程和交叉学科同样重要。

作为对什么是科学的特征这一问题的回应，西格弗里德·马泽尔在1972年列出了以下三个重要类别：目标、对象和方法。尽管在过去设计并没有被认作是科学，这三个类别无疑还是可以作为勾勒世界理论学科的指南。

目标

是去发展技术语言；即概念和命题必须形成，以为整个学科提供通用的合法性。

对象

是那些对学科而言的特殊事物。在设计中，这意味着形式与语意或形式与内涵的问题，可以由传达功能进行描述。

> 不光是词汇的语言能够告诉我们些什么；事物也能和那些知道任何使用自己感受的人交谈。世界充满了个体、表达、面孔，来自指引信号，来自形状、夜色和大气。
>
> ——彼得·斯洛特迪克，1983年

方法

在于定位于人性领域，而不是自然科学的方法，也不是其他的那些允许传达的本质去对设计进行特定描述的形式科学。

语言（或传达形式）再次被于尔根·哈伯马斯（1985年）作为"建筑理论的关键"而提出，这使得我们能够更好地处理生活世界中的那些反复无常的结构。现实是通过语言来进行传递和解释的，对于设计而言也是如此。进一步的分析显得更为重要：语言不是统一的格式，存在不同的语言，同一语言之间也存在着很多的方言和民族语言。语言是一个可以描述复杂现实的多层实体。同时，每种语言都有规则和用法。此外，在其自身的发展过程中，每种语言日益分化，为现象的描述提供了更多的可能性，这也推动了它们的区分。产品语言也是如此。传达是在持续不断的交换过程中发展而来的，这基于对新"协议"（条约）的永久依赖。产品自身并不会说话，但是它们通过语言进行表达。

下面的几个例子将说明设计理论的学科方法是如何被证明在全球范围内是有效的——而且在设计实践中也是特别成功的。

产品的信息功能

很早的时候，威廉·费斯霍芬（Wilhelm Vershofen， 1939 年）关于产品同时具有基本和附加价值的观点就已经为商业管理科学确立为基本课程。这一定位同样也是设计宣言。工业设计师西奥多·埃林格（Theodor Ellinger， 1966 年）将其发展成为产品信息概念，确认了产品自身在市场上积极传达信息的能力——"产品可以拥有多层意义，甚至可能是象征语言，这一语言远比普通的口头语言容易理解。"为了描述这一切，西奥多·埃林格用如下的语句来介绍产品语言，"产品语言包括不同种类的表达形式，如维度、外形、表面物理结构、运动、材质、功能实现手段、颜色、平面设计、声音和音调、味觉、嗅觉、温度、包装和抗外力能力。所有这些信息都会对潜在购买者产生强烈的（主观或是客观）作用。"

这的确是非常广泛的描述，其中的一些方面，如音响设计（Langenmaier,1993 年）、嗅觉特征甚至触觉设计（Strassmann，2003 年）只是在最近几年才成为认真的课题。特别是汽车工业在这些领域投入巨资进行研究和开发，因为它们是公司品牌的重要特征。戴姆勒－克莱斯勒的车门开关方式必须与 BMW 的有所区别，甚至连发动机都应该有明确的不同。"语意延伸价值"得到了最大程度的关注，特别是在汽车工业中。因此戴姆勒－克莱斯勒汽车集团在柏林开设了研究中心，专门研究汽车拥有者的感观情绪——当他们敲击开关时的情绪感受，内部装饰材料的纹理，车载通讯系统的影响——对用户的感觉世界进行以经验为目的的投资（HTR,2003年），而且这些研究发现将被用到下一个新的模型当中。

总的来说，埃林格的观点非常新潮，例如，制造轴心、产品销售和潜在购买者的三角关系，或产品信息存在的区别、起源和质量信息的三角关系，这些的确描述了我们今天的品牌争论所要解决的问题。这些关于企业形象的争论，同样也是从设计中派生并分支出来的。

作为日常语言的设计

德国设计历史学家格特·泽勒在 1973 年宣布，设计已经成为了一种日常语言。他的评论明确来自埃林格（Ellinger）的描述："可以认为产品语言达到了新的广度，设计对象不仅是功能载体，同样也是信息载体。"格特·泽勒特别指出社会功能也开始转移到产品上来。产品放射出关于用户（他们的状态）和生产者的信号。他认为未来设计的一个重要任务将是产品语言法则的建立，同时他也鼓吹必须进行科学的研究："因为语言是解释现实的手段，产品语言为消费者提供了识别产品和其语言学层面上事实的机会，而这些往往都是非理性和梦境般的。"但是对于格特·泽勒而言，这一产品语言方法显然还没有得到公认，必须以批判的眼光来对待；

米兰艺术收藏室，设计：梅田正德

重点在于揭示"可靠的产品语言设计"背后的知识关注，并使它们得以传达。他将大众传播现象下的设计也纳入其中，这在当时是非常有远见的。

物品的意义

　　20世纪70年代美国的两个经济学家作了一项关于家居的经验主义的研究，特别分析了居住者与他们的物品之间的联系。尽管其作者不仅挑选出了法国人类学家克劳德·莱维－施特劳斯(Claude Levi-Strauss)和结构语言学家罗兰·巴特尔对物品的社会心理内涵的研究，同时还有符号学和社会生态学方面的研究，这项研究（Csikszentmihalyi 和 Rochberg-Halton，1989年）却几乎被设计界所忽略。相对于社会化（个体在社会中的活动过程），他们提出了"培养"这一概念，用以阐明个人面对并接受物品（产品）的过程："自我在对物质现实符号接受的过程中被放大和强化，在这一切发生前是毫无识别可言的。随后的外部符号反馈对于自我的发展和社会的建构都是势在必行的"（Lang，1989年）。

　　奇克森特米哈伊（Csikszentmihalyi）和罗赫博格－霍尔顿（Rochberg-Halton）将物品指定为感知并描述个人意识的信息单元。在这些符号学感知中，包括标识、三位一体的关系早已被更加详细地讨论过了。他们同时宣称我们周围的物体不仅仅只是工具，事实上它们架构了我们体验的坐标框架，因而也为我们建构生活方式作出了重要贡献。信息科学的概念"连通性"对于这个语境也是适合的：经验（便利）决定了我们处理产品的方式。例如，当我们面对其他城市公共交通系统的自动售票机时所遭遇的无助，正是与我们缺乏经验有关，而这会让我们更加疑惑。没有必要再次强调文化的差异在这些案例中的关联。"文化研究"领域尝试着能够弥补这些不足，但是同样也应该在设计上进行有效的扩展。

　　　　在这里被忽视的是，功能不过是由发现者所作出的语意上的区别。功能并不藏于
　　产品之中，而是在语言中。

　　　　　　　　　　　　　　　　　　　　　　　　　　　　——古伊·邦西彭，1991年

　　在家居的坐标下，很显然的一点是，人们周围的物品至少能潜在地反射出他们的内心生活。家居正成为反射个性的镜子。在20世纪80年代，家居成为了状态符号，取代了大部分人群中汽车的地位。内饰扮演了等级区分下稳定社会次序的角色。家居设计生动地揭示了这一切：宜家、包豪斯风格、意大利风格、新德国设计、前卫风格，物品被赋予了太多的符号包装，以至于它们最大程度上保留的功能仅仅只是在更大的社会语境中为定位服务。

厄尔冈·莱特勒（Eugen Leitherer）的慕尼黑学院

　　当在慕尼黑大学任教时，厄尔冈·莱特勒将工业设计作为科学对象进行研究（1991年）。从方法学的角度上讲，他的研究是在感知层面上进行的。在对设计的定义中他写道，"工业设计将那些服从于评估并易于感知的特征赋予产品。"观察是确定是特别的也许甚至是原则性的，

但也必须注意一个严重的问题："像设计师那样为工业产品塑造外形——即具体地决定它们的性质，特别是外观，美学—文化特征——是一项极其冒险的事情。"

为了详细说明什么是设计学科，厄尔冈·莱特勒提到了语言哲学的发展（索绪尔、卡尔·比勒和其他人），并且利用了在传统符号学意义上的产品语言概念：

——在语法学层面上是信号语言或者彼此之间的关系语言；

——在语意学层面上是接收者的符号意义；

——在语用学层面上是符号使用者及其意图的语言。

"设计的任务就是聚合这些元素，使其能够表达、传递信息，或者精确地讲，交谈"。厄尔冈·莱特勒试图为建筑在塔形理论基础上的"产品语言的语言学研究"勾勒出一个基本草图。

同样值得一提的有他的学生 H·J·埃斯杰勒（H.J.Escjerle，1986 年）的论文，以及西比勒·基歇雷尔（Sybille Kicherer，1987 年）对产品语言方法进行了广泛评论，并引发了产品设计如何才能在团队设计或设计管理的企业策略上更加有效的重要争论。她描述了产品、用户和作为设计学科核心的企业之间的交流。

乌都·科佩尔曼（Udo Koppelmann）的科隆学院

科隆大学杰出的经济学教授乌都·科佩尔曼从20世纪70年代起便关注于设计和商业管理之间的交互作用。他追溯了费斯霍芬关于产品基本价值和附加价值的概念，从中得出了更为符合时代的"亲切的服务"和"期待的服务"之间的区别（Koppelmann,1978 年）。

在一篇基本论文中，他的方法是将产品语言和术语学、语意学、文脉进行比较（Bürdek 和 Gros，1978 年）。一方面"亲切服务"和"期待服务"之间平行对立非常清楚，另一方面则是实际功能与符号功能（产品语言）的平行对应。他将评论焦点特别放在"设计手段"上，以区别于那些基本的手段，如防治、材料、形状、颜色、符号，以及功能结构原则、问题解决的历史原则、产品局部这些复杂手段。在这一理论基础上，一系列的理论专著在大约 20 年的时间里诞生于"科佩尔曼学校"，这些理论专著全部关注于设计实务并且被认为是设计知识学科主体的一部分。值得一提的还有福尔克哈德·德尔纳（Volkhard Dörner，1976 年），弗雷德里希·利本博格（Friedrich-Liebenberg，1976年），海因茨·舒密茨·迈鲍尔（Heinz Schmitz-Maibauer，1976年），霍尔格·哈斯（Holger Hase，1989年）和让娜·玛丽亚·伦哈特（Jana-Maria Lehnhardt，1996 年）的著作，同样还有帕特里克·赖因米勒（Patrick Reinmöllerd，1995 年）的著作《产品语言：产品设计中的综合性》(Product Language：The Comprehensibility of Dealing with Products through Product Design)。在当时这可能是对建构设计学科理论最艰苦卓绝的贡献了。在不少于 1492 篇评论的基础上，赖因米勒近乎完美地绘制出了产品语言的地形图；但是实际的知识进程终于得到了短期的承认。

作为讯息的产品

奥地利心理学家海伦妮·卡尔马森（Helene Karmasin）在 1993 年出版了一部有深远意义

的著作《信息产品》(Products as Messages)，其中涉及到心理学（认知学和语言学）、社会学、文化研究和信息科学（符号学）等方面，这是一部非凡的高度独创的作品。她的中心论题论述了什么使产品和服务在市场上显得"有趣和独特"——"独一无二"是它们的实际内涵，是它们的附加语意价值。对于卡麦辛而言，这个内涵是由符号和符号系统传递的。她从中得出预测，成功的产品应该越来越多地出自"符号管理"领域。这一科学的理论依据可以在符号学中找到。

传达伴随着产品，多种单一产品的结合导致了传达混合，传达混合可以被视作内涵（含义）的构造且能够被不同的社会群体所理解（表示）。不同于可连接性原则的冗长，这些语句准确描述了当前的设计方法。

在后来的一篇论文中卡麦辛(1998 年)回顾了有玛丽·道格拉斯（Mary Douglas，1973 年，1992 年）发展起来的文化理论，明确指出了足以描述文化的方法。产品除了需求满足和效应最大化外，还应该突出传达功能。简而言之，她得出了另一个关于设计传达功能的推论。卡麦辛描述大量的文化现象——等级制度，个体主义，平等主义，宿命论——从中得出了不同的设计概念（关于她的方法学的详细描述，参见 Karmasin，1997 年）。

三个斯堪的纳维亚人的贡献

卡尔·埃里克·林（Carl Eric Linn），一家瑞典公司的顾问，负责产品开发和市场营销，在 1992 年出版了一本极具启发意义的书，可惜在设计界却几乎无人注意。林恩由假定中得出了产品所具有的材料和非材料特性。他使用了"元产品"（metaproduct）这一概念，论及了整个非材料方面，其中包括图像、声誉、市场位置、产品定位，并且使用了贴切的比喻描述产品之间的区别："你手中的产品永远不会和想像中的一样"。在这个案例中同样有意思的是，他显示出作为体验产品的这些因素是如何必然消除价格需求的惯例关系。换言之，当从产品中衍生出的附加价值足够多时，产品被购买的原因就是因为产品自身，而不是因为其实际功能。在 21 世纪的前 10 年出现在市场上的豪华汽车，如戴姆勒－克莱斯勒汽车公司（Maybach），劳斯莱斯－本特利（Bentley）和大众辉腾 (Phaeton)，劳斯莱斯（宝马公司），就是身份体现价格原理的生动例子。对于林恩而言，对象语言就是描述并传授这些机制的中心推动力："产品的一项强制功能要求就是其可传达性。必须像这样描述产品，以使听众理解其意味着什么。"设计任务被降低到一般最低水准：产品必须传达、告知和表征。

1997 年瑞典人鲁内·莫诺（Rune Mono）出版了一本叫作《为产品理解而设计》(Design for Product Understanding) 的著作，书的副标题明确阐明这是个产品美学的符号学方法。莫诺提到了一些符号学家的作品，如埃科（1972 年），他宣称符号学是通用的文化技巧。他选择了林的元产品概念，将其定义为物理实体后的语意，其中包括偏见、地位、怀旧、群属等。借助格式塔理论（参见第 244 页），他提出了设计理论的共有基础和基于感知语言的实践。莫诺提倡使用全盘方法，即他研究了符号对声音、视觉、感觉、嗅觉、触觉的影响，以涉及产品设计的各个层面。他同样提出卡尔·比勒（Karl Bühler）的语言学理论是设计理论的重要组成部分，还提到了受产品语言影响的实践。他在语意学上的评论直接联系到了巴特（Butter）和克里彭多夫（Krippendorff）的著作（McCopy，1996 年）。

和她的论文《作为表现的产品》一起（1995 年），赫尔辛基艺术与设计学院的导师苏姗·维赫马（Susann Vihma）出版了一部非常有根基的研究，这一研究被认为是 20 世纪 90 年代对设计理论最大的贡献之一。她延续了符号学基础（罗兰·巴特尔、埃科、皮尔士），并讨论了何种信号类型是来自产品的发散效应。在第一个方法中，她描述语构、语用和语意维度。她在大量的实例中，如熨斗、电动剃须刀和电话亭，讨论其长时间的标志性影响。她也认为，被理解为传达的设计汇集成模型。

两个荷兰人的贡献

荷兰人安德里斯·范·翁克（Andries van Onck）20 世纪 60 年代初期在乌尔姆设计学院学习，后移居意大利。在那里他先后为 Kartell、奥利维蒂、金章（Zanussi）等其他很多公司工作。他的深思熟虑形成于《设计即创造好的产品》(Design il senso delle forme dei prodotti，1994年)，其理论研究和产品案例都是些基于实践的优秀设计研究案例。范·翁克在"设计语意"（Una semiotica del design）主题上花了很长的一个章节（参考了埃科、巴特尔、雅各布森、莱维－施特劳斯和马尔多纳多），形成了非口头的产品语言。在 20 世纪设计历史中各种先例的基础上（包括很多他自己设计），他展现了一个广泛的与实践相关的范围。他的思考流向被他称作"通过产品的内涵归属"，这可能是设计理论论文中最新的一个方面。作为符号制造者的人通过各种方法来生产产品，习惯和虚构由各自的产品语言来决定。

最后是维姆·穆勒（Wim Muller），任教于代尔夫特技术大学，2001 年出版了《设计的次序与内涵》一书，这是一本标准的关于当前的设计讨论方面的著作。受其强烈的方法学背景影响——他曾长时间在代尔夫特（荷兰的一个城市）研究此道——他关注于设计的创新方面。超越了所有产品都具有的材料功能，他将兴趣投向于设计的社会和文化价值。艺术理论家恩斯特·冈布里奇（Ernst Gombrich）1979 年的宣言"形式造就次序与内涵"是其重要的出发点。他继续了关于"形式追随功能"运动的争论，这一运动直到 20 世纪 90 年代仍被认为是设计的学科元素——或即，产品形式、功能、用途之间的关系。和埃科的符号学观点一起，他应对了在奥芬巴赫设计学校的"感观功能"争论，他宣称在有些时候形式并不追随功能，而是追随惯例。设计所需要的不再是技术学的设计知识，而是行为科学的基础知识和用户与产品之间互动的影响。穆勒因此强烈提倡在产品用途上的经验主义研究，以避免产品开发中的概念错误。

> 存在也就是形式。在设计和建筑中我们也知道这点。我相信形式正在逐渐变成"信息"。在艺术上，形式艺术总是同步于将不是艺术的环境中的一切非功能化的艺术。那就是艺术功能。在艺术之外，法则是将形式和功能融合。

——约亨·格罗斯，1996 年

没有结论

所有我们讨论过的这些案例——并非意味着无穷无尽——表明在很多国家设计学科的确已经出现了，这是个由近似的理论出发点出发而得到的一致结果。在进入20世纪晚期的时候，设计作为一个拥有值得尊敬的知识主体的独立学科成形了。

设计的传达功能

20世纪80年代的产品语言功能表明设计将其主要重点放在人与物的关系上。这意味着设计知识集中在用户和物品（包括产品、产品系统、交通工具、室内设计、公共设计以及技术产品等）的关系上。其中尤为重要的是由感知赋予的功能（例如那些通过人的感觉获取的功能）。利用符号学作为解释模型是一个重要的进步。

> 设计的实质是传达。设计师赋予对象语言，这样它们在未来也不会无语：甚至在将来硬件设计的重要性不断被减弱——即创造对象——重心逐渐转移到软件设计上，这意味着更多的复杂想法和概念。
>
> ——托马斯·伦佩(Thomas Rempen)，1994年

几位先驱

美国哲学家苏珊·朗格（Susanne Langer）是使用这一方法的先锋之一。她和查尔斯·W·莫里斯一起被认为是美国美学语意学派最重要的代表人物。她延续了恩斯特·卡西尔（Ernst Cassirer）符号理论，认为艺术是一门符号学，或者是个象征的过程。朗格将文化表达、语言、宗教礼仪和音乐形容成符号生活传达。

在她1942年出版的著作《哲学新解》(Philosophy in a New Key)中，她将"标识"与"象征"的基本概念区分开来，这一点对于设计而言已是尤为重要。在这一理解下，标识是直接或无中介的符号，而象征则是间接的或中介的符号。标识显示出存在的事物、事件或者事件的状态（过去、当前和未来的）。在讨论中，她进一步区分了自然和人工标识。湿漉的街道是下过雨的标识；烟味站台表明火的存在；疤痕是过去受伤的标识。站台的笛声意味着火车即将离站；丧服表明有人去世。标识和其对象之间存在着逻辑关系，一个明确的关系。因此，标识是行动的提示，或者甚至是行动的主动要求者。

象征则完全不同。朗格将其视作思考的工具，它们代表着对象本身之事物或超越其上的事物。如卡西尔认为，它们具有代表性的特征。象征概念包括体验、直觉、固有价值、文化标准这些方面。重要的是，象征不是来自自然，而是出自惯例（相关的社会协定和传统）。另外一个同样引发了新的学科工具创新，对设计知识的主要贡献，出自阿尔弗里德·洛伦塞建立在西格蒙德·弗洛伊德的潜意识心理学基础之上关于符号互动的著作（1970年，1974年）。

斯沃奇手表
卡通模型

在对美学功能的分析中，语言学家穆卡洛夫斯基由假定中得出结论，美学可以被归类于社会现象之中（Mukařovský，1970年）。在语言学（符号学）方法的基础上，他假定千年来被认为是美学主题的"美的概念"，必须被功能概念所取代。接着他从现象逻辑感知中得出了这一概念类型学的通用模型——"从我们的假定中，功能类型学如下：两个组群，即非中介且象征性的功能，可以进一步区分；非中介对应于实际功能和理论功能，象征性对应于符号学和美学功能。我们提到实际功能时使用复数，而理论、符号或美学功能则是单数。"（Mukařovský，1970年）

产品功能的模型

穆卡洛夫斯基将个体功能之间的互动理解成一个基于结构主义原理的动态过程，然而随后出现的格罗斯（1983年）模型最终证明了其限制性。针对穆卡洛夫斯基模型的批判集中在与标识功能和象征功能（因在奥芬巴赫设计学校的传播而以"奥芬巴赫三位一体"闻名）在正式美学上的刚性分离，它对于实践或者模型的实际特征毫无意义，最终无法解释形式和语意之间的疑惑关系。很快出现的新媒介和新的活跃领域，如策略设计、服务设计和信息设计，打开了对于这些概念需要重新解释并进一步发展的新话题。

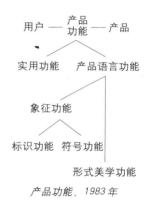

产品功能，1983年

关于赋予形式的新关联

许多支持设计解释世界观点的尝试——更不用提到那些野心勃勃认为设计改变世界的尝试——忽略了一个自设计学科诞生就起决定影响的因素：赋予形式。

> 让我们的工作确认"设计"的范围不只是限于产品设计。或许有天设计将包括传达的口头形式，这时只有未受过教育的公众才会将这个名字理解成"噪声和烟尘"。
>
> ——于尔根·霍伊瑟尔（Jürgen Häusser），2001年

尽管感知理论和塔形理论也许创建了重要基础，给定形式的概念在今天却被定义和使用得更为广泛了。适应形式和语意基本原理的设计学科，集中在语意研究上的精力远胜过形式研究。的确人们几乎相信，设计师不需要自己去关注那些如给定形式般琐碎的事物。

哲学家和企业顾问伯恩哈德·凡·穆蒂乌斯（Bernhard von Mutius）对此的看法颇为不同。在与《Form》杂志的争论中，他勾勒出了一个全新的设计概念，并且提出了对21世纪的设计传承具有深远意义的观点。首先他宣扬，物质和非物质对象应该被放在同等地位，因而硬件、软件和服务都应该在设计领域得到相应的重视。其中心观点是，不可见（抽象）事物通过设计可以变得具象（可见）。穆蒂乌斯同样关注于发展尼克拉斯·卢曼称其为"可联结性"的传达互动关系。一方面，他提及了我的论点——设计是"创新的可视化"（Bürdek，1999年），另一

方面他也看到了"由原材料中得到信息"的必要性，因而是"知识设计"的主体。

> 接过这个整整 10 年的设计任务是我们的巨大机遇。
>
> ——格哈德·施罗德（Gerhard Schröder），2002 年

设计竞争力的重大意义因此远远不只是赋予物品外形。穆蒂乌斯将其定义为一系列新话题范围，这些话题包括传达、创造力、二次解决方案、合作、网络产品、转化、发展进步、全球化、极性和协同优势。对于所有这些而言，关键是要发展出能公平对待各自主题的新形式语言。在这种情形下，设计专业知识成为能够创造性地解决当前和未来许多技术、经济和社会难题的关键能力。

生成图像和景象无可辩驳地成为设计的一个领域，其中就包含了"假想工程学"的新范围（参见第342页）。这一范围有助于在被意识到之前概念化可能的未来，可能的交互作用，以及可能的新产品。

伯恩哈德·凡·穆蒂乌斯也使用了卢曼的可联结性概念作为评估非物质过程特征的基础。当传统框架——如三维产品设计——在当今用途甚少时，如何定义并确定新"设计特征"的要求便迫在眉睫了。有希望回答这一问题的方法就在于重新拾起20世纪之初便开始的设计争论。

> 艺术和建筑目前对自身的功能指导文化并无帮助；设计接过了这个任务。
>
> ——赫伯特·H·舒尔特斯(Herbert H Schultes)，2003 年

形式美学功能

很多世纪以来，形式与内容这一对概念一直被用于指导作品在艺术学（美学）价值和物质本性上的论点。20世纪的特征一直是全神贯注于艺术作品表现的方法和方式，而很少关注其价值。内涵缺乏这一特征也被同样明显地继承到建筑、设计和艺术上。美学形式主义（或者"形式美学"的科学说法）明显地区别于"内容美学"。后者专指对感观印象之形式要素的体验。节奏、比例与协调是艺术作品或者创造性作品的重要元素。

产品的形式美学功能指的是产品遵守独立内涵原则这一方面。用符号学的术语表示就是语构和语意的区别。一方面，所有的语言都具有符号（文字与内容）如何被创造和形容的规则、章程。在设计上，这意味着完全没有内涵的设计语构。只有当实际功能（符号功能）或社会语意（象征功能）被提出时，符号才能体现出自身的设计内涵。相比之下，形式主义就是形式设计（符号）被不加选择、任意地使用，而不用去考虑任何内涵。

早期的感知研究

形式美学的基础是感知研究，它具有长期建立的传统。严格说来，起源可以追溯到亚里斯

多德，他阐明了感知的五种基本感官。

在 18 世纪英国哲学家乔治·伯克利（George Berkeley，1685～1753 年）发展出了独立的感知理论，其中研究了人类视觉及其支配部分。

决定性的进展直到 19 世纪才由赫尔曼·黑尔姆霍尔茨（Hermann Helmholtz）对视觉感知基础的研究实现。对他而言，感知是个两步的过程：基础是感觉，特征和强度是感觉器官与生俱来的特性并受其支配。这些感觉是在人类发展过程中由联想（体验）体现出内涵的符号。

更重要的感知理论基础建立在对几何光学影像的研究之上，最早出版于 19 世纪中叶。

完形心理学的先驱

威廉·文特（Wilhelm Wundt，1832～1920 年）被认为是现代心理学的奠基人，他赋予了这一学科独立的对象与方法，并将其构建于科学模型之上。他将心理学定义为内心和直接体验的科学，认为心理学应建立在实验和观测的基础上。

反对科学方法在心理学上应用的观点由特奥多尔·利普斯（Theodor Lipps，1851～1914年）提出。他指出，心理学是心理活动的科学，并且表明知识是建立在人类经验原则上的。利普斯的观点与威廉·狄尔泰的有直接联系，威廉·狄尔泰也提出艺术和文学是生活的表达，应该从本质去理解。对于利普斯尤为重要的是艺术对象作品的形式特征。他认为形式唤起感受，这是个与完形心理学原则相左的观点。利普斯"单一与多元"的原理（Schneider，1996年）表明了对美学对象及其复杂性的反对观点和一般影响。张力的产生，甚至不和谐，看上去与和谐原理相抵触的研究，都是艺术作品的标准实践——对于形式和颜色也同样正确。利普斯的移情概念表明了一个通用的传达过程，并成为他自身象征理论的基础："只有通过对感观现象和生活表达的移情作用，事物才能体现出象征意义"(Schneider，1996年)。

文特的观点也被成立于19世纪晚期的奥地利心理学派所反对，其代表人物除了利普斯外，还有亚历克修斯·迈农（Alexius Meinong）和克里斯蒂安·冯·埃伦费尔斯（Christian von Ehrenfels）。

迈农（1853～1920年）是完形心理学的先驱之一。他证明心理现象比个体的总和还要复杂。在他的感知科学对象理论中（1907年），他认为任何的基本形式的心理体验（幻想、思考、感受、需求）都是作为自身对象来自其自身。

埃伦费尔斯的特别影响

承认和感知是所有简化复杂性、寻找压缩算法或常量的第一步。承认意味着对信息的禁止、忽略、忽视、删除、抛弃和妥协。

——弗洛里安·勒策（Florian Rötzer），1998 年

克里斯蒂安·冯·埃伦费尔斯（1859～1932年），迈农的学生之一，被认为是完形心理

学的实际奠基人。他在 1890 年出版了使他成名的短文——《关于完形心理学性质》。在这部作品中，他表明感知的一个有效因素是独立感觉——他称之为完形性质。一个三角形的实质不会因其颜色或大小而发生变化。完形心理学的观点"整体大于部分之和"，也可以追溯到埃伦费尔斯身上。换言之，旋律由很多单独音符组成，但是其效果却是单独音符的结合体现出来的。埃伦费尔斯因此拒绝基本心理学及其解构方法，对完形心理学家大卫·凯茨（David Katz），沃尔夫冈·克勒（Wolfgang Köhler）和马克斯·韦特海默（Max Wertheimer）产生了重要影响。

1916 年，埃伦费尔斯出版了"形式的价值和纯度"条约，这对日后的设计有着重要意义。他认为存在着一个结构等级，任何形式都表明了一个确定的结构价值。大形式与小形式的区别在于其单一与多元的等级（形式的纯度与价值）要大些。单一的概念可以用次序来解释；多元则可以用复杂程度来解释。因而产品的价值可以用产品次序（O）和复杂程度（C）来进行计算。

在 20 世纪 60 年代，马克斯·本泽在"设计是次序的创造产物"这一座右铭下，用这些方法发展出了"精确美学"的概念。这个观点与功能主义方法有着直接联系，有助于基于简单几何元素和实体（正方形、三角形、圆形、立方体、四面体和圆锥）的设计概念的发展。这一方法只是继续研究了埃伦费尔斯双重概念的一个方面，强调形式纯度的概念，或如迪特尔·拉姆斯喜欢说的那样"少设计就是多设计"。次序和复杂程度所带来的不一致的影响始终是设计发展的背景，因而"设计的尺度"（M）是次序（O）和复杂程度（C）的功能（F）之一。

> 因而完形心理学家，如沃尔夫冈·梅茨格和沃尔夫冈·克勒，早在 20 世纪 30 年代就可以表明，我们通过使用不变的差异来运作，其中最重要的差异是人物和背景。
>
> ——西格弗里德·J·施密特/吉多·祖尔斯特格（Guido Zurstiege），2000 年

伟大的完形心理学家

20 世纪上半叶在这一领域进行重要理论研究的个人及其方法特别值得一提。医师和心理学家卡尔·比勒被认为是语意学语言研究（以"语言理论"而闻名）的奠基人，他研究了完整传统中的心理学过程。

对感知和想像力最重要的研究贡献是 20 世纪 30 年代在"柏林学校"完成的。在这些学者中有马克斯·韦特海默（1880~1943 年），沃尔夫冈·克勒（1887~1967 年）和库尔特·科夫卡（Kurt Koffka，1886~1941 年）。他们坚信任何经验和行为过程必须被作为一个整体来进行研究。在第二次世界大战后，这些方法得到了更进一步的发展，尤其是在沃尔夫冈·梅茨格（Wolfgang Metzger，1899~1979 年）和鲁道夫·阿恩海姆（Rudolf Arnheim，生于 1904 年）的工作下。

韦特海默揭示了感知如何通过一系列的组织原理服从于以形式术语建构的自发趋势。在这些规则下，他阐明了对象是如何在时间和空间上被分组并体验的。

克勒出版了关于恒久假定问题、后效应形象、学习和记忆心理学、大脑生理学完形理论的条约。

1935 年科夫卡出版了他的《完形心理学原理》（Principles of Gestalt Psychology），尝试以最容易理解的方式展现完形心理学研究的总体看法。在他的学习理论中，他揭示了记忆与被他称之为"完美形式"（规律性，精确性）之间的斗争。

大卫·凯茨（1979 年）特别关注于颜色感知，并阐明了很多完形法则。他紧随着维特莫、科勒和考夫卡的脚步。

沃尔夫冈·梅茨格柏林学校完形心理学的领军人物。克勒是他的导师，他的第一个合作关系建立在韦特海默之间。他的研究集中在感知、想像力心理学和学习心理学上。他关于视觉及其法则的研究在 1935 年出版，直到今天仍被认为是认知心理学和完形心理学的权威著作，它们甚至在某一时期成为绝版，我同样也参照了梅茨格从 1950～1982 年间的论文集（Stadler 和 Crabus，1999 年）。

自完形心理学后，心理学已经派生出各种对于设计师塑造形式非常有用的基本法则。正如我们所知，我们不是用眼睛而是用大脑去看事物。
——费利西达德·罗梅罗－特赫多尔（Felicidad Romero -Tejedor），2003 年

超过一百条完形法则是在认知心理学家和完形心理学家的作品中被描述的。所有这些法则显示了感知是如何构造成总体的。直到今天，完形法则仍然为设计和创造整体感官表达建构了重要基础。在设计中，它们被用以满足形式美学功能和标记功能的需求。

完形法则也或多或少地影响了任何二维或三维的对象设计。但是作为纯粹的语法工具（没有特殊意义），它们并没有为设计对象的总体印象作出任何提示。缺乏语意的维度，它们无法超越形式主义的层面。

感知和想像

当前激进构成主义的无敌认识论告诉我们，所有的感知都已经是一种解释，所有的系统必须自己建构信息。我们从未获得过客观现实的知识，只有我们的体验方式被形成。
——诺贝特·博尔茨／大卫·博斯哈德，1995 年

完形理论方法在其发展过程中得到了再三的检验和再加工。其中一个特别新的方法是由鲁道夫·阿恩海姆（1972 年）完成的，他尝试将感知和想像分开解释。他宣称构建一个概念应该在感知观念的基础上。

概念只有通过想像力才能变得清晰。对于鲁道夫·阿恩海姆而言，思维的基础是人类的抽

象能力。他进一步区分了两种思维：理性思维和直觉思维。后者在科学、艺术和设计上属于多产（或创新）思维。

关于次序和复杂性方面

20世纪70年代在奥芬巴赫设计学校与完形法则相关联的研究中，很多形式美学的二分法出自艾伦费尔斯对于次序和复杂性的分类，这在设计作品中是相当可行的。其中有：简单/复杂、常规/非常规、关闭/开放、同源/异源、对称/不对称、清楚/模糊、在框架中/不在框架中、平衡/不平衡、熟悉/陌生，经验次序/新事物的复杂性。

次序和复杂性的高度顺序化特点无法作出评估。在每个具象的设计方案中，必须重新决定在多次序或高复杂性指导下解决方案对于当前任务是否更加适合。当然这里讨论的形式复杂性在语意上和产品内容的复杂性没有什么关系。即便外形简单的产品在其功能或操作上也能体现出十足的复杂性。

功能主义的长期传统是基于根本次序的形式目标上的。感知心理学的术语——吸引力，在忍受了相应的视觉单调后，导致了建筑、城市规划、视觉传达和设计领域的出现。

复杂性的目标可以有多种手段实现，如材料、面貌、纹理、结构、颜色和产品图解。但是功能的复杂性——经常应用于电子产品（关键词："特征"）——也可以在产品开发和设计中得到应用。所有的这些标准必须在具体的设计实例基础上进行讨论。

视觉的逻辑方法

感知科学的一个基本新方法是由美国心理学家詹姆斯·J·吉布森（James J. Gibson，1973年，1982年）提出的。超越了感知的原子理论，他提出了一个相对整体的视觉逻辑方法。这种情况下，感知是在自然环境条件中得到研究的。吉布森划分了环境的三个主要特征：媒介（大气），实质（物质和气体），外表（作为媒介和实质的边界被定义，感知存在的指导）。因此，颜色、外表的排列（形式）和给定的阐述成为感知重要元素。吉布森在逻辑的层面上定义环境，包括周围事物、物体、事件甚至其他生物，这些都是在交互作用中被感知。感知本身被定义为朝自我环境意识发展的活动。

形式设计的原则

对形式设计原则更加精确地描述是由迪特尔·曼考（Dieter Mankau）在奥芬巴赫设计学校，作为其形式美学研究的一部分提出的：

附加设计（Additive Design）

在产品或形式感知中提到附加设计时，产品的技术和实用特点将被列出，以保证其在最大程度上维持视觉独立性。

附加设计
惠普医疗技术，设计：
Via 4 Design GmbH

雕刻设计
海鹅鱼钢琴，设计：
路易吉·科拉尼，
Schimmel Pianos

一体化设计（Integrative Design）

创新工具的使用引出了对产品的整体感知。视觉刺激基本上是通过多种不同的技术和实用功能和使用的材料实现的，它可以极大地被形式手段（包括连续线条、连贯性和材料颜色的一致性）简化。

整合设计（Integral Design）

这里占主导地位的是基本形式，通常是数学几何意义上的，其形式的多样性被限制在少数的几个基本形状，包括球体、柱体、立方体和四面体。认知和文化烙印使这些几何体在感知心理学中极为稳定；甚至其形式被破坏时，例如，切开、减少或增加，它们在我们大脑概念中的视觉形象依然稳定。

雕塑化设计（Sculptural Design）

这一变量并不仅仅遵从产品的纯粹、实用和功能要求，而是单独甚至艺术地解释了功能，产生了高度象征化的表达能力。

有机设计（Organic Design）

这一方法涉及到生物学（仿生学）原理；同样允许自然联想。因而产生的结论不仅基于视觉，同时也整合了感知的范畴。这些感知，如嗅觉、对冷热的感觉、触觉经验、作为空间现象的听觉，都是基本的体验，与不同的文化在意义上只有最小的差别。

这些例子表明，形式美学功能远远延伸到了纯语法的范畴之外。给定的形式总是被社会文化所赋予，因而在其给定的语意中具有不同的内涵。从设计对象中，可以读出精神、技术或社会的姿态。

实例

托勒密台灯（由米凯莱·德·卢基为 Artemide 公司设计），重新表现出了由雅各布森设计的经典瑞典台灯 Luxo 的创造性技术和经典性两个原则。高支架，电镀铝的框架与反射镜形成对比，好像随时准备"飞走"。拉紧的绳索（联想：悬架建筑），隐藏的弹簧和螺丝钉提升了台灯的性能，同时还有多种复杂创新的细节。黑色的小点不是关键，这在标识功能方面是不正确的，但是台灯的操作非常简单。由轻结构技术到飞机结构的联想使得托勒密台灯成为了现代高科技产品，其中立性决定了它可以被用在广泛的应用领域；由于这一原因，托勒密台灯很快成为 20 世纪 90 年代产品——文化的典范。

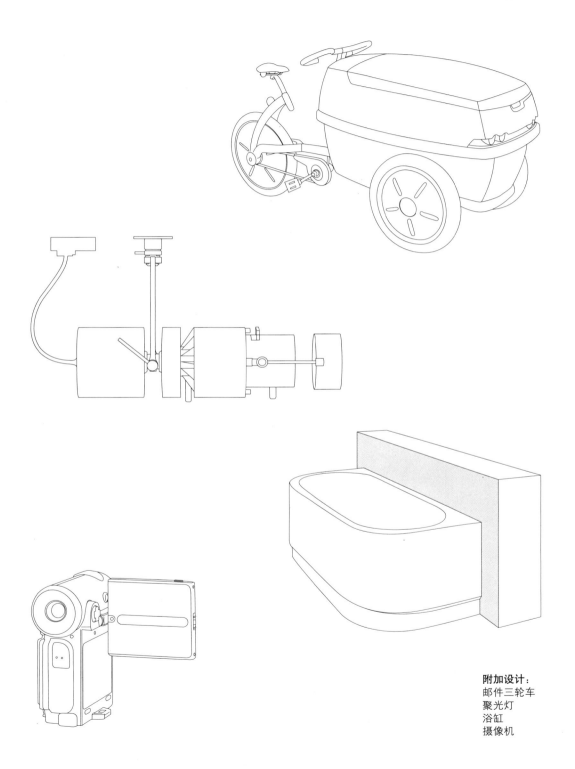

附加设计：
邮件三轮车
聚光灯
浴缸
摄像机

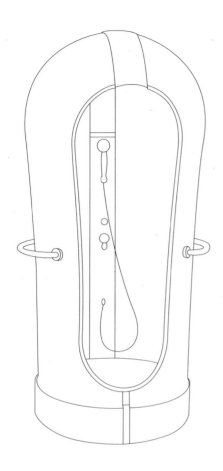

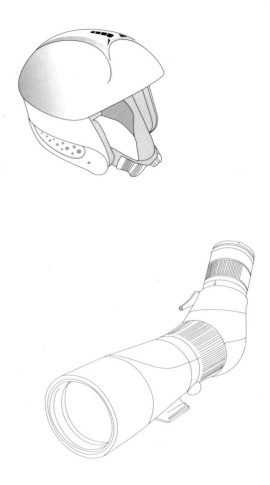

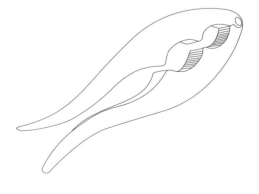

一体化设计：
淋浴棚
摩托车头盔
相机镜头
坚果钳

整合设计:
雪地机车头
立方扶手椅
房屋相机

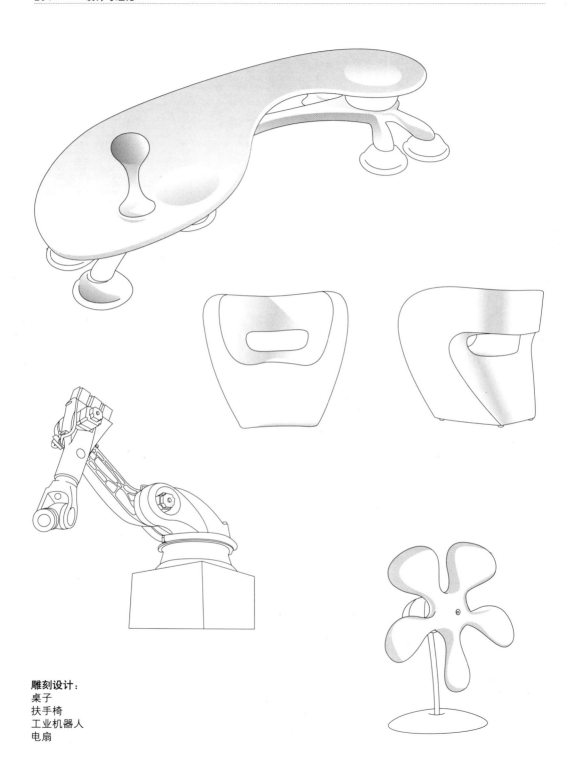

雕刻设计：
桌子
扶手椅
工业机器人
电扇

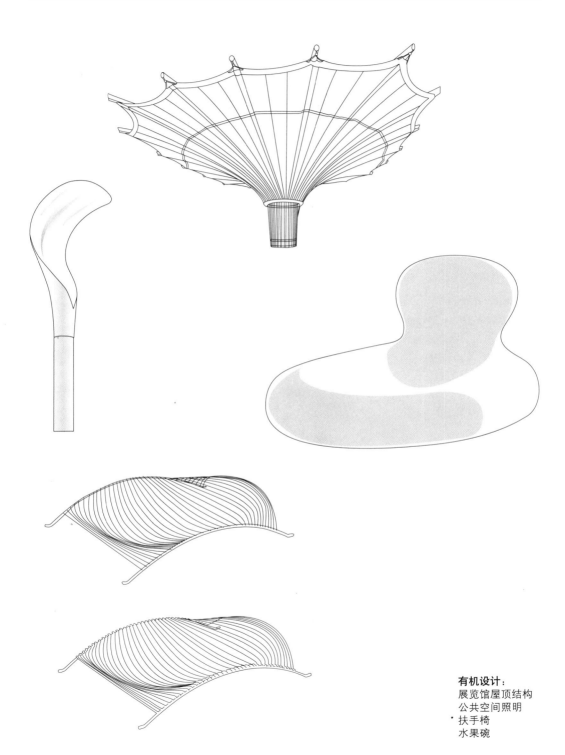

有机设计：
展览馆屋顶结构
公共空间照明
· 扶手椅
水果碗

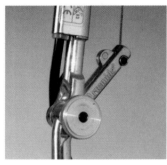

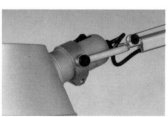

托勒密（Tolemeo）灯具，设计：米凯莱·德·卢基，Artemide 公司
（图片：Wolfgang Seibt）

标识功能

如上所述，标识总是涉及到产品的实用功能。它们使得产品的技术功能得以在视觉上得到表现，解释其如何进行处理和操作。标识告诉用户如何去使用产品。因为标识设计直接连接着产品功能，因此这就成为了设计中允许个体解释和个人叙述的最小区域。此外标识设计必须唤醒用户及其语境和体验。

实用功能的视觉化

正如20世纪60年代早期，乌尔姆设计学院的设计师汉斯·古格洛特所描述的那样，标识设计是设计中的传统目录。但是，严格说来，柏拉图早就论述过这个主题；他认为每个事物都有"特殊的能力"，而且他相信客体的本质必须能够被直接理解以便于能够确认自身的独特之处。"好的设计"的传统缺少了标识设计是无法想像的，尽管这一点并非总是被清醒地使用和意识到。

标识功能的系统工作开始于20世纪70年代奥芬巴赫设计学校对于人性认知方法的使用上，其破土性的工作是由理查德·菲舍尔（Richard Fischer）在1978年开始的。这些工作由理查德·菲舍尔和格达·米科萨奇（Gerda Mikosch）在1984年以及达格玛·斯特芬（Dagmar Steffen）在2000年进行了综合的深入发展和描述（2000年）。

斯文·赫塞尔格林（Sven Hesselgreen）在1980年出版的一个研究中表明，在建筑和设计领域他也得到了类似的发现。这是个集中的研究主题，尤其是在前东德地区。在关于符号和标识的一次历史性讨论中，京特·福伊尔施泰因（Günther Feuerstein）（1981年）示范了"机构语意学"的发展，其中关于产品的实质成为了最出名的设计原则："我们不是通过袭击或毁坏装置来保护自己，而是将其解释成美学对象：一个解释美学的过程。"

> 一方面开始于20世纪70年代的"奥芬巴赫手段"，语境是以将设计归类于组织化因素的方式建构的。这一设计理论模型，惟一的一个包含自身模型，得到了更加深远的实践和发展，直到今天。
>
> ——亚历克斯·布克（Alex Buck），2003年

在前东德设计和功能主义传统的紧密联系在霍斯特·厄尔克的论文中也是显而易见的（1982年），其中他把产品用途的视觉化描述成设计功能方法的任务。厄尔克在20世纪80年代坚持认为产品功能辩证法和产品外观是设计的中心话题（参见第281页）。

在产品语言理论上的工作很快表明从形式美学功能到标识功能的转变是相当顺畅的。随着现存特定内涵的独立，新内涵如何被应用完形心理学法则系统生成过程也日益明显。

处理：
M.1 Dvd**播放器,**德国密力公司 (Magnat)

理查原创（Struktura）袖珍刀具,德国
理查（Richartz）刀具中心

Grip2001 铅笔, 设计：海因里希·斯图
琴坎佩尔 (Heinrich Stuchenkemper),
辉柏嘉 （Faber-Castell）

双目望远镜, 设计：B/F 工业设计公司,
埃申巴赫 （Eschenbach）

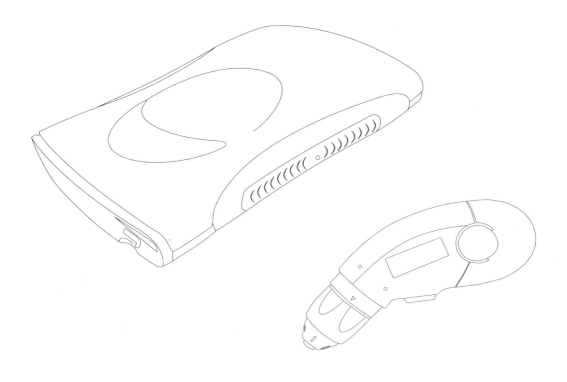

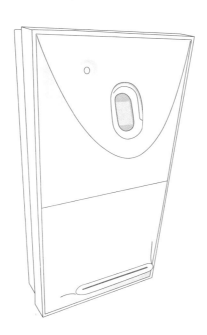

定位:
Zip 盘驱动器
强力螺丝起子
对讲机

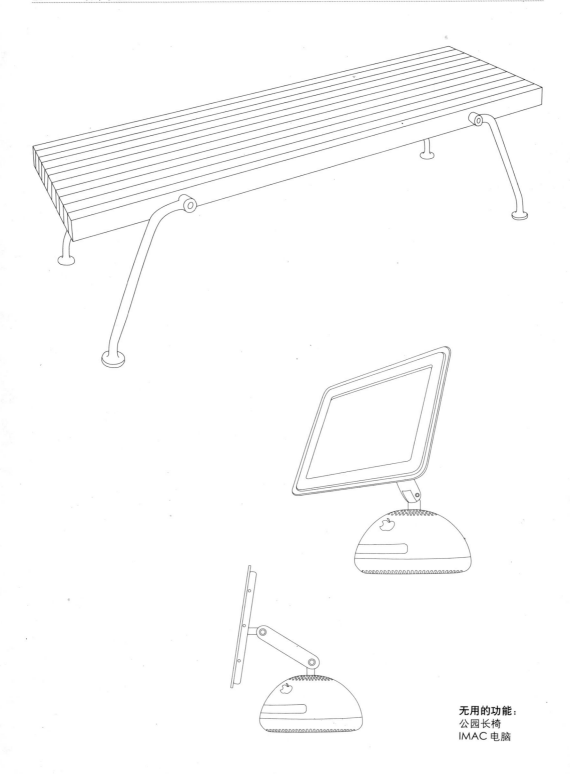

无用的功能：
公园长椅
IMAC 电脑

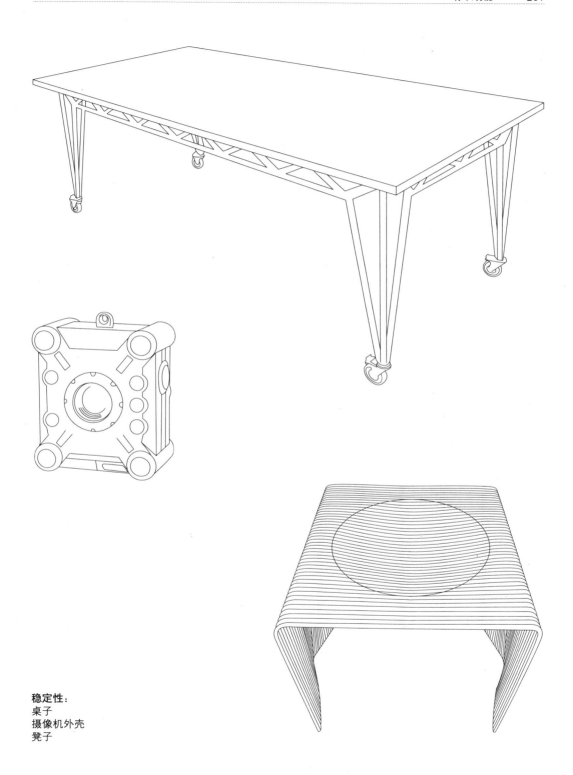

稳定性:
桌子
摄像机外壳
凳子

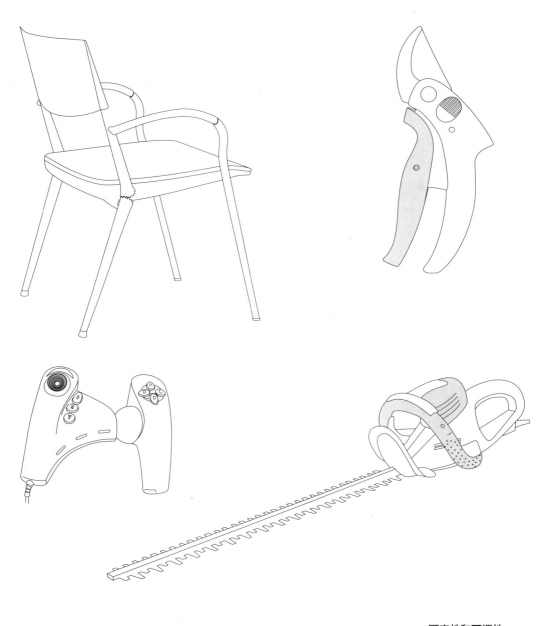

可变性和可调性：
有扶手的椅子
园艺剪刀

操控：
视频游戏的远程控制器
电动树锯
电动牙刷

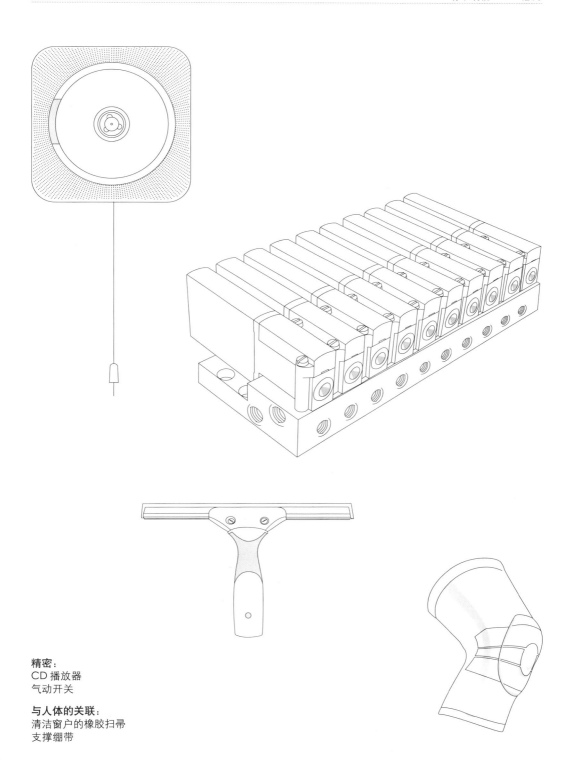

精密：
CD 播放器
气动开关

与人体的关联：
清洁窗户的橡胶扫帚
支撑绷带

先例讨论

在设计实用先例中，大量的标识功能得到认同（Fischer 和 Mikosch，1984 年），直至今天仍保持鲜艳。这件作品十分正确地指出，在设计新产品时，对所有产品语言（沟通）功能作历史的观察，应该一直是第一步。

这样的例子首先被导向一个以从机械世界向电动世界甚至电子世界的转变为特征的产品世界。然而，由于理解总是依赖于脉络、文化背景和使用者的经验，他们最终仅仅只能作为说明语言及其外形美学的视觉化（描写、详述）之间关系的例子。

在稍微次要的程度上，这样的产品类别和相应的标记持续存在，包括：

—定位

如以使用者为导向；

—闲置功能（Idle Function）

例如，通过它可以提供出如何使用产品的视觉信息；

—坚固性

可能涉及技术法则和物理规律的表现；

—可变性和可调性

以视觉化的方式提示产品能够被调节的标记；

—操控

控制键应该与使用者沟通告知其一个装置如何被使用的细节。每一个元件的设计，都应该将其应用性立刻明显地表达出来（例如，推、转、滑，用力地还是轻轻地）；

—精确

涉及某个产品能被制造和被调整到何种精确程度的视觉化。一个装置的精确度一直具有功能的原因：需要以测量装置、照相机或医学设备来测量的精确水平是很好的，然而，铅板上的这样的符号更具象征特性；

—与人体的关联

不仅涉及产品对人体测量的条件的直接适应性，而且涉及与这一适应性相联系的指示性。

这些例子再次表明，对每一个沟通功能作清晰的界定是不可能的，也是毫无意义的。在每一个单独的案例中，关键在于仔细思考哪一个标记的类别将受到特别的强调。

因此，大规模运输系统的售票机需要一个清晰的操作（或"不工作"）的设计；与之相反，设计一个只有所有者才明白怎么操作的立体声系统也是非常合理的。

这些例子表明，产品语言本身并不是目标，而仅仅是产品发展程序中所探讨的一个基础。这里，设计师和设计管理者必须向所包括的销售者、营销专家和开发者展示出他们专业的意见。从这个观点来看，产品语言可以成为一种战略工具，它可以对一个产品、产品与用户的联系以及用户接受状况的表现具有重要影响。

> 过去，在设计中与一个产品交流功能的认知相伴随着的，是对严格的功能主义设计提示的成功超越。

——斯蒂芬·克莱因（Steffen klein），2001 年

微电子技术带来的变化

20 世纪 80 年代微电子技术大量流入人工物的世界，它从根本上改变了提示功能。源自机器世界的显而易见的提示，逐渐消失，并为操作数字产品的"界面"所取代。这个例证的变化意味着在 20 世纪 80 年代的后现代主义模糊性之后，设计又有了飞跃发展（Bürdek，1990a，2001b）。

CAD（计算机辅助设计）就是这个进展中特别生动的例子。开发者和建筑者的概念世界被几乎直接转化成为那时出现的新工具（CAD 软件）。

当想像的世界进入到为广大使用群体而设计的设备上时，问题出现了——如果不是公共的威胁的话。在多数案例中，问题出在含义相当模糊的用户界面。因此，界面和越来越必要的用户手册，开始受到更多关注（Bürdek 和 Schupbach，1993 年）。

美国科学家唐纳德·A·诺曼（1989 年）在一个完全不同的背景（也即，认知心理学）下，对能够直接从提示功能的概念下衍生出来真实环境，获得了十分具有说服力的发现。在处理产品时的大量失误和错误，并非归咎于人的无能，而是设计得不够好。

诺曼特别指出"特征蠕变"（Creeping Featurism）——提出一个设备能够执行的功能数量增多的趋势。这个现象——也称为"特征膨胀（Featuritis）"或"功能超载"（Fischer，2001 年）——在装配有微处理器的产品中越来越明显。对这样的例子而言，在一个产品上实现更多的功能，其花费是可以忽略不计的，尽管使用者不能完全理解这些功能，更不用说去聪明地运用了。

用户界面设计

这导致了用户界面的设计，它正成为购买中（特别是在移动电话和一般而言在软件）更具决定性的标准。超越了真实的硬件，重点在于隐匿其后的虚拟水平的设计（例，用户说明书的设计——也称交互设计——并因此有权使用设备的特征谱）。

用户界面的设计者已经学会解决用户经验和文化背景上的差异。硬件设计难以适应用户的个体需求，尽管个体适应的机会广泛存在于界面、符号、象征、可视性、尺寸。以奥芬巴赫设计学院的彼得·艾卡特（Peter Eckart）的话来说，这就意味着产品甚至能够变得更多的民主、更少的限制，最根本的是更适用。

象征功能

象征的概念在其历史的不同阶段，呈现出不同的含义。总的说来，它意味着一种通过传达收到不同文化间的意义（有区别的）符号。它具有符号或象征功能，因为象征是作为一个难以察觉的东西的代表。这样的象征存在于宗教、艺术和文学之中，也存在于自然科学、逻辑和语言哲学之中，还存在于日常生活中无数的变量之中。象征的意义常常经由联想展开，并且不能明确的定义；阐释一直依赖于各自的脉络。

苏珊·兰格在记号与象征上的划分（1965年），在发展一门严谨的设计理论的进程中建立了象征的概念。

象征与文脉

就所有表象而言，在20世纪的功能主义传统中，象征功能完全不存在——毕竟，其重点是将产品的实用功能予以转化，而达到高度的造型秩序，从而与"形式追随功能"的格言保持一致。我们或多或少还会直觉地运用指示功能，并主要用来改善使用者对产品的理想操作。

但是，一个产品的实用功能如何准确地表明呢？设计师当然总是努力去分析和阐释每一项功能。然而，回答通常更多在思想上，而非功能上。因此，20世纪20年代的早期功能主义实际上成为一种"不被承认的象征主义"，因为它被当成科技进步的符号（Venturi、Scott Brown 和 Izenour，1972年）。

象征语言，埃里希·弗罗姆（Erich Fromm）（图片来源：Bürdek）（译文：我认为象征语言是每个人应该学习的惟一外语）

功能主义本身被视为风格的超越：看起来平凡的设计却对大众文化具有重要意义，甚至被当成建筑和设计的社会史上革命性的里程碑。然而，回顾往昔，可以发现，1920～1930年间包豪斯时期的功能主义，只是少数知识分子和进步人士的象征。1945年之后，功能主义成为大批量生产的基础，且被视为西欧工业发展的象征。这种统一的意见一直持续到20世纪80年代后现代主义的出现。

在实际工作中处理象征功能是复杂的，因为事实上并没有一部产品的"意义字典"：象征意义只能从其所在的社会文化脉络中被阐释出来。如果说提示功能基本上指向产品自身（指明其使用），那象征功能则作为背景报告，代表了每一个既定产品的不同脉络。

包豪斯时期的家具设计已经表明，设计师最初为广大民众设计便宜的量产家具的意图，已转向其对立面。今天，像菲利普·斯塔克这样的设计师，以邮购产品目录甚至亲自分发的方式来散布他们的家具设计，试图确保他们的产品对大众文化的直接影响。

将产品象征功能作普遍有效的表达是不可能达到的。由于这个原因，即使是建立在人文学科的基础之上的、科学的设计理论也必须允许对同一个对象作不同的阐释。

阿迪达斯（ADIDAS）的运动风格
设计：山本耀司（Yohji Yamamoto）
网球鞋
跳高滑雪鞋
户外运动鞋
速跑鞋

耐克（NIKE）的产品
休闲夹克衫
可更换镜片的太阳镜
运动功能手表

调查中的符号学方法

作为研究所有文化事件的方法的符号学（Eco，1972 年），也是调查象征主义方面的合宜工具。由于设计程序的目标之一，就是为各个使用者（或用户群）的象征世界和象征的生产者（企业）之间提供一个"通路"，所以彻底理解各自的符号世界是势在必行的。这种沟通的形式也可描述为信息编码和解码的过程。对设计而言，尤为重要的是，这些代码应该是一致约定、文化传统、习俗以及特殊群体的社会化而产生的。从这一点看来，只要产品作为具社会约束力的符号系统（产品语言）的一部分时，他就可能被依据其词汇内容予以编码（Selle，1978 年）。

> 这甚至就是 20 世纪 60 年代看待物品的方式。并且我认为：当时所思索和隐喻的到今天已成为切实的。长期以来的市场已经认识到，将那些为自身说话的产品卖给那些最重要的（也即，年轻的）消费群体，已经是不可能的事情了。他们不再关心物品的实用价值，而是其作为展示的价值。所需要的是主题世界、生活形态、想像的世界——这些应被设置成为类文化（cultlike）仪式的场景。
>
> ——诺贝特·博尔茨，1997 年

处理象征功能意味着对产品各式各样的沟通功能有充分研究。在设计过程中，对国内和国外的市场进行产品解读常常是必要的，这样可以确保在既定的社会文化脉络的条件下都能被解码。

我们对解释学的批判因此也类似地用于象征主义：进一步的经验主义研究被要求保护作为思索结果的产品阐释。

上面所提及的由奇克森特米哈利和罗赫博格·霍尔顿（1989 年）进行的这项研究，是这个方向的重要一步，分析了三代美国家庭（315 人）。他们表明，甚至家庭中产品的仪表使用都是既定文化的象征范围："象征符与与对象之间的联系是基于的习俗上的相似性，超过性质上和生理上的相似性。在文化传统的脉络下，象征的发展使人们能够将他们的行为模式与他们的祖先相比较，由此预测新的体验"（Csikszentmihalyi 和 Rochberg-Halton，1989 年）。更进一步，通过指出民族学家所研究出来的对象的象征尺度，奇克森特米哈利和罗赫博格·霍尔顿将他们的发现回溯至法国结构主义的民族学和符号学方法："确实，民族学家已经从不同文化的多样性中整理出大量令人难以置信的关于物品象征实用的细节描述"（Csikszentmihalyi 和 Rochberg-Halton，1989 年）。

除了作为身份地位的象征功能外，在社会综合上物品扮演了另一种角色。这一点在儿童和十几岁的孩子身上尤为明显，对他们来说同样的产品或品牌等同于一个群体的成员资格。运动物品制造商如阿迪达斯、耐克和彪马（参见第 297 页）就特别擅长在他们的产品发展和设计中挖掘这一现象。其暗示的反面也是正确的，（无论何种原因）不使用这些品牌导致社会排外：穿有两个条纹的鞋子肯定会被完全排斥。这里具有决定性的并不是缺少第三条条纹，而是阿迪达斯这一文化品牌缺失的纯粹事实。

蒂尔曼·哈伯马斯（1999 年）发表了产品的符号功能方面最好的著作之一，他将其方法学建立在埃米尔·迪尔凯姆（Emile Durkheim，1912 年）的社会学传统和索绪尔的语言学传统的基础之上。这本书中还回忆了罗兰·巴尔特的分析典范，他将时装的主题定义为技术的（图案、纺织品的结构）、图像的（象征的）和口头的（描述的）系统。巴尔特所描述的符码既具有明示的又具有内涵的特征。蒂尔曼·哈伯马斯也重拾埃科的物品使用性和象征物品的分类，将象征物定义为"其外在的和首要的作用是去意味着他物的物品，而不是那些"主要实现了一种实际的任务，包括益于操作和使用"的物品使用性。

蒂尔曼·哈伯马斯的方法因此与先前的建构在沟通基础上的设计理论的讨论和出处巧妙吻合。他也就如唐纳德·A·诺曼（1989 年）所提出的如何运用这一理论到非物质产品中，作出最新的论述。

基于对玛丽·道格拉斯（1988 年）的参考，蒂尔曼·哈伯马斯也提及另一个由海伦妮·卡尔马森提出和扩展的对规律的设计研究重大贡献。他确定了通过消费物品使社会群体参与文化的程度，建议甚至可以将这些物品（产品）视为交流手段。"社会越稳定，对象和物品作为社会地位的指示功能也就越清晰"。

今天，在工业化社会中几乎没有一个这样的传统系统是完整无缺的，但他们仍在原始的社会中被培养。今天，产品所具有的与其各自使用者的社会地位之间的联系，仍是含蓄的。由于这个原因，象征的使用确切地说更近似于鲍德里亚的"符号的增殖"，然而，这也导致使用者的社会识别的缺失。

几个例子

在这种脉络下，围绕产品卖故事甚至更为重要。说服某人去购买一个新浴缸，要比仅仅描述产品花费更多，即使这个浴缸比以前那一款设计得更符合人体工学或者使用空间更为有效。今天，浴缸必须作为一种"娱乐洗浴"来售卖，它可以让夫妇一起洗浴，或者只有上帝才知道的那些。产品语意学方面扮演了远比具体产品的纯效率重要得多的角色。

——乌都·科佩尔曼，1998 年

这个赤字可以确切地被认为是心理学的：许多退却到他们家庭的环境中（关键词：保护措施），并且将对堆积于此的物品赋予象征的意义。一个人所拥有的住宅、房屋或房间（在儿童和十几岁的孩子的情况下）成为一个"象征社会身份"的地方。身体更加承担了这一任务：衣服、鞋子、首饰、眼镜、发型、纹身，一切都在说明建构个人象征的行为领域。行为的间接领域就是那些与身体相关的行为，如食物、饮料、个人附属品（钢笔、钱包、背包），还有交通

索尼风格的商店，柏林
（照片提供：索尼德国公司）

方式如滑板、溜冰鞋、单脚滑行车。最后但不是最少的，所有用于游戏和沟通的电子"设备"（Fischer，2001年）。遍布世界的以移动电话相联系的信徒，在这些十几岁孩子的象征仪式上也有自己的资源（参见第287页）。

产品正为这个人口统计学的群体而发展，包括日本的"Love Getties"，这个小电子设备（女性用的在珍珠母上，男性用的发出蓝光）能够通过程序定制优先选择，以帮助孩子与其对应（相反）的性别相联系。这里，个人的优先选择与集体以时尚完全的形式相混合。

整体而言，仅仅通过强烈的集体体验，个性化才能体现在功能上。当一群十几岁的孩子中的所有成员都有同样的运动鞋（或者至少是同一个品牌的）、背包和移动电话，每个成员都是平等的——社会个性的完美形式。一个著名的有事实为依据关于青少年文化的研究（SPoKK，1997年）描绘了各式各样被视为同一类型的交流：热衷于技术场景的人、社交场常客、小阿飞、理平头的男子、随着音乐猛烈摇头晃脑的人、hip hop、直排速滑者、玩街头篮球的人、酸屋（acid house，一种由吸毒者演奏的、单调的合成打击乐，译者注）迷、男孩群或女孩群以及他们的狂热者、滑雪板爱好者、打沙滩排球的人和其他很多很多。他们全部所分享的，就是使用具识别性的符号系统、仪礼和服装。

蒂尔曼·哈伯马斯也认识到布尔迪厄（Bourdieu，1979年）的观点，宣称（具有他们各自的价值观和生活导向的）子文化的成员资格不仅可以用个性化符号来叙述，还可以用整个符号系统来描绘。在20世纪90年代由此引发的"生活方式的讨论"，成为设计理论和设计实践的主调。

科隆大学哲学系的一篇博士后论文为这种生活方式方法的有效性（正确性）提供了证据。弗里德里希·W·霍伊巴赫（Friedrich W. Heubach）对日常生活的哲学分析（1987年）是从如家庭用具等所具有的不同内涵意义入手的。世界上每一种文化都归因于这些物品的象征意义——这种意义常常显得比其本意更为重要。尽管没有直接涉及设计，乌塔·布兰德斯（1988年）仍是以深刻的回顾讨论这个领域第一人，并极大推进了霍伊巴赫的工作。霍伊巴赫建立了一种与认知的符号学模型之间的直接联系，他论及"事物的双重客观性"，等同于埃科的第一功能和第二功能的概念。

然而，社会学的研究总是关注相似的问题。保罗·诺尔特（Paul Nolte，2001年）主张，私人消费（特别是建立在购买名牌产品上）对个性化的"自我方式"具有重要影响，也即，今天个人的社会决定不再通过如"属于某一阶层是个性化识别的一部分，它提供了一个认同社会安全的团体"这样的指定模式。这些机制出现于19世纪，并已经明显到了该退休的年纪。个人的社会定义经由获得或拥有产品而发生。"告诉我你买了什么，我将告诉你是谁"成为新的信条。个人不再通过工作的世界来定义他们的社会角色，而是通过日常生活，尤其通过消费。无论你是在打折扣的超级市场还是在专门的熟食店购物，所表现的都不仅仅是用于市场研究的传统的社会图像学特征：年纪、性别、教育背景、职业和收入。

消费和各自的生活方式因而也扮演了一个新的角色，不是拉平社会差异，而是使他们更为明显。因此，消费也产生了新的阶级社会，由社会行为、运动、休假习惯、流行的酒店等构成

宝马 X3
整体外观 / 内饰细节
(图片来源: 慕尼黑宝马公司)

沃尔沃 XC90
整体外观 / 内饰细节
(图片来源: 科隆宝马公司)

环球旅行家（Globetrotter）
的户外产品：
刹车
螺旋竖钩
八字钮
锯齿状刃的刀
旅行背包

和同时区分。由此看来，消费也构成了设计研究的一个广泛领域。

SUV（运动用汽车）是最成功的新型汽车之一，它在 20 世纪 90 年代后半期获得了相当可观的市场份额。2002 年仅美国就销售超过 300 万辆。该产品的实用功能（四轮驱动、降低式齿轮、差速锁）真正地仅能被少数人使用（农场主、护林人、山区居民）。然而，SUV 的象征影响则是明白无误的：他们的拥有者清楚地将自身与其他大批量生产的汽车的驾驶者区分开来。SUV 的驾驶者坐得高，向下俯视，不仅是在交通上，更是对整个世界。这种升高了的座位也透露出安全性，这一点尤其被女性驾驶者高度评价（Reinking，2002 年）。

> 耶稣将驾驶什么车？到如今，通用汽车发展分公司的总裁已经作出回答："耶稣将驾驶悍马（Hummer）。"在第一次海湾战争中使用和检测的这种军用的全地形车，是一个明显的选择，因为弥赛亚把他的大部分时间都花在了沙漠地区。
>
> ——《Der Spiegel》，2003 年

出于这种市场片断的许多经典著作，如路虎（Land Rover Defender，四驱越野车，译者注，下同）、路虎—揽胜（Range Rover，休旅车）、马赛地牧马人（Mercedes G. Jeep Wrangler，越野吉普）、拉达·尼瓦（Lada Niva，俄罗斯吉普），以及大量新型汽车出现（宝马 X5 和 X3，梅赛德斯 M 级，以及沃尔沃 XC 90），他们全部都是为了迎合购买者的象征需求而发展和设计的。保时捷汽车和大众汽车在 2002 年向市场推出两款新型汽车，他们基于一个相似的平台，却导致不同的创造性阐释。保时捷—卡宴（Cayenne）是一款全地形赛车（拥有 340～450 马力，最高时速 242km 或 266km），而大众—途锐（Touareg）则是满足奢侈的需求，为那些喜欢越野的灵活性的客户提供优良和舒适的室内环境：一辆 SUV 车在大都会中巡航，或者作一次短途旅行，远离工作世界的办公塔和市郊的日常生活。

由于符号的作用，20 世纪 80 年代户外服装和装备的生产商已经经历了一个类似的蓬勃发展。随着到最遥远的区域（安第斯山脉、喜玛拉雅山、南极洲等）旅行在全球日益增长，对实用的、高质量的装备的需求也随之而来。设计师成功地整合了职业登山运动员的经验（例如阿尔卑斯山）到市场产品中，以获得更广泛的用户。例如，在德国，出现了大量专门商店为世界观光旅行者们提供经挑选的商品。这些名称本身就是象征：户外、Sine（从 Sinecure 而来，意为无忧无虑）、超行走（Supertramp）等很多很多。

> 作为一个手中的触觉物，"瑞士军刀"因而感觉良好，甚至当这里并没有什么东西要切，而你只是在你的口袋中把玩它。
>
> ——格特·泽勒，1997 年

这些商店售卖衣服和鞋子、背包和帐篷、睡袋和登山装置、冬季运动和水上运动装置、刀子和工具、户外厨具、地图和书籍——在探险、狩猎远征、野外生存、艰苦跋涉中所需要的每

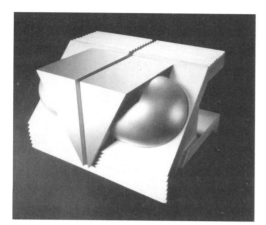
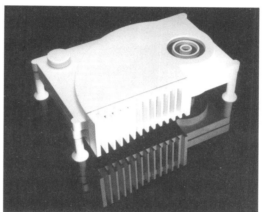
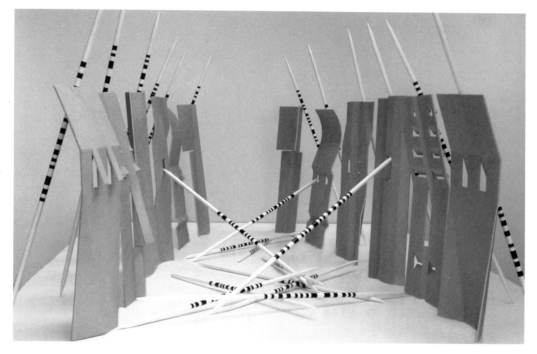

蒸汽咖啡机的初步模型，设计：乌里·弗里德兰德（Uri Friedländer）

暖风机，设计：温弗里德·朔伊尔（Winfried Scheuer）

Kampfstätte（战场），设计：黑尔格·朗诺何（Helga Lannoch）

一件东西。一个产品的自治的、功能的世界，突出了其象征的简洁和一致性。这就是那些专业人士购买他们的装备的地方：这就是高技术材料的使用和质量的保证。所有售货员都有自己的户外经历，他们知道他们所谈论的内容并能由此给出建议——这一点真的非常必要，对卖一个售价在 400 欧元（大约 900 美元）的手电筒这样的东西，需要使用者的专家知识。但是，甚至只是偶尔花费时间在空旷的乡村或者不喜欢置身于危险之中的那些人，都欣赏这种高技术装备的质量：形象的传达和象征传达毫无瑕疵地发挥作用（Ronke，2002 年）。

像这样的象征世界成为当前设计讨论的话题，并因此重新描述了产品与其文脉的亲密互动（参见 Kohl，2003 年）。

从产品语言到产品语意学

康德的理性范畴，描述了一种认识的视野，它可作为一致的和逻辑化规律的设计理论。正好与乌尔姆设计学院理论建立的初期完全相反——其偶然性已在前面的章节中讨论过——自从 20 世纪 70 年代以来，一个具有决定性的工具出现了，它能够被用于设计描述和设计生成。这里的描述是指运用人文学科的有利和明显方法所进行的设计定义、设计分析、设计批评等程序。生成意味着真正的造型程序，在更广的层面上证实这些设计工具的价值。

先驱者

20 世纪 80 年代初，乌里·弗里德兰德（1981～1982 年）断言，"永恒的设计"的时代已经完结，面对"好的设计"也充满疲惫。与当时像炼金术工作室和孟菲斯这一类后现代趋势的群体（他们仅仅关心室内设计）的流行趋势正好相反，弗里德兰德（与他同时的还有温弗里德·朔伊尔）尝试将新的设计趋势应用到科技设备上。他们认为，产品并不是实用功能的载体；相反，象征功能应该越来越受重视。

弗里德兰德广泛使用了一种他称之为"隐喻"的方法，并定义了相关的三种比较基础：

—历史的隐喻，它使我们想起更早的事物，

—技术的隐喻，包含了科学和技术的成分，

—自然的隐喻，在此出现了源自自然的形式、运动或时间。

由这些思考产生了第一批成果，被称为感官表现主义或隐喻设计。

20 世纪 70 年代，朗诺何夫妇（Helga & Hans-Jürgen Lannoch，1983 年、1984 年、1987 年）设计出一些称之为元现实主义雕塑的情色产品雕塑，讽刺地回应了沃尔夫冈·弗里茨·豪格所揭示的商品的双重特征（Lannoch，1977 年）。以前机械产品是由内向外设计而成（形式追随功能），而今天的电子产品只剩下一个朝着使用者的外表。现在使用者、他/她的生理和心理特征正决定着形式。以"产品语意的空间"为例，他们两人揭示出，只要人们之间的关系是以物品为中介，这个关系就可以在空间中描述出来。

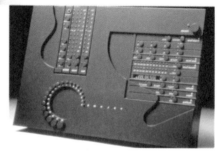

滚轮收音机， 设计：飞利浦公司设计部

书形电脑， 设计：D·M·格雷沙姆（D. M. Gresham）与海尔·林克莱布（Hel Rinkleib），匡溪学院

立体声接收器， 设计：罗伯特·纳卡塔（Robert Nakata），匡溪学院

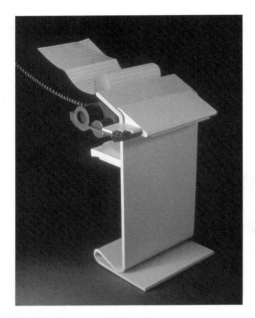

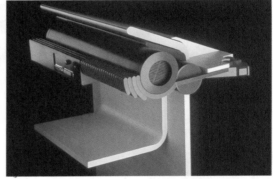

伊莱恩（Elaine）打印机，设计：Technology Design，全貌／细部

电话书，设计：莉萨·克龙（Lisa Krohn），
Forma Finlandia 芬兰公司
（图片来源：Pekka Haraste/Studio Fotonil）

来自语言学的影响

　　通过语言，每个人都隶属于超个人的、广泛的结构。这一点对建筑师或艺术家也是正确的。它并不是一个完全独立的作者，而是通过讨论来决定的。

　　　　　　　　　　　　　　　　　　　　　　　　　　——芭芭拉·斯坦纳，1994 年

　　基于语言学的设计理论在美国尤为重要。1984 年莱因哈特·巴特（Reinhart Butter）与美国工业设计师协会合作，为《创新》杂志推出一本主题为"形式的语意学"的特刊。通过克劳斯·克里彭多夫、巴特本人、约亨·格罗斯、迈克尔·麦科伊、乌里·弗里德兰德、汉斯·于尔根·朗诺何（Hans-Jürgen Lannoch）和其他人的文章，这份刊物在美国为这个新的设计观念铺平道路。巴特成功使 1980～1992 年间在荷兰爱因霍芬（Eindhoven）飞利浦公司任设计总监的美国设计师罗伯特·I·布莱希对这一观念大加赞赏。由此开始，产品语意学经由研讨会、出版物和新的产品路线传遍整个欧洲。飞利浦以其"富于表现力的形式的设计战略"获得巨大成功（Kicherer，1987 年）。例如 "滚轮收音机"上市后不久，就售出超过 50 万台。

　　正如克里彭多夫（1984 年、1985 年）指出，美国的产品语意学与乌尔姆设计学院的符号学方法之间的密切联系，是显而易见的。对他来说，一个物品的意义是能将该物表露出来的所有脉络的集合。一个人知道的和能够陈述的关于该物的一切，如历史、制造程序、使用者、功能逻辑、经济定价等等，都是以语言为媒介的。

　　克里彭多夫描述了产品语意学的三个模式。第一，语言学模式。它是研究概念的意义，也即语言中的语言。这里他援引了维特根施泰因（Wittgensteinian）的谈论分析。第二，沟通模式。在此设计师充当传讯者，但在收讯者看来，却是通过唤起联想来发生作用。（消费者购买了什么？他们如何操作这个产品？通过购买这个产品，他们要传达给其他人何种印象？）第三，文化模式。象征系统在这种模型中被分析，也即，内在结构、形式元素、固有动力以及他们的典型功能。《设计问题》（1989 年春，第二卷）杂志和 1989 年夏在赫尔辛基 UIAH 举办的一次会议的出版物中，报道了产品语意学的进一步发展（Vihma，1990 年）；克里彭多夫也在准备全面的文件。

麦考伊夫妇与克兰布鲁克学院

　　正是该停下来并认真观察人类科学的语言学转向的时候了。如果有什么区别的话，一个人可能会偶然发现这样一个事实，对任何事物都赋予象征的徒劳无益的行为，是一种伪教化的表现。流行的庸俗的符号学培养出一类"已经诞生的"自由骑士。如果仅仅不断简单强调符号不是通过与世界相一致、而只是由其他符号决定的，那么我们将一无所获。

　　　　　　　　　　　　　　　　　　　　　　　　　　——于尔根·朗诺何，1998 年

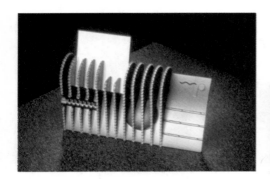

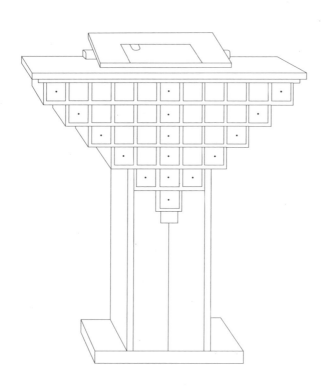

数字答录机，设计：Design Logic

立式讲台，设计：赫伯特·波尔
(Herbert Pohl) (1986 年)

底特律附近著名的匡溪艺术学院是美国最早为课程而着手研究产品语意学观念的机构之一。伊莱尔·沙里宁（Eliel Saarinen）和查尔斯·埃姆斯曾于20世纪30～40年代之间在此任教，毕业生包括哈里·贝尔图亚和弗洛伦斯·克诺尔（Florence Knoll）。设计师麦科伊夫妇在他们的介绍中特别强调其历史根源：哈里·贝尔图亚从细胞结构图中发展了他的椅子，伊莱尔·沙里宁将飞行的联想应用在杜勒斯机场大厦的设计中。直到今天隐喻的主张仍扮演了主要的角色：设计上的视觉类比使各个产品的实用功能更完善（McCoy，1984年）。

在短时间内，麦科伊夫妇就成功地和学生们发展出一系列应用产品语意学的典范设计。在一篇谈论信息时代的设计的论文中（1988年），他们也由法国结构主义者（特别是索绪尔）的符号学方法着手，将设计师当成为使用者阐释产品的人，当成人与其周围信息之间的中介者。麦科伊夫妇也重提了柯布西耶的一个想法，一些物品充当背景，让另一些物品活灵活现地出现在前台。20世纪20年代正是这一想法使柯布西耶的椅子、柜子和桌子都退居幕后。

产品语意学获得真正的突破，是在匡溪艺术学院的学生莉萨·克龙赢得芬兰造型设计竞赛一等奖，表明这种概念所带来的设计潜能释放出来，特别是为电子产品。莉萨·克龙的设计符合处理书本的传统方式——翻。这部电子笔记本的每一页包含了一项使用指南，硬件和软件相互配合，使得甚至电脑初学者也能够轻松使用。

正是由于这个原因，在休·奥尔德西-威廉斯（Hugh Aldersey-Williams，1988年）撰写的关于美国设计的重要出版物中，产品语意学受到特别的青睐。这本书令人产生了在20世纪80年代产品语意学是美国设计的主题的印象。尽管在过去它更多地具有实用主义的特征，在此依然要指出其与法国符号学家罗兰·巴特尔与鲍德里亚的清晰关联。

另一方面，产品语意学表明了对流线型时代伟大设计师的延续性，这些设计师关注的完全是赋予一个产品以形式（例如，设计的美学问题）。奥尔德西-威廉斯指出，今天由于社会的、文化的甚至神话的方面都涌入设计，设计不得不对所有方面进行适当处理。

当麦考伊夫妇（在授课超过24年之后）于1995年离开匡溪艺术学院之时，也意味着产品语意学在这所设计学校走到了尽头。迈克尔·麦科伊（1996年）将这一阶段视为"解释的设计"之一，其核心甚至更接近于产品语言学。他将从结构主义和后现代主义开始有效的语言学转向，与20世纪70年代和20世纪80年代的建筑设计的例子作比较——这里他所指出的，正是有意识要离开他在匡溪艺术学院的工作。他说，他认为符号学对符号的生产和接受限制得过于严格，因此他更倾向于解释的设计的概念，而解释的设计覆盖了文化生产的更为宽广的领域。他的好的设计的观念，是适合于既定功能和文脉的任何设计。

东德的产品语意学

不仅在美国，产品语意学在前东德也被接受并经历了进一步发展，在这里，其拓展发展出一种与产品语言观的有趣对照。1977～1996年，霍斯特·厄尔克掌管了在哈雷艺术和设计学院工业设计学院的理论和方法学部门。经常在这里举行的座谈会为设计理论的一个新方向奠定了基础（Oehlke，1977年，1978年）。1982年2月，在一次由工业设计局在柏林举办的关于功能主义的研讨会上，厄尔克勾勒出一个视觉化的主题，他将其当成功能设计的中心任务。他的视觉化是，为使用者阐明一项产品各个使用价值，从而让使用者能够轻易地掌握产品的本质。厄尔克的观点来自于格罗皮乌斯的清晰调查。也许，对这一领域最具体的贡献是奥肯的题为"产品外形/产品形象/产品典范：工业设计对象的确立"的学术演讲，发表于1982年并于1986年出版。更多的出版物，特别是在期刊《形式+目的》（form+zweck）中，他发表了媒介物的发现及后续研究等等。

设计及其脉络

从企业设计到服务设计

世界性的企业和机构已经日益认识到设计要素的重要性。在超越了单独产品设计后,设计现在包括了产品系统、硬件和软件设计,以及在设计领域日益重要的服务设计:企业设计和企业形象。

> 尽管沙克的美学观相当不错,他们的功能主义却只限于物质主义,但是其实质却是由其社会道义所决定的,而不是完全能够满足人们需求的设计。这一美学观念要求实物所具备的完美适用性同样也包括非物质特性。他们明确地知道这一点,即使是只在权宜之时才整合进美学。尽管与其功能主义一样能够严格地适合他们的清教徒生活,沙克的美学观还是为耐用产品设计制定了标准。
>
> ——汉斯·埃克斯坦(Hans Eckstein),1985 年

这一切是如何开始的

在之前的设计语意的发展章节中提到的美国人沙克,被认为是在生存和设计上全面使用各种方法的第一人。他们在 18 世纪开发的家具和室内器具,表明一个共同思想、价值和标准的系统的出现。直到 19 世纪才打上的早期功能主义烙印,可以被认作是产品功能、美学和社会品质识别的例子,这些产品此前被理解成表达宗教文化。沙克产品的一个典型特点就是其身上明显的等同原则。美学区别不再被用以标识使用层次,产品也不再反映当前的设计潮流。

在 20 世纪早期,1907~1914 年,德国建筑师彼得·贝伦斯负责产品的再设计、工厂建造、陈列室、平面材料(目录、价目表等),甚至是德国电气公司(Allgemeine Elektritäts-Gesellschaft,AEG)的商标设计工作。他同样设计了展示摊位、销售出口和工人公寓。正是因为他,我们的工业文化观念超越了产品记录层面并开始重视历史语意和生存条件知识(Glaser,1982 年)。彼得·贝伦斯在他的年代可能会被称作工业企业的艺术指导,但是为今天带来了被授予企业设计师甚至设计经理的头衔。

意大利公司奥利维蒂引入了企业设计和企业身份的概念作为商业战略和企业文化的扩展,其中特别包括了公司员工提供的社会服务。

其间在第二次世界大战后的德国,博朗是第一家寻求将其企业行为中的可视方面(从产品

设计到传达设计和建筑设计）实现统一的公司。"好的设计"成为这一努力下的术语，为企业行为和机构在可视方面与二维、三维输出领域实现统一的身份。德国平面设计师奥托·艾歇尔在为 1972 年慕尼黑奥林匹克运动会创作视觉影像时，给设计带来了重要的环境，他同样也为德国航空公司（Deutsche Lufthansa）、厨房家具商德厨（Bulthaupt）、德累斯顿（Dresdner）银行、Erco、FSB、Zdf 电视台和西德意志土地银行(Westdeutsche Landesbank)开发了企业设计程序。其他继承这一现代传统和设计原则的公司有，IBM，写作工具制造商拉米（Lamy），西门子集团，热力技术供应商菲斯曼（Viessmann）和办公家具公司 Wilkhahn。

> 这就是使得企业形象成为哲学和道义现象的问题之所在。它提出了服装、时装和外观问题，不是第一个也不是最后一个。它提出了存在问题。我是谁？这是自我表述的决定性问题。

——奥托·艾歇尔，1990 年

定义中的术语

当企业谈到战略设计时他们到底意味着什么？最通用的术语是企业行为、企业传达、企业文化、企业设计、企业身份、企业战略和企业措词。在这个语境下，"企业"意味着统一、联合、全面。不同元素、图像和战略的融合，因而成为管理层决策的关键工具。

定义中的识别

识别观念在这一语境下扮演着重要角色。马丁·海德格在两次演讲中讨论了识别和差异的话题（1957 年）。这两个词汇为企业身份或企业设计所争论的中心问题作了铺垫。

海德格说："根据通用公式，识别的公理读成：A=A。这个公理适用作思想的最高原则。在德语中，同一也被称作同样。事物要成为同样，一样事物就足够了，而等价则需要两样事物。因此这个概念应该基于中介、联合、综合：统一成统一体。"（Heidegger,1957 年）

因此"识别"指的是完全的统一体或事物或人的一致性，本质同体。对于"识别"的关注，问题就在于统一或是创造一个两种不同元素的综合体。应用到企业行为、机构或市政当局，意味着企业内部性能轮廓，精确的技术秘诀，专家意见，外部性能轮廓及其带来的意见（产品设计、传达设计和品牌形象等）。一致性的尺度就代表了公司各自的"识别"。"企业识别"在这种意义下，是表述内容统一、传达和企业或机构行为的准确词汇（Bürdek,1987 年）。所有 CI 运动的目的就在于，必须体现出企业内部和外部实质的识别（Rieger,1989 年），或简言之，"做你自己"。

一个找到自我身份的好方法就是企业或机构的个性化发展。在为企业身份实施定义了基本原则后，彼得·G·C·卢克斯（Peter G. C.Lux，1998 年）明白地指出，身份必须由内部塑造并从外部来加以强化。最后，卢克斯建议重视各自的"个性"（企业或机构的）：

—关注的中心务必是语境；

—专家意见指的是特殊技能和能力；

—态度代表了公司的哲学和策略；

—章程涵盖了物理的、结构的、组织的和合法的行为框架；

—气质描述结果（公司的力量、强度、速度和精神状态）；

—创新指的是当前特征对以往的回顾，特别重视连续性原则；

—兴趣包括具体的中间部分——长期对象和面对未来的全球装置。

这些就是专家们所勾画、讨论和决定出的企业身份特征。接下来的步骤就是将其转化为涉及所有方面的行为指导准则，为设计行为提供基础。

产品设计准则

产品设计自身日益体现出对所有企业度量的中心关注。第一印象是最持久的，设计决定了用户（潜在用户）对所购产品的第一印象。1980 年沃尔夫冈·萨拉赞（Wolfgang Sarasin）指出，在很多案例中，有说服力的企业形象是随着产品独特形象的发展而出现的。既然企业的身份建造过程基本是由外部形成，他说，产品设计相关的方面就应该得到特别的重视。

这同样也是20世纪90年代设计运动重要背景。大量的欧洲公司显著改进了设计行为，甚至把它们提升到了战略工具的高度，这一点在汽车工业尤为明显。在一些亚洲国家和地区，如日本、韩国或者中国台湾，设计被意识到是在全球范围内取得成功的关键手段，因此而得以开展。

企业战略

很多公司和机构的行为表明，单独或联合推进的战略为企业塑造了形象。以下领域和设计语境特别相关：

—传达，

—行为，

—产品设计，

—界面设计，

—室内设计和建筑。

企业传达

这是企业设计方式最频繁应用的领域。根据上文提到的轮廓，所有的企业平面图像要素都被规划认为是"设计圣经"的基础，设计指南的清单标准有：徽标形式、字体、颜色、印刷品、车辆字体和类似的材料。

意大利公司奥利维蒂是这一领域的先锋和经典。在20世纪70年代早期，由汉斯·凡·克利主管的企业形象服务部门，开发出了具有传奇色彩的红皮书，规定了公司的设计辅助通用框架（Bachinger 和

Steguweit，1986 年）。同时其他的很多公司也开发出了类似的平面手册，这正是迈向企业设计的重要一步（Schmidt，1994 年，1995 年）。以国际的观点看，施乐公司的设计手册是突出的例子。20 世纪 80 年代开始实施，它逐步建立了产品外观、宣传资料、界面等方面的指导。

企业行为

行为——来自企业内部指向外部——是企业和机构的重要因素。其内容包括：员工之间的相互交流，以及他们对公司外部人群的行为。更进一步的方面是对于媒体和公众的行为。革新、变化、意外事件以及其他事物如何被最好地传达？自身的公共关系工作已经成为这一行为的关键要素，它被公众用以衡量企业或机构的可信度。"形象"的实质来自于受公众感知和评价方式强烈影响的企业行为。尽管企业已经意识到塑造和设计这一形象的挑战，产品设计依然反应迟钝；另外这只是非物质设计的一个方面。

企业设计

这包括所有在物质层面上有助于塑造企业形象的方法（从徽标到企业总部的各种二维三维表现形式）。这一经典的企业行为领域，由固定的设计常量和定量赋予特征，以确保企业和机构在视觉表现上的统一性。这些绑定的工具，如企业设计指南，在上文中已经提及过。

> 作为系统思考和行动的企业设计驱使着企业所有元素的相互作用：这指的是产品、服务和效能。
>
> ——弗洛里安·菲舍尔（Florian Fischer），1996 年

企业设计中的优秀案例

西门子

西门子公司于 19 世纪在柏林成立，是当今世界范围内顶级的电气和电子产品制造商之一。在数十年的时间里，它的产品设计一直是在现代主义的指引下进行的（公司的目标在于通过相应的设计习惯用语来传达产品在技术上的效能）。短生命周期、时尚或者潮流装饰在这个高科技企业被严格禁止。只有在移动电话领域——从 20 世纪 90 年代中期开始获得重要经济效益的分支领域——生活潮流元素才能够被遵守和实施，因为在这一领域这些元素是无可替代的。

为了紧跟为公司统一标准而进行的大量运作，西门子公司在 20 世纪 80 年代开始开发企业设计手册并创作出了现存最易理解和形成范例的设计指南。大约有 20 本单独的小册子为设计领域制定了统一标准，这些领域涵盖了从商业文档到印刷品，交易事务、包装、企业车辆、衣着标准和建筑的范畴。手册描述了应用到所有产品的设计常量（商标、颜色和表面、艺术品）。它也规定了产品必须跟上时代且能满足产品语意和目标群体的要求。随着产品发展过程中物质形态的失去，西门子公司也为用户界面主题制定了小手册。

Xelibri **移动电话，**西门子

维特拉

德国－瑞士公司维特拉通常被认为是兼任企业设计在不同行为种类中表现自身最独特的例子。全世界对设计和建筑感兴趣的游客都会聚集到位于德国南部维尔城（weil am rhein）的工厂。

> 好的设计还有另外一个出发点。它来自态度，因而是伦理学的混合物（设计师和制造商）。它通常来自被延伸的问题解决过程，在这一过程中只有当均衡的结果获得时实验才能进行。
>
> ——罗尔夫·费尔鲍姆，1998 年

公司的拥有者，罗尔夫·费尔鲍姆（Rolf Fehlbaum）是最著名的椅子收藏家之一，他的收藏涵盖全世界所有时期的椅子。这些收藏为维特拉公司产品开发所表现出的个性提供了关键的创造性基础。1987年费尔鲍姆开办了《维特拉系列》，他将其视为自己对研发的贡献（Bürdek，1996c）。龙·阿拉伯、保罗·德加内洛、弗兰克·O·盖里、贾斯珀·莫里森、加埃塔诺·佩谢、博雷克·西佩克（Borek Sipek）和很多其他的艺术家进行的实验性设计，和传统的收藏品一起在市场上一字排开。

维特拉最大胆的计划体现在建筑外观上。新工厂和设计博物馆方案的草拟和实现是在 20 世纪 80 年代早期由英国建筑师 N·格里姆肖（Nicholoa Grimshaw）设计的总体规划基础上的。多样性再次成为指导原则；每一栋建筑都是由不同的建筑师完成的。会议亭是安藤忠雄（Tadao Ando）在欧洲的第一个建筑，阿尔瓦罗·西扎（Alvaro Siza）创建了制造大厅，Z·哈迪德（Zaha Hadid）设计了消防中心，弗兰克·O·盖里完成的是博物馆。这个建筑的例子生动地演示了目标设计行为能够将一个中等规模的公司转化成一个真正的企业文化玩家。这个杰出的建筑同样也影响了公司的日常操作，拥有者只须提及经过"它存在于公司网站之上，每天面对着设计历史所提供的最佳头衔，确实产生了显著的内部影响。这一刺激环境成为了公司员工的最大激励因素"（Fehlbaum，1997 年）。

FSB (Franz Schneider Brakel)

在 20 世纪 80 年代早期，于尔根·W·布劳恩（Jürgen W. Braun）最初是一名律师，他被任命为位于威斯特伐利亚（Westphalia）地区布拉克尔（Brakel）城一家中等规模公司 FSB 的管理指导。在这个时期只要提到设计，金属装置、门窗把手的制造商就是不为人知的群体，它们的产品或多或少匿名地在五金商店销售。在预备新产品目录期间，ERCO的克劳斯·J·马克（Klaus J.Maach）让 FSB 和奥托·艾歇尔联系，后者让博朗暂停工作并将 FSB 的意义和目标当作重心。结果是一本书（Aicher和kuhn,1987 年）使人们将目光投向"持续和引人注意的艺术"，同时这也是第一次真正意义上的独特著作系列（参见传记：FSB）。

1986 年 FSB 邀请了一批建筑师和设计师到其位于布拉克尔城的门把手车间。成果是一连

Vitra 设计的位于莱恩的博物馆， 设计：弗兰克·O·盖里（图片：Thomas Dix）

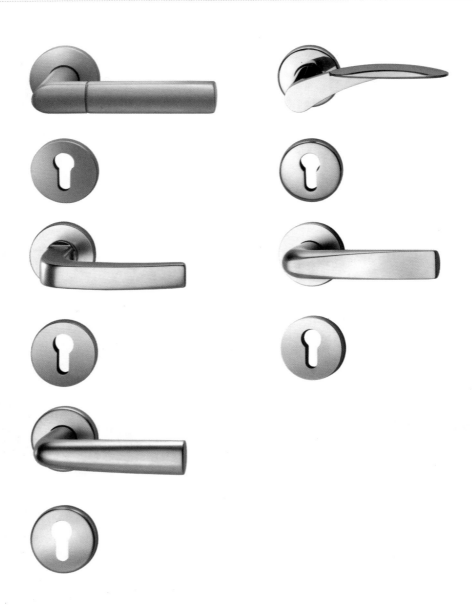

FSB 门把手
设计：克里斯托夫·英根霍芬（Christoph Ingenhoven）
设计：哈特穆特·魏泽（Hartmut Weise）
设计：Rahe+Rahe
设计：汉斯·科尔霍夫（Hans Kohlhoff）
设计：汤姆·哈斯（Tom Haas）

串的新设计，其中一些成为系列产品。清楚的识别特征将每个产品连接到其设计者（例如，汉斯·霍莱因，参见第308页；马里奥·博塔，参见第304页；亚历山德罗·门迪尼，参见第311页；迪特尔·拉姆斯）。关于这一事件的新闻报道十分广泛，以至于它引发的公共关系效应可以与一些大公司的广告预算相媲美。布拉克尔城的门把手车间也获得了额外影响，它使建筑师意识到在为新建筑的非常规装置的设计创新领域上，FSB 是一个具有开放思想的合作伙伴。企业形象甚至在看上去有些陈旧的建筑细节上也变得明显，它从标准的大规模生产产品转变到提供用户定制的解决方案（Kleefisch-Jobst 和 Flagge，2002 年）。

阿莱西

意大利金属产品制造商阿莱西的例子，揭示了一个加工黄铜、镍银片的小车间和铸造厂如何转变成为一个全球企业，在完美诠释后现代生活潮流的同时理想化地表达了意大利设计的多样性。在 20 世纪 20 年代和 30 年代，车间生产的是诸如壶、平底锅、盘子、茶和咖啡用具、餐具之类的家用商品，全部装饰为当时的风格。卡洛斯·阿莱西（Carlos Alessi）经过了工业设计师的训练，设计了公司战后的大部分产品，从 1950 年后公司也有一批合作的自由设计师，他们的产品方案都应该归功于意大利设计的发展。20 世纪 70 年代阿尔贝托·阿莱西（Alberto Alessi）开始勾画公司哲学，其中新理念在于批量生产能够满足艺术标准的商品。

1972 年埃托雷·索托萨斯加入了公司，开始了关于设计和世界的元理论论述。在随后的几年里，理查德·扎佩尔，阿希尔·卡斯蒂廖尼，亚历山德罗·门迪尼，阿尔多·罗西，迈克尔·格雷夫斯，菲利普·斯塔克，恩佐·马里（Enzo Mari）和其他很多人开始与阿莱西合作。公司成为意大利设计的精神家园。

茶与咖啡广场计划特别好地显示了这些。1979 年，在亚历山德罗·门迪尼的建议下，公司开始任命 11 位不同的建筑师和设计师来设计茶与咖啡用品。产品设计被限制在 99 种，其中的大部分进入了国际博物馆、画廊和私人收藏。

20 世纪 90 年代阿莱西和荷兰飞利浦公司的合作引出了一条具有标志性特点的生产线。这些产品如此地被注入了情感以至于可以加入个人意义而成为家庭同伴。它们的实际功能深深地融入了背景以至于其基本上被忽略了。

阿莱西成功地使用了战略和全面的设计活动（如 1998 年阿莱希博物馆在克鲁西纳罗市开业）以使自己始终站在创造力的边缘。个体产品，如咖啡机 9090（1979 年），迈克尔·格雷夫斯设计的鸟形壶嘴水壶（1985 年），安娜·G（Anna G）设计的开塞钻（1994 年），菲利普·斯塔克设计的 Hot Bertaa 咖啡壶和柠檬榨汁器（Juicy Salif，1999 年），以及由斯特凡诺·焦万诺尼和文丘里设计的金刚模型和其他主题，全部成为了礼拜式的产品，在欧洲、亚洲和美国的画廊和商店中展出。在阿莱西的设计中，后现代生活方式通过赋予完美产品以幽默感的方式得以适当地表达（Alessi，1998 年）。

阿莱西的产品:

盘子, 设计：约瑟夫·霍夫曼

压力锅, 设计：斯特凡诺·焦万诺尼

Unicci 香皂盒, 设计：弗兰切斯卡·安菲西亚特罗夫
(Francesca Amfitheatrof)

餐具, 设计：马克·纽森 (Marc Newson)

切蔬莱刀, 设计：斯特凡诺·焦万诺尼

Sitges **盘子系列**，设计：路易·克洛泰

Ginevra **玻璃器皿**，设计：埃托雷·索
特萨斯

鱼餐盘，设计：贾斯珀·莫里森

水果盘，设计：斯特凡诺·焦万诺尼

企业界面设计

许多产品领域的日益数字化趋势，将传统的企业度量延伸到了非物质产品（软件、产品显示屏、网站）。计算机科学家和程序员从事的对象行为与设计师所追求的完全不同。效率和速度，应用程序的总体表现，屏幕的优化使用，标准定位（如Windows），成为软件用户界面开发的重要标准。对于公司的每个部门来说，开发自己的应用程序并将其带给市场或用户是很平常的惯例。结果引发的是一场全面的视觉混乱；当优良设计的小手册、产品和公司建筑与屏幕上出现的随意荒凉景象对比时，企业识别开始出现深深的裂痕。

产品设计师最早注意到了这个缺点。他们开始将在硬件设计的三维世界中得来的经验和洞察力转化到软件设计的二维语法中去（Bürdek，1990b，1993年）。最先意识到这一问题并采取正确的行动的公司有前西门子利多富（Nixdorf）公司（帕特博恩市的计算机公司利多富和慕尼黑西门子的联合体）。消费应用软件界面设计的创新设计手册被编辑出来（西门子利多富，1993年），以定义并详细说明软件的框架：品牌、颜色、字体、屏幕布局、图形符号（图标）、菜单和显示、网格布局、编码等。这本手册为开发者和程序员提供了极大帮助——包括模型应用程序——使他们认识到项目必须与西门子的企业设计保持一致。

1988年瑞士的保险集团温特图尔（Winterthur）编写了一本设计手册，它超越了印刷材料的范畴涵盖了公司的互联网表现。出于这一目的，公司的徽标、字体、颜色、标志和网格布局这些视觉标准被用以适用于网页模型。

浏览大量的机构和企业的网站后，会发现它们看上去与自身的企业设计没有丝毫的联系，我们将会理解这些角度的重要性。网站被频繁地用作设计实验平台，因为互联网经常是潜在用户和消费者与公司建立第一次联系的媒介。企业传达和企业行为在这一语境下扮演着重要角色。如果，一个通过电子邮件被提交的疑问长期没有得到回复，传达机会就这么轻易地被浪费掉了。

这一考虑使我们已经超越了企业界面设计，开始进入到客户关系管理（CRM）的层面上来了。作为企业满足消费者的要点所在，界面比以前的假定具有更广阔的范围，这一切正在日益数字化的时代变得十分清晰。哈德维格（Hadwiger）和罗伯特发现了一个适当的公式（2002年），作为品牌和用途整体方法的重要因素，"产品等于传达"。

从设计管理到战略设计

设计管理

当设计方法学在20世纪60年代出现时，一股指向企业行为语境下的设计再评估的潮流正在兴起，主要在英国和北美。设计管理便是其新的战斗口号。

彼得·贝伦斯作为显著人物在这里将被再次提到。在20世纪初期，他在AEG开创性的工作，被标注为对设计管理最早的贡献。奥利维蒂公司在20世纪30年代开始的企业设计行为也属于这一语境。但是直到 1966 年，布里顿·迈克尔·法尔（Briton Michael Farr）结合了系统理论和项目管理的基础原理，才形成了在企业层面进行设计行为的框架（Bürdek,1989 年）。

> 信息提供实际上是品牌和供应商信誉度的基础,是企业身份的柱石。这同样包括企业设计、互动咨询,以标准用户界面形式出现在互联网上的服务提供通常被证明是对企业形象粗鲁的破坏,因为他们所传递的更多是系统开发者的形象,而不是真实的品牌提供者。随着计算机媒介日益重要,尤其是在传递产品建议上,供应商在竞争中区分自己并展现出自身多媒介企业形象的要求日益增加。
>
> ——沃尔特·鲍尔 - 瓦布内格（Walter Bauer-Wabnegg），1997 年

这股潮流对德国的发展步骤产生系统的重大影响——源头来自英国和美国,同样也来自乌尔姆设计学校的方法学著作——特别是在商业经济领域。主要焦点集中在以下两处:

—战略规划的发展;

—与系统信息相关的课题。

早期的思考集中在企业如何正确地处理信息并系统地进行产品开发,以及成功的企业发展之所依赖（超越令人愉悦的试错法）。出于这一目的, 全面的清单被列出, 以指导企业进行处理并在系统和透明的基础上进行决策。AW 设计公司是第一个开发相关工具的咨询中介公司,它将这些工具应用到了很多企业的运作上（Geyer et al. 1970 年, 1972 年）。

20 世纪 70 年代中期设计管理研究所（DMI）成立于马萨诸赛州的波士顿。其目的之一是整理和分类根据美国商业学校使用的方法作出的产品案例研究,研究特定的产品开发以揭示其成功和失败的可能性。与哈佛商业学院合作的 TRIAD 计划赢得了国际声誉。15 个案例在出版物和巡回展示上得以被概述,引发了对设计管理重要性的关注。提供案例者有, 瑞典的机器工具企业鱼牌公司（Bahco）, 荷兰超声波扫描仪制造商飞利浦, 德国的博朗（咖啡机制造商）和 ERCO（起重系统）。设计管理学院经常举办研讨会,并且每季度发行《设计管理期刊》杂志。

> 尽管我们通常将设计概念解释成产品设计和工业设计,但是其包含的无疑更多,设计管理从根本上指的是企业设计管理。如今则越来越多地意味着传达管理,因为硬件, 即产品, 很大程度上是类似和可交换的。品牌传达取代了产品传达。
>
> ——诺贝特·哈默（Norbert Hammer），1994 年

在 20 世纪 80 年代, 自从一些商业经济学家开始意识到设计不仅能带来美学影响同时也与经济影响高度相连后, 设计管理的主题得到了极大推动。一系列的博士论文西比尔·基歇雷尔（Sybille Kicherer, 1987 年）, 海因里希·斯佩普（Heinrich Spieß, 1993 年）, 卡洛斯·鲁梅尔（Carlos Rummel, 1995 年）, 汉斯·乔里·迈耶·科特维格（Hans Jörg Meier-Kortwig, 1997 年）详尽地讨论了相关事物。设计逐渐将自己从传统技能的根基上释放出来, 并且作为一门羽

翼丰满的研究学科赢得了应有的位置。在20世纪70年代，经济上的考虑使设计重点转移到对环境的关注上来。20世纪80年代反复无常的后现代主义（如孟菲斯或新设计）很快被人遗忘，只有在家具设计上，设计师还在卖弄着时代潮流的风情，而不是采用创新的态度。

正是这种态度（你也可以称之为道德规范）使得企业能够去热切地接受设计管理。它们对于如何实现成功设计的不安全感和无知，造成了相应的隔阂，使得在20世纪90年代日见重要的咨询顾问中介充斥着在设计和工业领域上的秘诀提供，包装覆盖了产品开发的全过程，由市场分析到概念和项目阶段，到传达和投放市场（Buck和Vogt，1996年）。全面的方法在于次序，企业同样也认识到将内涵注入设计的可能，并通过这一可能来进行市场定位。这一点在欧洲的汽车工业显得十分明显，欧洲的汽车工业因大量的不同类型的新汽车获得极大的成功。同样变得明显的趋势是对单独项目、图像和商标——今天叫作品牌推广——的超越日益重要。

品牌推广

品牌推广（Branding）一词最初是指北美平原上牛群的记号。刻有主人名字的烙印被烫到牛身上以便于区分。这一工作过程与今天的产品流通一样，只有当突出于环境多样性之外、特征显著并且引人注意的单个产品才是可识别的。这些标识有：索尼、戴姆勒－克莱斯勒、阿迪达斯、苹果、李维斯（Levi's）、IBM、微软、耐克、诺基亚、奔迈（Palm）、彪马、西门子、斯沃奇、维特拉。企业的名字同样必须具有相同的世界内涵，产品设计是经济全球化中的一个重要因素。

如今作为自发行为的设计管理正在被综合概念和革新管理所取代，它们同样也整合了设计的维度。

——古伊·邦西彭，1996年

在越来越多的地区，即便是产品是以同样的构成装配而成（由亚洲的制造商批量生产的芯片），技术性能仍然是最大的标识区分。当设计在区分中扮演重要角色时，品牌（商标图案）成为用户最终决定购买的关键因素。德国汽车协会ADAC，每季度发行一本汽车品牌索引，其根据是诸如品牌（商标图像）、市场能力以及大约能够吸引50%潜在消费者注意力的品牌趋势之类的因素。汽车的性能（基于故障统计）或技术潮流（公司发布的革新）占据了较远的第二位置。品牌因此成为企业创新价值的增长因素，这确定了一个完全不同的语境——非物质品质所占的比率远胜过物质品质。产品开始日益传递信息，而不再是满足实际功能。品牌价值成为企业关注的中心。可口可乐占据着世界品牌价值排行榜的第一位，其品牌价值被评估为800亿美元，紧接着的是微软，大约为560亿美元，IBM大约为440亿美元。

设计管理中的新方法

在20世纪90年代设计方法学发展成显著的革新推动力的同时，集中在设计管理相关课题的研究也有了一个方法学的指引。引人注意的是，集中在商业方面的分析要少于产品传达功能

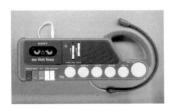

彪马 黑色站点 96 小时服装系列

商业收藏
(图片: Nicole Weber Communications)

我的第一部索尼

方面的分析，"产品传达理论在实用功能和象征功能之间划分出了相对严格的区别，对于后者而言，则是美学形式和符号功能的区分。最终是它们的结合效应，创造出了一系列具有连贯性的产品。产品－效应模型通过将产品传达理论的基本原则详尽描述成与革新相关的周遭事物，最终克服了这些缺点。"（Buck，Herrmann 和 Lubkowitz，1998 年）

> 什么使得产品/服务能够在市场上吸引人而且容易辨别，"独一无二"是其真实的内涵，"语意附加价值"。一种传达内涵的方法是符号和代码。我断言，未来的市场成功，不再依赖于产量和有技巧的营销手段，而是甚至主要是依靠其高效的符号管理。
>
> ——海伦尼·卡尔马森（Helene Karmasin），1993 年

抛开其强烈的经济指导作用，整体的设计方法显然吸收了传达的方法，使得对于象征性和产品传达功能的管理可以被视作一项企业任务。

很多方法，如放映（对于真实产品世界的检验）、潮流分析、潮流映射（社会美学模型的可视化）或者对现有和规划好的产品的潮流配置，在这一语境中得到了应用。对不同消费环境的研究也得到进行，其结果引出了有代表性的美学模型。这种稳固的设计管理方法的潜力，在于其对于可视化的重视，这在传达设计上产生了显著的优势。有效的目标群体是工业管理者，他们具有营销或技术背景，却对设计问题没有多少理解或直觉。

就全球视野来看，这些方法仍是有用的。恰当的可视化远比只是榨干营销纲要更有效，比如是用欧洲或美国设计师和设计实践所提出的产品方案的好处来说服亚洲的管理者。在这一方面，设计管理在 20 世纪 90 年代理所当然地发展成一种跨文化的技能。

另一个出版物用了6个案例研究，以说明设计理论和设计管理的方法如何在实践中证明自己（Buck，2003 年）。这些研究依靠的是这里已经提及的那些方法，由格哈德·舒策尔发展出的社会环境模型，表现现有品牌产品—文化语意的可视化商标模型，或者品牌定位。简练的口号"设计视觉化一切"（Buck，2003 年）再次强调，当设计被应用到工业语境且取得成功时，传达方法就成为了其关键因素。

战略设计

随着设计师接到越来越多的企业传达任务（范围由企业设计到企业文化，企业传达等等），这些发展显示了设计如何在20世纪90年代成为产品开发的中心焦点。对于设计师的挑战来自他们在设计接口和商业关注中所处的地位，这需要对于语境的可靠感，如企业文化或目标群体的语境。在这里，设计的特定原则是以令人信服的图像、在非口头层面上的传达来阐述概念和产品战略。"假想工程学"（参见第 339 页）为描述这一方法而被创造出的恰当词汇。

现在设计是大多数公司的主要角色。"设计或者死亡"，不再是具有讽刺意义的句子，如同其在 20 世纪 80 年代那样；设计是在管理层面讨论的严肃话题，企业的战略决定几乎总是包括了设计决策。

两个例子

20世纪60年代，英国汽车制造商莫里斯汽车公司开发出了"迷你库珀"（Mini Cooper），一种汽车，它紧凑的维度很快使之成为伦敦"多彩的20世纪60年代"最成功的城市汽车（Woodham，2000年）。当然这对于玛丽·匡特来说是适合的汽车，她是"迷你裙"传奇的制造者。这款汽车在竞速上的成功和在很多电影中（其中有些出现在喜剧《憨豆先生》中）的出现，以及其作为简约主义者交通工具所具有的第一特质，孕育出了一群信徒并且使迷你理念进入日常交通工具。在这层意义下，这是英国人对德国大众的回应，尽管其技术发展在20世纪末期陷入停滞。

　　设计战略计划究竟能够推动什么呢？主要的作者从假设中得出结论，认为社会（以及置身其中的个人）能够通过符号更好地解释和建构自身。在可预见的未来，对象这一象征性的维度，在当今功能主义和实用主义的压制下，将成为驱动社会和生产的动力。大量代表不同指令（命令）的符号，将成为设计的重要任务。

——亚历克斯·布克，1998年

在收购莫里斯迷你品牌后，BMW推出了针对这一汽车强烈的战略设计的重新配置。吸收了此前的那些信徒后，新的内涵被直接灌输到那些新的目标群体上：年轻、成功、高收入的职业人士，被称之"丁克一族"，能够并且愿意为有趣、代表成功、理想地融入城市环境的汽车支出大量金钱的人群。这些有创造性的年轻人欣赏设计的情感诉求和驾驶的乐趣，并且纵容大量的附属品，如可敞篷车顶、五星合金车轮、音响系统和空调（Gorgs，2003年）。新迷你车型十分符合BMW商标的运动形象，体现了成功产品范围的战略延伸。

Smart最初也是作为交通工具出现的，其目标群体同样也是年轻的城市人群，他们一开始总是显得难于接近。一方面，价格太高，另一方面，好玩的有机内饰传递出的是些许幼稚的印象，这与智能交通工具的概念不一致。结果是，购买和使用者大部分是那些年长的人，这可以说成为了城市购物车。福尔克尔·阿尔布斯在卡尔斯鲁厄设计学校的演讲发现，除非客户有女儿并且声称自己正在使用她的汽车，设计人员不会向他展示Smart汽车。但是这个不成熟的形象并没有持续多久。现在德国铁路公司（Deutsche Bahn）在大概30个火车站分配了Smart汽车，为铁路乘客提供Smart汽车（或自行车）以进行室内传输，顺带地实现了这款汽车最初的目的。高速ICE火车连接着德国的大城市，Smart汽车传达出了意味深长的共生关系。

Smart跑车（2003年上市）定位于和迷你车类似的目标群体：年轻，活跃，动感，而且富有的消费者，他们不愿意让任何人破坏其驾驶的乐趣。相反地，他们有意识地使用这款汽车以传达出"生活是有乐趣的"这一观念。

因此只有当Smart计划接下来开发出一款"真正的"汽车（四个座位），以使更大范围的使用群体能够传达出他们对于生活的态度时，这一切才能发挥作用。

新迷你汽车
外观 / 细部

Smart：

Smart 单排敞篷跑车

Smart 四人轿车

Smart City-Coupé

与 Smart 共有的汽车（图片：DB AG/Mann）

两个案例，迷你车和 Smart 表明基于设计的产品战略决策延伸是消费者感知的主要因素。技术特征已经成为理所当然的事物，而且不再能够传递出足够的差异标识。

> 如今我们购买汽车像玩具一样：购买新大众甲壳虫是为了怀旧，而 Smart 是为了乐趣，悍马（Humvee）则是为了引人注意。尼古拉斯·G·海克，斯沃奇集团的 CEO 以及 Smart 汽车的联合出品人，告诉我们，"如果你能够将强有力的技术与六岁孩子的想像相结合，那么你将创造出奇迹。"
>
> ——约翰·奈斯比特，1999 年

建筑与设计

历史、理论和设计实践紧密地联系着建筑的发展。由著名的维多利亚时期建筑论述到如今（Bürdek,1997b），建筑理论不仅涉及到功能，也包括美学效应和设计，特别是建筑的内涵。但是这些在建筑中理所当然的事物却并没有在设计理论中得以建立。

建筑，经常被认为是最古老的艺术、"所有艺术之母"，20世纪初期在设计领域扮演着高度重要的角色。很多早期的设计师，彼得·贝伦斯、沃尔特·格罗皮乌斯、马特·史坦、勒·柯布西耶、密斯·凡·德·罗都是建筑师。沃尔特·格罗皮乌斯在1919年包豪斯宣言中将建筑称作所有设计活动的终极目标，所有的课程和车间都应该围绕其运转。由建筑和城市规划的影响所引发的功能主义批判早已被指出。第二次世界大战后的建筑活动，尤其是在欧洲，是如此的紧密以至于其阻止了关于建筑师从事的是什么的讨论。偶尔的单独声明几乎无法获得建筑理论的地位。只有当20世纪70年代建筑热潮开始减弱后，建筑师才开始再次意识到理论基础的必要（Kruft，1985年）。

重要的原动力来自美国建筑师。在1932年纽约现代艺术博物馆的一次特定展出中，菲利普·约翰逊（Philip Johnson）和亨利-罗素·希契科克（Henry-RussellHitchcock）一起出版了《国际风格》（The International Style）一书，使得这一词语在世界范围内普及。但是在20世纪50年代，菲利普·约翰逊抛弃了密斯·凡·德·罗的影响，开始将兴趣转移到后现代建筑上来。

建筑师对于意大利设计的出现也产生了强烈的影响。马里奥·贝里尼、鲁道夫·博内托、阿希尔和皮尔·卡斯蒂廖尼、保罗·德加内洛、亚历山德罗·门迪尼、埃托雷·索特萨斯以及马可·扎努索塑造（甚至可以说发明）了意大利设计，并在几十年时间里确定了意大利设计的特点。

在美国，法国结构主义对于语言学领域的影响尤为强烈。尽管汤姆·沃尔夫（Tom Wolfe，1986年）将其视作植根于后马克思主义者的伪造，它对于年轻的罗伯特·文丘里的影响却是正面和重要的。他于1966年在美国出版的《建筑中的复杂性和矛盾》（Complexity and Contradiction in Architecture）一书植根于多元文化态度，可以被认为是对占统治地位的《国际风格》的挑战。文丘里指出20世纪60年代的建筑思想只关注于功能和形式，很少有人认识到建筑中的象征意义。他使用了模糊（ambiguity）、双重功能（double-functioning）和多重性（plurality）这些词语，并借助格式塔完型心理学来论述参照的框架。在建筑上，参照的框架被用来对符号进行延伸，其包括的内涵超越了直接的意义。这是第一次提到建筑的象征意义，这为 1972 年由罗伯特·文丘里、丹尼斯·斯科特·布朗和史蒂文·艾泽努尔出版的被叫作《向拉斯维加斯学习》（Learn from Las Vegas）的研究提供了更为广阔的视野。作者将符号学作为建筑现象的扩展模型进行关注。2002 年对以往进行回顾后，文丘里和丹尼斯·斯科特·布朗说："我们认为将建筑更加抽象、更加简化的方法是陈旧的。这是个重要的进步，但是今天的挑战是让建筑向内涵开放并赋予其全新的象征主义。"当谈论到建筑语言时，他们提到了教堂建筑，他们认为这些建筑并非毫无内涵地树立着，而是有着很多传递给人们的东西——宏伟的外观、内部的礼拜仪式或者传教士进行的布告和布道。

开始于美国 20 世纪 60 年代末期关于后现代主义争论的著作传到欧洲通过了两个渠道，让·弗朗索瓦·利奥塔尔的著作和建筑的实际应用（1982 年，1985 年）："建筑也许不是最早的，但却是对后现代主义最有影响的宣言。正是通过建筑及相关争论，人们知道后现代主义的存在，并且了解这不仅仅是个理念而且是现实"（Welsch，1987 年）。

全球范围内后现代主义建筑的爆发开始于 1978 年，当时查理斯·詹克斯出版了《后现代建筑语言》（The Language of Post-Modern Architecture）一书。作者宣布了现代主义的死亡，时间定格在 1972 年 7 月 15 日下午 3 点 32 分，密苏里州的圣路易斯市（St. Louis，Missouri）。对他而言，国际风格随着普律特-伊果（Pruitt-Igoe）集合住宅的拆除而终结。本书标题中的语言一词明确地表明了参照框架——对国际风格中单调和千篇一律的抛弃。后现代主义由人文科学中语言学的分支语意学发展而来，它允许多种不同解释的存在。

1987 年查理斯·詹克斯描述了后现代古典主义的 11 条原则，其中有文化多元主义、折衷主义、双重法则、多价值和传统的再诠释，他同时用现存建筑的例子对其作了说明。这强调了如今建筑和语意学争论关系的重要性。沃尔夫冈·韦尔施（Wolfgang Welsch）甚至将后现代主义定义为语意学的依赖物，汉诺·沃尔特·克鲁夫特（Hanno Walter Kruft）将建筑符号学认同为当代建筑理论中的共同元素。显然在平行的发展的设计中，重点同样转移到对象的传达功能也就非偶然了。建筑和设计都将功能观念转移到内涵的探索上来，其目的在于实现一致的对象语言。

由于后现代主义运动，建筑在 20 世纪末期经历了多种概念、风格和宣言广泛表现的新繁荣。很多建筑师开始致力于自己建筑的理论论述，把它们与各自的历史、哲学或者文化语境相联系。在这个纬度上几乎完全没有设计师。他们的无语最终证明这一学科的不成熟性，尽管这令人吃惊。毕竟，建筑理论的文献有超过 2000 年的历史，而设计历史却几乎不到 150 年。

很多国家树立的博物馆建筑特别具有启蒙意义，它们以语言学的视角为试验开拓了广阔的领域，同时也为城市或地区的身份形象转换留下了重要特色。

沃克·菲舍尔（1988b）曾经认为这种建筑和设计的边界交叉无疑是对单边自然的职业翻版。当大量的建筑师很自然地转移到职业设计领域——看起来是意外地——开始从事家具、照明系统、门把手以及附属品等等产品设计时，设计师们就很难改变这个进程。另一方面，1994年菲利普·斯塔克为自己在巴黎附近设计了一所木头房子，并通过邮购公司 Trois Suisses 推销其建筑的配套元件；1999年马泰奥·图恩为一个德国制造商设计了低能耗的住宅 Sole Mio，但是其成功相当有限。

> 我的观点是，出于对结构和基础检查的无能为力，设计很难说是门学科。事实上我更愿意将其断言为下个世纪将经历伟大革新的领域。
>
> ——伯纳德·屈米（Bernard Tschumi），1991 年

作为设计师的建筑师

很多建筑师的工作展现了建筑和设计之间的交互作用。

安藤忠雄

在项目中反映出欧洲哲学家（如海德格尔和维特根斯坦）的逻辑和严谨，日本建筑师安藤忠雄在使用现代材料去重新诠释传统空间观念上取得了醒目的成功。他为维特拉公司在威尔城建立的研讨会和商讨中心，传达出了对于未处理过的混凝土墙体和简朴陈设的高度关注和思考。正是用户将这些空间带给了生活。

阿弗列多·阿利巴斯（Alfredo Arribas）

阿弗列多·阿利巴斯是新西班牙设计的重要代表人物。他在巴塞罗那、法兰克福、福冈、马德里、札幌和东京设计的饭店、酒吧和商店，用栩栩如生的建筑语言传递出了当代大都市的生活方式，他的建筑很快被年轻的、时髦的和富有的消费群体所接受。

阿斯托特（Asymptote）

这个由建筑师和设计师组成的美国小组致力于传统建筑界面、城市设计、多媒体装置和计算机生成环境的研究。他们为 Knoll 公司设计了 A3 办公室系统，这是个代表微观和宏观建筑适意结合的环境。A3 项目是建筑、产品设计和媒介日益融合的典型例子。

马里奥·博塔

位于瑞士的提契诺州，马里奥·博塔是在设计方法中强调项目的区域性和地形学语境的代表人物。他为 FSB 设计的家具、生活附属品和门把手，依赖于具有几何学简洁特征的简化形式。这些项目和他的建筑处于同等地位，在设计定位和与生活空间相关的所有方面表现出了对现代主义事实的重新解释。

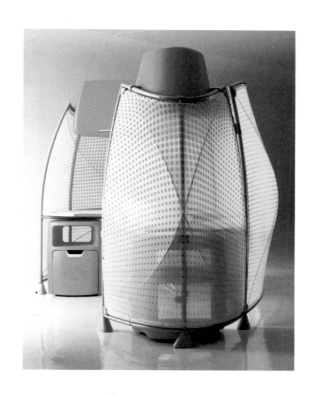

A3 办公家具系统， 设计：阿斯托特，Knoll

A 900 办公椅， 设计：福斯特和合作者，Thonet

圣地亚哥·卡拉特拉瓦（Santiago Calatrava）

圣地亚哥·卡拉特拉瓦是用建筑的方法来设计出引人入胜的有机模型（如特定场所的图标）的代表人物之一。他的重心放在桥梁和公共建筑上，但是也涉及家具设计。他的重要建筑包括1998年在里斯本为博览会设计的火车站，在里昂为TGV设计的高速列车站，在毕尔巴鄂的机场终点站和在巴伦西亚的多种建筑。后来，为了表达对符号主义的敬意，他为Imax电影院设计出了一个巨型的眼球作为其外形，因其上映的电影而得名"智慧之眼"。科学博物馆（Museu de les Ciènces Principe Felipe）的中心建筑，解释了这些富于表现的建筑的内在问题。在独立的室内设计中，主幕墙得不到太多的使用，科学陈列排列被挤压成笨拙的建筑形式。在可以被称作建筑品牌形式中，他的建筑的艺术品质以真实的卡拉特拉瓦创造而很快得到承认。客户乐于利用与这一影响相关的象征传递。

解构派蓝天组（Coop Himmelblau）

这个奥地利小组由沃尔夫·D·普瑞克斯（Wolf D.Prix）、赫尔穆特·斯威青斯盖（Helmut Swiczinsky）和迈克尔·霍尔泽（Michael Holzer）于1968年在维也纳成立。在汉斯·霍莱恩实验性的创造和Haus-Rucker-Co公司小组的影响下，他们重点主要集中在充气建筑上，研究城市建筑的选择形式，并且积极推动解构主义的方法在设计上的应用。他们的"燃烧"计划表达出对后现代主义的反对，他们将其视作新的波德麦时期。他们象征性的厨房设计"你好"（Mahlzeit）重新定义了生活的中心活动——进餐（1990年）。使用像不锈钢这样的材料，他们将厨房升级为专业的家庭工作地点，他们参与了从20世纪90年代开始的厨房的迅速发展。他们在德累斯顿的复合式电影院UFA（1998年）很可能是最具解构主义风格特质的建筑。

埃贡·艾尔曼

德国人埃尔曼同样也是一位采用整体设计原则的知名设计师。其重要建筑包括，柏林的凯泽·威廉（Kaiser Wilhelm）纪念教堂，奥利维蒂在法兰克福的办事处，华盛顿德国大使馆，以及IBM在斯图加特的办公建筑。他的很多建筑设计寻求将建筑的外部和内部联系起来以实现空间的均衡（Egon Eiermann-Die Möbel，1999年）。除了大量夹板和柳条样式的椅子，他为绘图桌设计了基本框架，而这最初是为自己的工作室设计的。由于具有高度的适应性和变化性，它们能够支持不同的车间，成为了20世纪具有象征意义的产品。易读性是他设计的一个重要特征，其可视化的结构细节揭示了家具的部件是如何工作的。

诺曼·福斯特

在职业生涯早期，诺曼·福斯特与理查德·罗杰斯（Richard Rogers）一起工作，他们一起开发了高科技建筑以研究前沿技术的可能性。其中他们的一个案例就是为英国靠近诺维奇（Norwich）附近的东安格利亚大学（University of East Anglia）所设计的圣斯柏利视觉艺术中心（Sainsbury Center for Visual Arts）。福斯特的联合体因其设计的香港和上海银行香港总部而获得国际性的突破。除了大量的公共记者外，福斯特同样也设计了航空终点站（中国香港）、火车站、毕尔巴鄂的地铁系统（德国平面设计师奥托·艾歇尔为其进行了形象设计）、桥梁、服务站以及其他的很多建筑。福斯特是国际建筑界的明星，他的工作室雇员超过600人（Jenkins，2000年）。他设计作品中的广泛的创新的复杂性体现了一致性的原则，顺从了技术、经济和生态学的要求。内部和外部的相互独立性是福斯特的另一个主题。在为香港和上海银行所做的设计中，他创造了Nomos办公家具系统，使用了和建筑一样的技术语言，因而将家具定义为建筑在尺度上的缩小。为阿莱西公司设计的碟子，为杜拉维特（Duravit）和Hoesch公司设计的浴室系列，为ERCO设计的灯具，为FSB设计的门把手，为喜力得公司（Helit）设计的桌面配件，或者为Thonet设计的办公家具，所有福斯特的设计具有和建筑质量一样严格和专注的特点。毫无疑问，这些产品的制造商从与福斯特设计相关的形象转变中获益匪浅。

弗兰克·O·盖里

盖里，加拿大出生的美国人，从事解构主义的建筑设计，现在被认为是世界上最重要的特质设计师。他关于维特拉设计博物馆的主张对公司的总体企业形象作出了至关重要的贡献。他创造出的毕尔巴鄂市古根海姆博物馆是20世纪最引人注目的博物馆之一。毕尔巴鄂市因此由一个阴暗的工业港口完全转变成为西班牙北部的文化中心,高级画廊和商店吸引了大量的游客。这一发展改变了整个地区的特征。艺术、设计和建筑之间的边界开始互换，盖里在这之间适当的跨越代表着当今文化版图地标上的总体方法。

扎哈·哈迪德

扎哈·哈迪德出生于伊拉克，如今生活在伦敦，她被认为是在其同时代人物中最热衷于追求表现主义和解构主义方法的建筑师。她于1983年开始享誉国际，当时她的绘画作品赢得了香港顶点计划（Peak project）大赛。她反映城市状况和建筑的绘画试图揭示新的建筑视觉概念。哈迪德在作品中追求一种对现代主义激进的再发现和再诠释。她对于交通工具、浮力和当代社会的哲学观在维特拉公司消防中心得到了杰出的体现（她的第一个完成的建筑，1993年）。如今这里收藏了83把椅子，都是20世纪的设计经典。其他哈迪德设计的重要作品有辛辛那提（Cincinnati）当代艺术中心，莱茵的国际园艺展览馆，伦敦M区的千年穹顶，宝马在莱比锡（Leipizig）新工厂的中心建筑，罗马当代艺术中心，萨勒诺（Salerno）的轮渡站。她最近的项目是靠近因斯布鲁克（Innsbruck）附近博吉赛尔山的滑雪场，2002年落成。

她的家具设计充满了建筑的手法。自1988年开始生产的这些家具体现了空间向对象的转变。她为Sawaya & Moroni公司设计了Z.Scape系列家具，包括桌子和休息室家具。冰河沙发（2001年），形状酷似冰山，由CNC机制木制成，重约600公斤（1300lb）。

汉斯·霍莱因

奥地利人霍莱因被认为是后现代主义最重要的代表人物之一。利用对象向空间的转移来创造出整体艺术作品，是他富有创意的设计中的重要特征。甚至在他早期的设计中——在维也纳的一家蜡烛商店和珠宝商店，维也纳国家旅游办事处——就具有惊人的表现力。他的国际性突破是为德国门兴格拉德巴赫市设计的阿布泰贝格（Abteiberg）博物馆。其中陈列的艺术品与建筑的内部和外观和谐一致。20世纪80年代霍莱因为孟菲斯所作的设计，是为数不多的后现代家具之一。除了珠宝和手表设计，他还进行了瓷砖和太阳镜设计，为Bösendorf公司设计的钢琴，为Swarovski公司设计的水晶瓶，为德国FSB公司设计的门把手，所有这些都在叙述性设计的传统上融入了复杂内涵。

> 设计是传达的方法，但是甚至连传达方法也是设计的一个对象。主体自身就是发言的媒介。这些方法的范围从只是对语言的编码（通过字母，如信号机），到赋予了特定含义的手势（在不同文化背景下大不相同），以及传递意义的所有行为，无论其清晰还是不明确。
>
> ——汉斯·霍莱因，1989年

伊东丰雄（Toyo Ito）

日本建筑师伊东丰雄致力于人类、自然和技术之间交互关系的不断改变。伊东丰雄是一位在广泛使用新技术的同时强调用户空间效应和体验的建筑师。对于风的研究使得伊东丰雄关注日本人的基本居住方式，滑动门、缺乏装饰决定了房间的高度伸缩特征。

R·库哈斯

1975年荷兰建筑师库哈斯成立了都市建筑办事处（Office for Metropolitan Architecture, OMA），这开始了他的艺术性和实验性设计项目（Koolhaas/OMA/AMO，2001年）。他为意大利时装巨人Prada在纽约旗舰店所作的设计适当地跨越了设计、建筑和时装的边界。他和合作者一起研究了全世界的商业现象，进行了广泛的探索，出版一本商业巨著（Koolhaas/OMA/AMO，2002年）。商店自身就像一出戏剧。假定包括舞台，遵从剧本，因场景变化而生动，从日间商店到夜间音乐厅、剧院或迪斯科舞厅。

理查德·迈耶

美国人迈耶将传统现代主义进行了扭曲。内部和外部表面赋予了他的自由建筑以光华，这也可以被认为是对他建筑师自身的反映。迈耶奉行同样的外观简化习惯，强调简单几何形式，他的家具设计大多是为自己的建筑所创作的。他的设计客户包括阿莱西（泡茶装置）、Knoll国际（家具）和斯威德·鲍威尔公司（Swid Powell，银碗）。对他而言，设计和建筑一样是个富

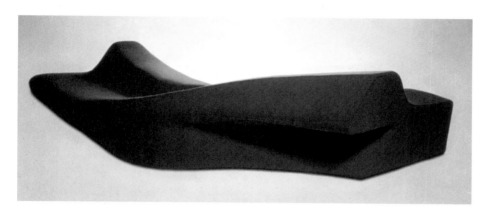

堆积岩睡椅和沙发，设计：扎哈·哈迪德，Sawaya & Morini 公司

小海狸扶手椅，设计：弗兰克·O·盖里，Vitra 公司

Prada 纽约店，设计：OMA，莱姆·库哈斯

于创新且多产的领域（Fischer，2003 年）。

亚历山德罗·门迪尼

意大利建筑师、设计师和批评家是 20 世纪下半段设计界首屈一指的人物。他联合开展了 20 世纪 80 年代初期的孟菲斯运动，在米兰成立了炼金术工作室，设计了大量的人工制品。轻松地游走于建筑、设计、美术、文学和音乐之间，亚历山德罗·门迪尼是典型的跨边界艺术家，他的作品无疑能够被称为整体艺术品。

让·努韦尔

法国人努韦尔可能是当今最理性的建筑师。强烈地受到法国哲学和社会学事件（让·鲍德里亚，雅克·德里达等）的影响，他设计的象征主义建筑总是采用最新的高技术材料。其目的在于测试静力学原理和分化感观体验。他的最小化美学观念使得其建筑中简单外观和高度复杂的内部结构并存（Nouvel，2001 年）。

巴黎的阿拉伯世界学院（Institut du Monde Arabe，1987 年）高度统一了这些方面，建筑外立面上对阿拉伯装饰重新解释后的使用改变了对光线投射角度的依赖。努韦尔在巴黎卡地亚艺术中心（Fondation Cartier）的设计（1995 年）中提出了新数字媒体时代物质性和非物质性的问题，这一问题自 20 世纪 80 年代后一直在设计界进行着讨论。方格玻璃窗帘通过影响建筑的轮廓线使得建筑处于可见和不可见之间，真实的建筑也处在玻璃前并突出地树立在公园之后。努韦尔是处理现实和非现实的专家。努韦尔也为这个建筑设计了办公系统 Less，由意大利 Unifor 公司生产和销售。桌面上安装的二维圆盘是由铝制成的，其二维特征必须通过第二眼才能发现，它们的容量只有从下面才能察觉到。所有的技术特征，如电缆之类的，都不可见，看上去像被非物质化了一样。

"没有风格"，法国建筑师让·努韦尔在一个有上千人参加的研讨会上说，"只有态度"。什么是重要的，他接着说，是不要将同样的事情做两次，从环境中得到灵感，赋予对象一个空间中的身份。

——亨宁·克吕弗（Henning Klüver），2002 年

阿尔多·罗西

意大利人罗西是植根于 20 世纪 20 年代（阿道夫·路斯、勒·柯布西耶、密斯·凡·德·罗）理性建筑的最重要的代表人物之一。对于比率的关注是来自维特鲁威（Vitruvius）的建议（Bürdek，1997b），如今在后现代主义的理性分支概念中仍能找到一席之地。罗西同样出版了大量关于城市建筑和规划的理论作品（1966 年，1975 年）。1980 年在威尼斯出版的著作是早期后现代建筑运动中里程碑式的作品。他设计了"漂浮的蒙多"（Teatro del Mondo），证明自己是个引用历史经典的大师。他在制造舞台上的完美技巧来自其歌剧舞台设计师的经验。

家具设计,设计:理查德·迈耶,Knoll
公司

马拉嘎度游行曲(Maracatu)沙发,设
计:亚历山德罗·门迪尼,Vitra 公司

他为荷兰马斯特里赫特（Maastricht）设计了博尼范登（Bonnefanten）博物馆，主张博物馆应该是 20 世纪早期朴素的功能主义工业建筑。很多细节完美地体现了美学和对简单几何形式的喜好：一段似乎没有尽头的楼梯让人联想起只在尽头有一束光线的中世纪街道；镀锌的房屋穹顶唤醒了人们对工业建筑风格的回忆；建筑内部故意使用漫画般的颜色，主题与之形成了具有讽刺意义的扭曲；整个建筑的颜色和外观体现了对过去和现在建筑无所不在的引用。

其建筑中独一无二的独立性也在罗西设计的产品微观建筑中得到体现，从为阿莱西设计的咖啡壶，到为德易家（Molteni）公司设计的坐具和为意大利公司 Unifor 设计的办公系统 Parigi。他的马斯特里赫特博物馆设计为 Cartesio 书架提供了基础，这反映出了罗西理性主义设计风格中的几何严肃性。

詹姆斯·斯特林

英国人斯特林的职业生涯开始于对勒·柯布西耶晚期作品如 1957 年法国朗香教堂的批判，这使得他的兴趣转移到了野兽主义风格——一种因对暴露的混凝土的使用而出名的设计风格。直到 20 世纪 70 年代，他设计了大量这一风格的建筑，包括莱切斯特大学工程学建筑，奥利维蒂在哈斯勒米尔（Haslemere）的培训学校，西门子集团和德比（Derby）城市中心建筑。

20 世纪 70 年代末期斯特林迎来了后现代主义，成为了没有反讽意味的叙述设计方法的代言人。他的方法依赖于对建筑历史中个别现象（辛克尔的穹顶大厅，古代的柱廊，帕拉底奥新古典主义）的引用，而在语意上则产生了新的内涵，"教建筑跳舞"（"teaching architecture to dance", Pehnt, 1992 年）。

斯图加特的新斯图加特州立美术馆（Neue Staatsgalerie, 1984 年）唤醒了对意大利帕拉佐形式的回忆。建筑中央则是一个经典的圆形大厅，梯形门楼是埃及样式，入口坡道设计则十分显眼。建筑内部故意设计的不协调，明亮的绿色高科技升降梯，展示厅中是巨大的蘑菇头柱式。总之，建筑内部提供了沉思的氛围，这与华丽的外观形成了明确的对比，整个博物馆作为一个艺术作品与其内部收藏的艺术品和谐统一。

1982 年为德国梅尔松根（Melsungen）医疗技术公司博朗（B.Braun）设计的工厂建筑，是斯特林为 20 世纪末期工业建筑设计作出的重要贡献。从外面看上去，这是个功能主义和理性主义的工厂，而建筑在总体上后现代主义的转变给员工一种归属和认同感。

O·M·翁格尔斯（Oswald Matthias Ungers）

早在 20 世纪 80 年代，德国建筑师翁格尔斯就开始了对作为基本几何形式的正方形的研究，这也成为了他设计风格中的一个重要特征。安格的设计延伸到了自己建筑的内部，他为法兰克福德国建筑博物馆（DAM）设计的椅子，把总体形式概念转化到了一个小的规模上。结果体现在黑色木质框架，白色皮革装饰。建筑中的严肃性直接传递到了家具上。

纪念手表，设计：阿尔多·罗西，阿莱西
公司

瑞士展览厅，Expo2000，设计：彼得·卒
姆托

彼得·卒姆托

瑞士建筑师卒姆托是其领域最严格的代表人物——将紧凑、激情和完美主义融入建筑,这完全重新定义了空间概念。曾经在父亲的车间中受过木匠训练,他很早就知道了无瑕疵的手工作品的内涵,十年的维护经验给了他紧密的建筑知识。卒姆托差不多专门使用那些直接暴露在眼球下的自然材料(木头、石头、金属和混凝土)。卒姆托使用严格的几何形式,他的建筑从外观上看酷似珠宝,内部则给人温暖和舒适的感觉。其理性参照点是哲学家海德格尔(1967年),他很好地理解了海德格尔的"渴望远古,渴望归属感和家乡感"(Zumthor,2001年)。除了哲学和设计问题外,他不仅对理念或形式,同样也对事物自身及其价值感兴趣,它们的生动性吸引着卒姆托。因此瑞士 Bad Vals(1997年)由灰青色自然颜色建造的温泉池是自然、水、休息和思考的有力象征。卒姆托在奥地利布雷根茨(Bregenz)的艺术室是一个半透明的立方体,当夜幕降临后穿过康斯坦斯湖水发出炫目的亮光。

> 德国《时代周报》(DIE ZEIT):"你的建筑是反结构的吗?"
> 卒姆托:"是的,他们提出的是对建筑中日益增长的劳动分工的反抗。我可不愿意只是成为一个设计师,或者更理想的说一个哲学家,我们的建筑同样也宣布,我们的世界不是仅仅由图像和理念来定义的。这里同样也有静止的事物,他们也是有价值的。"

> ——《时代周报》,45/2001

卒姆托同样也为2000年汉诺威(Hannover)世博会设计了瑞士馆。他用了3000m³(9800sq. ft.)的冷杉木作为梁,而没有用到任何钉子和插件。钢柱只是为整个建筑构架提供支撑,没有破坏这些梁,不影响它们的再次使用。开放式的展览馆被设计成声学形状,通过这些木头的气味、未经处理的表面和这些梁构成的形式传递出紧密的空间感。自然自身成为了开放的空间,这高度准确地传递出了瑞士这个国家的形象。

乌托邦、幻想、概念和趋势

前面的章节表明,远离紧密相连的产品循环——从个体建筑到环境构建——建筑的目光开始超越设计的日常业务。建筑师以理智的方式对建筑任务进行讨论,这远远超越了设计领域所发生的一切。此外,在建筑上开始出现雏形的乌托邦和幻想为生活和设计中的新概念进行分析、公式化、勾勒轮廓和模拟提供了空间。对比于设计,建筑已经认识到这些尺度的重要意义。

乌托邦思想的起源可以追溯到古代和柏拉图的著作《理想国》,都是这一主题直到1516年因托马斯·莫尔出版了《乌托邦》一书才引起广泛的注意。弗朗西斯·培根(Francis Bacon)在著作《新亚特兰蒂斯岛》(1626年)中继续了这个主题,乌托邦、预言和概念化的方法在建

滚动的家居，设计：阿莱斯·维德古特（Alles WirdGut）（图片：Alles WirdGut）

荷兰展示厅 Expo2000，设计：MVRDV（图片：Bürdek 摄）

筑上有着长久的传统（Kruft，1985 年）。18 世纪，法国建筑师艾蒂安 - 路易斯·部雷（Etienne-Louis Boullée）所做的设计不是为了体现现实，而是为了展示建筑上的想像力。与他同时期的同胞克劳德－尼古拉斯·勒杜（Claude-Nicolas Ledoux）——法国革命的拥护者，所设计的建筑最重要的方面则是体现符号内涵。

在 20 世纪初期出现的意大利未来主义被认为是无边界的技术理想主义的源头，俄罗斯艺术家卡济米尔·马列维奇甚至尝试设计出能为社会主义代言的建筑。

日本的新陈代谢学家和理查德·巴克敏斯特·富勒是 20 世纪建筑和设计领域最著名的理想主义学者之一。在 20 世纪 60 年代晚期，汉斯·霍莱因研究了未来建筑，英国小组建筑电讯派（包括彼得·库克）发展了表现技术崇拜的设计项目。

20 世纪 70 年代后，里昂·克里尔（Leon Krier）、Site 小组、豪斯拉克科公司、蓝天组（Coop Himmelblau）、超级工作室、彼得·艾森曼（Peter Eisenman），R·库哈斯、伯纳德·楚米、丹尼尔·李贝斯金（Daniel Libeskind），尤其是扎哈·哈迪德研究了绘画和设计在未来时空的趋势（McQuaid，2003 年）。

20 世纪 90 年代，荷兰 MVRDV 延续了乌托邦和理想主义建筑的长期传统。MVRDV 为 2000 年汉诺威世博会设计的展示馆，是这些陈列展示中最引人注目的——这个小国家将理想主义的特征提高到了主旋律的层次，并将其以水平建筑丰满的形式展现出来。

早期的设计乌托邦

于尔根·灿克尔（Jürgen Zänker）在托马斯·莫尔的小说中看到了威廉·莫里斯的设计起源。威廉·莫里斯被认为是设计之父之一，同时也是最后一个"空想社会主义者"，对于他而言，包含在艺术家和社会主义革命者之间的两种功能基本上是同一事物。

包豪斯和乌尔姆设计学院延续了对乌托邦的理解。包豪斯的方法基于一个激进的想法：发展出新的设计概念以取代 19 世纪少数中产阶级的顽固不化。

包豪斯的社会理想在这一信仰中也是显而易见的——新的设计概念应该为社会带来统治性的改变。对于客体的和设计科学环境的研究被认为是这一切的基础。

德国设计师路易吉·科拉尼，是 20 世纪 60～70 年代设计有机和情色形式的倡导者（Dunas，1993 年），因其未来幻想设计而出名，作品包括球形厨房、秘书工作间和为 2001 年设计的货柜卡车。他设计的很多汽车和飞机草图赢得了感性主义营销人员的喝彩，他们将其在贸易展览上展示，来为自己的公司营造前沿的气氛。但是科拉尼的设计很少有被实际生产出来的。

20 世纪 60 年代是美国和前苏联的太空旅行时代，在设计领域也感受到了其影响。维尔纳·潘顿为拜尔（Bayer）AG 公司所作的设计就不如科拉尼那般深奥。年度视觉设计展上出现的对颜色和材料的恣意使用反映出的正是 20 世纪 60 年代末期那个勇敢的新人造世界。这些未来主义的家居对于科学想像的贡献要大于人们的真实需求，相应地也几乎无法满足人们的需求。在那时，意大利设计师乔·科隆博也设计了未来的居住地。

一个毫无意义的细微差别在于，乌托邦思想总是提供社会变革元素，而幻想无非是可能

Visiona 2，设计：维尔纳·潘顿，拜尔
AG 公司

DAF 底盘卡车，设计：路易吉·科拉尼

的（或想像的）项目、未来建筑太空概念和产品。亨里希·克洛茨（Henrich Klotz，1987年）介绍了这一语境中的相关概念，他说，不仅是功能，连幻想也是后现代主义建筑公式中的关键因素。

> 设计的意图总的来说是不同的，但是同样也需要再定义。长期以来设计总是关注于个体事物和产品组。设计的结构中有信息、传达和界面，是一个远远超出物体的概念和过程；它关系到经济和生态学，技术，媒介和服务，文化和社会性。
>
> ——乌塔·布兰德斯，1998年

从概念艺术到概念设计

索尔·莱维特（Sol LeWitt）的声明"想法也可以是艺术作品"（最早发表在1969年5月的《艺术－语言》杂志上）是后来成为概念艺术的艺术指引的出发点。其基础是艺术对象和内涵的非物质化，以及对传统艺术形式中必不可少的物质表现的根本抛弃（Felix，1972年）。如果概念艺术在观众眼中只是模拟的创新思想过程，那么它所涉及的科目直接来源于哲学，也能够被转移到设计领域。

在科拉尼和维尔纳·潘顿所营造的人造幻想陶醉感之后，意大利的设计和建筑在20世纪60年代出现了广泛的概念和幻想，这些由设计师小组所作出的创作植根于社会批判甚至政治激进主义。意大利20世纪60年代的文化运动引发了被称为"激进设计"和"反设计"（Radical Design，Counterdesign，Antidesign）的反文化。与英国的组织，如建筑电讯，形成对比的是，这些小组清醒地将注意力放在消除工业化的影响上以发展出负乌托邦。重要的意大利概念设计的代表人物有，加埃塔诺·佩谢、安德烈·布兰兹和亚历山德罗·门迪尼的炼金术工作室。

与此同时，1982年成立的德国小组孔斯特弗鲁格（Kunstflug）将自己视作处在如建筑缩放派（Archizoom）、超级工作室或Strum之类的意大利设计师和建筑小组传统之下，但是他们的影响却并不比相对短期的20世纪80年代新德国设计长寿。他们的工作出发点在于对良好设计的固化形式进行严厉的批判。他们设计的反讽对象暗指了达达主义、现成的和后现代艺术的传统。孔斯特弗鲁格将半工业制造产品（薄芯片、连接器、电缆、灯泡和变压器）与自然材料（木材）结合。可视收音机（1986年）代表着他们的观点，即未来的前卫设计必须依赖于电子技术。他们为新的售票服务机器（Kunstflug，1988年）提出的概念指出了机器和设备（硬件设计）重要性的减弱以及用户界面（软件设计）重要性的提升。

自1985年后，在GINBANDE设计团体色彩的运作下，两位法兰克福的设计师U·菲舍尔和阿齐姆·海涅（Archim Heine）遵循着现代主义的理性传统及其逻辑结论，发展出了被他们叫作创新的思想跳跃的东西（Lenz，1988年）。折叠家具成为了几个世纪以来的建筑师和设计师的流行主题（Blaser，1982年；Spalt，1987年）。GINBANDE利用地板表明进行室内的椅子、桌子或者灯具的折叠，其代表的功能思考要少于超越功能的思考。在折叠的状态下，这些家具随着地板装饰自成一体，它们以最佳的日本方式用地板来定义室内空间。1987年在一次展览（Un posto a tavola）上展出的"白板"（哲学上，Tabula Rasa指白纸状的心灵，译者注）项目赢得了国际关注。构造精良、简单的删除原则被巧妙地应用到了这个可扩展的桌子上，其尺度可从0.5m伸缩到5m（1.6～16英尺）。从小饭店的非正式餐桌到豪华晚宴的宽敞餐桌，"白板"可以在任意条件下为主人和客人提供他们所需要的空间。

伦敦设计师龙·阿拉伯关注于将高保真系统分散处理之类的概念，摧毁了高品质技术的原有内涵，并将其以颠覆现代文明的形式进行组合。但是这一概念在技术上仍然有用，因为具象形式具有良好的弹性吸收能力。

20世纪90年代中期，西班牙人马蒂·古克塞开始了对产品和消费者之间互动关系的研究工作。他游戏般地跨越了印刷术、人类学、人性和自然科学，概述了这一概念及其表现（Ed van Hinte，2002年）。他的座右铭是"形式追随破坏"（Form follows destruction），因为他的设计故意破坏传统的产品使用习惯。

马蒂·古克塞对由福尔克尔·克拉格（Volker Klag）和马克斯·沃尔夫（Max Wolf）成立的德国小组Zirkeltraining产生了强烈的影响，至少不是因为克拉格曾经为马蒂·古克塞在巴塞罗那的工作室工作过一年。除了产品和媒体设计，Zirkeltraining也发展了设计概念、对象和理念。他们的作品包括公共空间设计、家具、珠宝和时装，还有电子设备和摄影器材。马库斯·巴德（Markus Bader）和马克斯·沃尔夫设计的作为Bootleg产品系列一部分的再博朗化（Re-Braun）系统，延续了迪特尔·拉姆斯在20世纪60年代提出的创新态度，并将其转变成了最新互联网终端的设计概念。"再文脉化"（Re-contextualization）是对Zirkeltraining创新工作的贴切描述。

微电子时代的黎明

随着20世纪的临近结束，微芯片开始在计算机中占据显要位置（Bürdek，1988年）。这一速度不断提升的机器以多种不同的形态，逐渐进入了我们生活的几乎每个领域，而且它是如何做到这一点的已经成为设计研究和概念的主题。

亚当·格罗塞尔（Adam Grosser)和加夫林·伊维斯特（Gavin Ivester）为苹果公司在1988年创作的知识导航研究为我们描述了幻想中设计的计算机的样子: 2006年的计算机。便携设备安装摄像头以扫描图片并且可以用作可视电话；具有语音识别特性和触摸屏；而它使用光盘技术。这一研究超越了硬件设计展现出了媒体模拟软件概念，开始进入了软件代理的领域（Henseler，2001年）。

各种技术可能的整合在大量研究项目中心前犹豫不决，尤其是在美国。设在剑桥/波士顿麻省理工学院的媒体实验室在这个领域取得了突出的成就（Brand，1987年；Negroponte，1995年）。从20世纪80年代起，它便开始探索和展现整合了电视、计算机和无线电通讯的概念。由国际企业提供的大量资金被用于未来产品概念的开发。在某些年间，"会思考的事物"是其首要关注（Gershenfeld，1999年），大量的"智能产品"被开发出来。除了我们所知道的"可穿

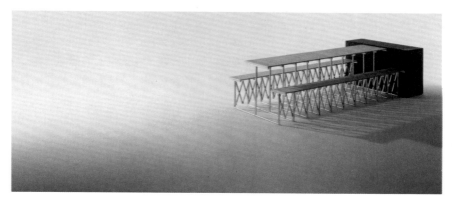

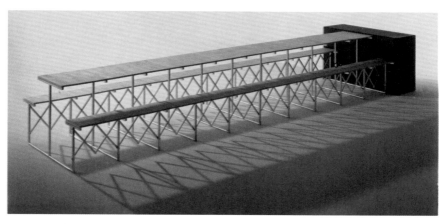

Tabula Rasa，设计：GINBANDE，Vitra AG

戴"的设备外（Richard，2001年），还有可编程的或远程遥控咖啡机，智能电话和装有芯片在经过超市时能提醒你购物的运动鞋。

20世纪90年代媒体实验室在都柏林开设分支，同样从事大量新数字产品的研究。在英国产品设计师詹姆斯·奥格（James Auger）加入队伍后，他以音频牙齿的移植设计抓住了公众的想像，有力地进入了人类设计的王国。如今在实验室的研究中，对于未来数字景象的关注要少于对产品吸引潜在购买者的附加功能的开发。

安东尼·邓恩，毕业于伦敦皇家艺术学院，后在媒体实验室授课，他遵循了概念设计的传统。他的《赫兹的传说》（Hertzian Tales）（Dunne，1999年）一书，宣扬了一系列新奇的电子产品、美学实验和设计批判。他描述了设计师和艺术家是如何在数字视觉世界和物体的物质文化间架设起桥梁的。除了数字技术的探索历史，他也表述了大量自己的概念，如"电子气候"（抽象的无线设备），"可协调的城市"（电磁、城市和自然环境交迭的映射），"法拉第椅"（提供无线电无法穿透的场所）。

和费奥娜·拉比一起，邓恩描述了电子产品未被开发的叙事潜能概念（Dunne和Raby，2001年）。他们指出，索尼的随身听（1980年）远不只是用来听音乐的装置；它和感知一样引人注目地影响了社会关系。他们的"设计轮盘"是主要用于帮助改变和扩展电子产品的心理维度的方法。

企业对未来的看法

乌托邦、视觉景象、概念——企业处在必须定期以革新的产品以充实市场的巨大压力之下。一些案例将有助于揭示战略设计部门是如何满足这一要求的。

飞利浦

在20世纪90年代早期，意大利人斯特凡诺·马尔扎诺作为主管接手荷兰电子巨人飞利浦设在埃因霍温的企业设计中心一事引发了轰动。超越了直接营销的范畴，飞利浦的"未来景象"计划（1996年）在20世纪90年代的设计界成为最受瞩目的事件。马扎诺在他的前言中认为，信息技术将在即将到来的新现代性中扮演最重要的角色。为了研究其对于设计的影响，飞利浦成立了多学科小组（由文化人类学家、生物工程学家、社会学家、设计师、平面设计师影像专家组成），委托他们去探索何种产品领域和概念将在未来世界于飞利浦这样的企业息息相关。在多层过程中，其结果中60个明确定义的概念描述被提取出来以展现日常生活的四个领域：个人的、家庭的、公共的和移动的。社会文化潮流与新材料、技术的融合和创造性的景象一起引发出了大量的引人注目的产品概念，这些概念被专家组（由未来学家和潮流分析家组成）用于评估。

一个类似的项目"处于十字路口的电视"（Mendini, Branzi and Marzano,1995年），带来了大量有关电视话题的产品研究。和"固体侧面"（Manzini and Susani,1995年）一起，这三个项目代表了企业在面临21世纪转变的设计领域的最重要贡献。

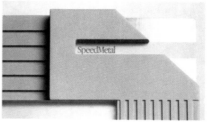

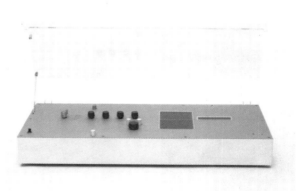

知识导航器，计算机研究：亚当·格罗塞尔和加夫林·伊维斯特，苹果电脑（图片：Rick English）

Rebraun Bootleg，设计：马库斯·巴德，马克斯·沃尔夫

电子钢笔概念研究，设计：剑桥咨询

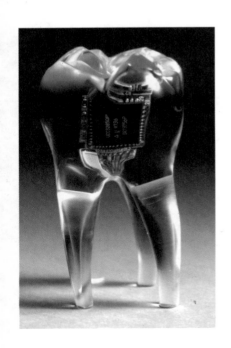

未来场景，设计：飞利浦
企业设计
相关单元
Biko 游戏
手臂显示器
移动医院
牙齿中移动电话概念研究
设计：詹姆斯·奥格

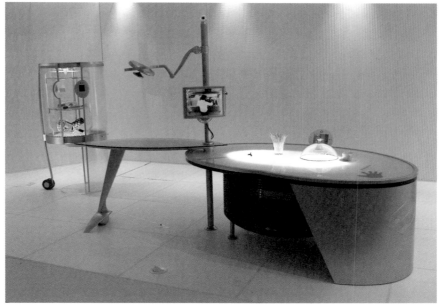

早安－晚安研究
LG 电子

LG 电子

韩国的 LG 电子（以前叫作金星）是世界最重要的电子企业之一。它执行了一项独立的设计策略以实现在欧洲现代主义方向上的扩展。2001 年秋天，在首尔的一个展示会上，LG 电子数字设计中心发布了"早安，晚安"的研究。其主题是家庭网络系统对个人所有活动（从早上到晚间）的整合与数字连接。其中的场景表明，数字技术在未来的深入改变的过程将影响到我们的生活。

汽车工业及其概念车

20 世纪 90 年代后汽车工业被认为是最具有革新精神的工业分支。日益增长的电子影响以多种途径改变着交通工具。大量的基于系统的计算机被配置到汽车上用于控制和调节驾驶安全、发动机、传输和操作机制。这些工作的微芯片对于用户来说是不可见的，用户只感觉到汽车不断提高的便捷性。这一变化也在其他的方面影响着用户，因为不断增加的电子设备改变了他们处理、感知和操作交通工具的方式（Bürdek，1998 年，1999 年）。

> 如果我们不能迅速掌握这一战略关键，情况将会恶化。作为设计师，我们要冲出产品的圈子，为客户和企业作出更加随意和可互相交换的设计。只有当在掌握这一关键的过程中战略和技术上的差异得到体现时，我们才能获得更大的成功，并作出更突出的设计。战略提供企业的前景和价值，催生出有创新意识的事物，而不是那些仅仅只是亲切的好的设计。
>
> ——克里斯托夫·博宁格（Christoph Böninger），1998 年

汽车工业会定期（通常是在底特律、法兰克福、日内瓦、巴黎和东京的大型车展上）发布概念车，永恒不变地表达各自制造商的前景。其重要目的在于测试观众的反应，与众多经销商讨论其可行性，在竞争中胜出，最后为媒体存储新概念。媒体也乐于达成这一基本上是免费的广告宣传——企业预算中的要素。

流行趋势研究及其局限

紧随 20 世纪 60～70 年代对于未来研究（未来学）的飞跃的是 20 世纪 90 年代新学科的成功：流行趋势研究。但是它的任务却不再是作出长期或者中期预测。取而代之的是与用户生活潮流和生活方式如何变化的短期对话，这将引导典型消费者的行为方式，为企业的产品和设计得到跟上时代的结论。流行趋势可以通过色彩、外形、材料及其结合得以表现，它同样也能催生全新的市场细分，就像多功能运动车（SUVs）例子揭示的那样。

这一领域很快形成以趋势大师为主导，提供昂贵的研讨会，销售出版物，在媒体和公共关系活动中展示个人魅力。一只流行趋势侦察队伍在世界大都市穿梭以辨别能够预示新潮流的产

七维影院汽车，Edag
外部 / 内部

品和行为。无论是在美国还是在德国都获得了欢迎，道格拉斯·库普兰德（Douglas Coupland），费丝·波普科恩（Faith Popcorn），叙泽·肖韦尔（Suzi Chauvel），格尔德·格肯（Gerd Gerken），格特鲁德·赫勒尔（Gertrud Höhler），马蒂亚斯·霍克斯（Matthias Horx）和彼得·维普曼（Peter Wippermann）等人对于很难持续到下一个季节的潮流市场有着一致的认识（Rust，1995年，2002年），当然这意味着需要更加成熟的新建议。

家具工业在这些流行趋势下特别容易受到影响且富于创造性。在科隆或米兰举行的年度商业事物已经变异成时装和装饰的过渡展示。流行趋势迫使商讨会将完全的情绪化带给商业和消费者。从保护设施到丛林主题的起居室，从后波浪到亮木，从新简约到游牧生活，从有机形状到轮子上的家具，每年都可以看到新出现的适当产品，家具设计自身甚至比其潮流名称消亡得还要快。

将所有这些宣称为"流行趋势研究"需要有反讽的神经，因为研究很少真正进入到其中。只有少数的方法值得尊敬。经济学家弗朗茨·利布尔（Franz Liebl）将公司未来发展决策问题联系到战略管理（2000年）和对未来的想象问题上来。在他的观点中，"主题"的概念更为重要，因为它允许对中期和长期的变化过程进行描述——社会的，技术的，还是文化的？——并且对在这一基础上的未来发展作出了完备的结论。

前景

所有这些对于发展前景的努力都可以追溯到米哈伊·纳丁从当前语境中得出的词汇：预期（Nadin，2003年）。纳丁没有用可能性的词汇来定义预期，而是以数学领域的概率理论进行。概率可以用来描述和展现不同场景的形式，其中的有些成为了现实，其他的则没有。所以重心总是集中在头脑对可能事件的预期上。"预测是困难的，尤其是提到未来的时候"是句公认的名言。减少这些困难是设计日益呈现的一项功能。发展、定义这些想象和概念意味着为这一任务提供特别有效的工具。

微电子与设计

有两个原因让我们将20世纪80年代称为设计领域划时代的10年。首先后现代主义引发了一场猛烈的形式上的折衷主义运动（作为改进，如孟菲斯和Alchimia的例子），但是很快就在于尔根·哈伯马斯所说的"新晦涩"的迷雾中失去了继承（Habermas，1985年）。第二，芯片在20世纪90年代成为了标准化石，开启了一个全新的领域（Bürdek，1988年）。1982年，《时代》杂志的年度人物第一次不是一个人，而是机器。计算机被认为是新技术时代的标志。但是《时代》杂志没有把标题授给1970年就开始使用的复杂的大型计算机（由IBM或Bull这样的公司制造），而是把它给了斯特芬·沃茨尼亚克（Stephen Wozniak）和史蒂文·P·约布斯在1979年发明苹果II后才出现的个人桌面电脑。据估计，20世纪80年代末有超过1亿台个人电脑在全世界被使用（Hahn，1988年）。如今大概有5.75亿台个人电脑，估计在2010年会有13亿台个人电脑（NZZ，2004年11月，18/19）。个人电脑的高速发展的推动力在于其作为生活和工作中几乎每个领域的通用工具的适用性。

根据文化研究，西方文明史上只出现过两次真正的技术革命：

1.古登堡在 15 世纪发明的铅字印刷术，这为全世界书籍印刷的成功铺平了道路。

2.20 世纪 80 年代早期开始广泛传播的个人电脑。

这两次革命在人类行为、通讯、集中和分散、教育和培训、工作和休闲、健康服务和公共传输，以及其他很多领域产生了深远变化。过去 20 年对广泛分布的人口的生活世界的影响要远胜于之前在这样的短期内所发生的：由模拟到数字技术的转变不单是技术上的，同样也是文化上的革命。

早期的媒体理论家之一，加拿大人马歇尔·麦克卢汉在他的研究《古登堡的银河》（The Gutenberg Galaxy，1962 年）中指出，印刷术的发明对于个人主义的产生意义重大，"如同架上画将绘画从宗教中释放出来一样，印刷术打破了图书馆的垄断。"今天在我们生活中的类似例子便是计算机。计算机已经成为了个性化的工具，打破了企业和管理者对计算中心的垄断，同时全球互连的网络使得工业化国家的大多数人具有了理论上不受限制的对数据存储和处理的能力。

如今计算机使用能力被视作继读、写和算术之后的第四种文化技巧。新文盲的出现来自区别用户和非用户的"数字划分"。在所有有关人工智能问题的讨论中，罗杰·C·尚克（Roger C.Schank）和彼得·G·蔡尔德斯（Peter G. Childers，1986 年）甚至将计算机技术的获得与拉丁语的学习作等同比较，认为它们都培养了逻辑思维。

微电子遇上设计

随着个人电脑在 20 世纪 80 年代迅速开始普及，这一新技术也引起了设计师的注意。三个不同的层面被提出：

1.微电子产品很快被认识到正在开创新的设计领域。在设计实践中，由哈特穆特·埃斯林格尔在加利福尼亚州主管的青蛙设计为苹果公司所作的传奇般的设计就是一个教科书式的范例。（Büderk，1997a；Kunkel，1997 年）

2.产品去物质性（Dematerialization）的迅猛发展为其觉醒带来了全新的挑战，交互设计和界面设计成为重要领域，特别是对产品设计师而言（Bürdek，1990b，1996a）。

3.以惊险速度改善的计算机图形操作很快导致对计算机辅助设计（CAD）予以厚望。一旦值得考虑的出乳牙问题被克服，随之而来的将是设计、构造和制造整个程序的范式变化。

更多设计上的偏差

关于数字现象的产生及其对设计影响的第一个概述是由理查德·菲舍尔（1988 年）所编译的，他同样也引发了奥芬巴赫学校对标识功能的争论。菲舍尔标记出了总共 9 个微电子技术与设计相关的领域：

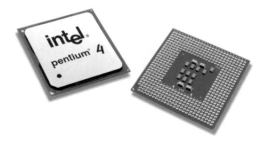

未来商店
未来超市
自动检验机
智能秤
个人购物助理
信息终端
麦德隆，合作伙伴：IBM，
Wincor Nixdorf，SAP，intel，
Cisco(图片：Metro AG)
奔腾4微处理器，intel

控制板触摸屏界面，设计：ERCO

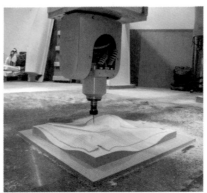

CNC机械中心，奥芬巴赫设计学院

1. 因为微芯片的使用使得产品技术无法展示，控制设计必须具有很高的可读性。在很多产品领域支配能力日益增加的微电子技术要求更多的关注效应被投入到产品的标识功能上。不仅仅是在微电子产品中用户和产品之间的关系尤为重要，产品的"天性"也日益变得稍纵即逝。

2. 小型化要求了产品的非物质化，这也日益体现在二维设计概念中。于尔根·希茨勒（Jürgen Hitzler）关于火车轨道终端的研究引起了对微电子技术带来的新设计选项的显著关注。如今平板 PC 和大众化的液晶显示器正是重点。

3. 微电子产品价格的下跌呈现出将产品带给每个普通人的可能。逼真体现准确的维度和尺度的成本正在降低。必须通过小尖笔来进行操作的计算器手表就揭示了这一领域的发展走了多远。同样荒谬的事情显而易见——手指甲必须被修剪得细长尖锐以便于重量少于 50g 的移动电话的操作。

4. LCD，事实上所有的显示器与膜状键盘的整合正成为象征。无论是在飞机上、汽车上，还是在医疗设备上或机器工具上，视觉元素是个人和产品之间最重要的界面。

5. 可编程技术到达了一个很高的程度；越来越多的全自动产品正在被开发出来。技术特征的视觉化经常使得人机工程学方面的要求被夸大（手形外壳）。

6. 作为用户和产品之间的一个接口，远程控制变得日益重要（Schön-hammer，1997 年）。实际的产品在幕后发挥其功能，而远程用户直接对操作进行管理和调整。可编程的远程控制指导着整个家庭：电视、视频、室内设施、数据终端、前门、车库门，等等。

7. 微电子技术为标准原则添加了新的维度，这为在产品系统中安排和实现个人元素提供了无尽的可能。

8. 轻导体材料的出现代表着非物质化，甚至将产品的神秘之处符号化了。

9. 电子产品中，平面图形的重要性日益突出（用户界面）。

这一分析指出了很多产品领域已经在遵从的方向。用户界面的发展速度极快，已经成为产品设计师重要的活动领域（Bürdek，2002 年）。

交互和界面设计

> 用户界面是革新的领域，它最好地解释了设计师的工作为何是高度关联且必不可少的。
>
> ——古伊·邦西彭，1991 年

对象由机械到电气再到电子的转变，使得设计师和产品开发人员面临着新的课题和挑战。20 世纪 80 年代后期，让工程师和程序员去处理数字产品与用户之间的界面问题的做法已经显然不是明智之举了。数学和物理决定了他们的思考方式。由技术专家为技术用户设

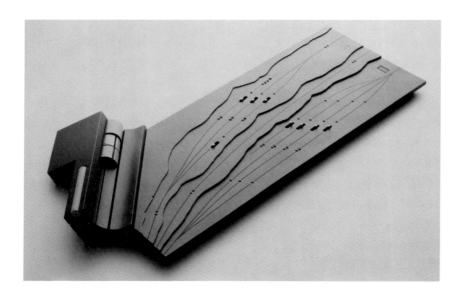

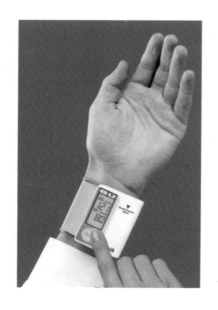

轨迹控制终端研究, 设计:于尔根·希茨勒,西门子

W-one 餐橱, 设计:丹尼尔·伍斯特里赫 (Daniel Wustlich),Wustlich 设计公司

血压测量仪, NAIS

计，这一解决方案将野蛮粗暴地出现在无辜的非专业用户面前。操作指令、技术手册、用户指南和数字产品正在讲述一个显而易见的谎言：用解释学的词语表示即，开发者和用户差异极大，却能表现和谐一致（Bürdek，1992 年，1994 年，1996a+b，1999 年）。

对标识功能的讨论表明，在产品设计分析中得来的经验对于新数字产品世界的作用也是不可否认的。一方面是物质到语言的转变，以及随后的视觉化转变。是否有可能在 20 世纪 80 年代就能开始这一领域的发展，从设计理论中找到新的眼光，如产品语言和传达的例子，以应对这些新的挑战？斯蒂芬·斯库巴赫（Stephan Schupbach）和弗兰克·扎博纳（Frank Zebner）很早就对这一话题发表了基本观点，他们宣称，"语言是设计战略中最重要的准则"（Schupbach和Zebner，1990 年）。数字媒介扮演着特殊的角色，一方面它们大量繁殖了通讯通道和通讯信息的数量，另一方面，它们具有一个几乎是自我塑成（autopoietic）的特征——在大量增加信息的同时却很少对信息的价值加以验证。

明确的术语学

比尔·莫格里奇，全球设计实践IDEO的联合创建人之一，和间隔研究的比尔·沃普兰克（Bill Verplank）一起介绍一门明确的术语学：

——他们将"交互设计"定义为与我们处理数字产品的方式（硬件或软机）和由特定操作程序决定的行为模式相关联。

——"界面设计"的回应是显示器屏幕的布局、显示等（硬件、软件的视觉化表现和用户界面）（Spreenberg，1994 年）。

这些区分巧妙地同意了上文提到的连接模拟和数字产品世界的概率问题，因为传递功能与非物质产品的开发和设计同样相关。

美学形式的原理也被用于用户界面，包括网格的构成、常规—非常规、对称—非对称、清楚—模糊，以及所有这些网页和设备陈列的重构。当开始涉及到设计与协调企业由印刷品到网站的运作的视觉方面时，与企业设计相关的问题便扮演着重要角色。这一交叉媒介维度高度关联，这是创造和传达企业、机构身份的基础。

随着在三维产品世界中得到的体验向二维界面的处理和使用的转变，"互动"和"导航"这样的词汇获得了比喻意义。这些比喻意义牢牢地植根于文字、根本的操作结构（互动）、功能主义和视觉化。不是每个界面都必然地、直接地进行自我说明。毕竟公共终端（售票机）和电脑游戏是不同的，至少因为它们期待用户花在上面的合理时间是大不相同的。界面为信息的大量存储打开了方便之门，用户渴望新的发现，厌倦意味着失败——至少在游戏程序上。在其他的大多数案例中，作为对比，用户要求效率和自我解释功能。现代主义者，对于设计的功能理解因而在这个领域具有可观的解释和生产价值。

符号功能概念开始在界面与各自用户群体（例如年轻和熟悉的、专业的或专家、年长的公民）的直接联系上产生作用。简单的软件，允许过多的不同甚至个性化的用户界面。

感应器，HMI界面研究，约翰逊
控制（Johnson Control）公司

E-Pyrus可伸缩显示器，西门子

日益增加的复杂性

如上面所提到的，开发者、设计师和用户有着大不相同的视野——当早期的CAD/CAM系统在20世纪80年代中期被开发出来后，这些不同就变得十分醒目了。设计师愉快地期待着得到处理设计过程的便捷工具。他们甚至假想着CAD代表着"计算机辅助设计"，这显然有些乐观了，因为首先这些新工具所能做的不过只是计算机辅助绘图。但是早期奥芬巴赫设计学校CAD工作组的例子表明作为结果而出现的技术绘图的质量高得惊人（Bürdek，Hannes 和 Schneider，1988b）。

甚至在其早期阶段，新CAD/CAM技术的潜力并不在于生成图像，而是它们为设计和制造过程带来了深远的改变。

一个更为严肃的方面是，微电子的飞速增长和价格下降引发了新功能(特征)的真正飞跃。微处理器变得更加功能强大和通用，它们能够实现任务的范围越来越大。随之而来的影响是产品复杂性的加速增加。设计师必须减少和恢复产品现有的用途，减少操作指令学习的必要。

在这个语境下，关注单独产品目录的操作结构将变得有意义。由此产生的高度矛盾显而易见。一些特殊的偏好导致键盘配置从一个程序版本向下一个转变，永远新的整合，硬件中的难于使用的"特征"（如手机），为每个产品装配"独特"操作结构的全面趋势。

汽车工业的世界标准，意味着大多数驾驶者能够在基本功能上操作任何一部汽车，他们拒绝电子化的升级，如车载电脑、导航系统和音响视觉系统（Bürdek，1998 年，1999b）。此外，当交通工具的寿命延长到10 年或者更多时，电子系统的可升级性将受到限制。

人类学与进化

20 世纪末期设计师也面临全新的挑战，即与人类发展相关的方面。微电子的传播速度是如此之快，以至于用户很难掌握新生事物，使用则更是难上加难。开发者将目光放在技术可能性上而设计师则是放在用户上，突然间他们同时意识到所犯的错误在历史发展上是多么的可怕。人类学习的能力要远低于技术发展的速率。

斯蒂芬·J·古尔德（Stephen Jay Gould，1998 年）令人信服地指出，历史发展并不能为所谓复杂性的永久需求提供证据。微电子技术通常都会增加这一误解。他说，人类身体和大脑的基本形态在过去的十万年间完全没有变化，而技术却以危险的速度飞快发展——特别是在20 世纪。苏珊·斯奎尔斯（Susan Squires）和布里安·伯恩（Bryan Byrne，2002 年）出版的论文集令人难忘地表明人类学观点已经进入设计研究和实践。

由硬件设计到软件设计

除了可观地减小了电子设备的尺寸，非物质化同样也传承了这些产品实际的记号：程序或者软件。在20 世纪70 年代晚期，我们描述了类似的发展（Bürdek and Gros，1978 年），预言未来的设计品质不再依赖于建设性的成就，而是——用科隆的乌都·科佩尔曼追随者的话来说——依赖于"间接品质"。在当今的术语学中，这意味着产品语言或者产品的传达功能。

如果在20世纪70年代缠绕的是对设计理论产生了决定性影响的"语言学转变"，那么，20世纪80年代则是强迫的"视觉化转变"。书写和字母表对我们的文化和文明产生了深远影响。数字产品和系统的快速发展，生成了更为视觉化的景象，所以我们今天生活在一个基本上是"后文字社会"。我们的感知逐渐由视觉表达的目录所决定：照片、图示、图表、象形文字、符号、排版印刷、标志等等。文字文化变成视觉文化，但这是否成为此过程的标志还存在争议。

拥有混沌研究背景的罗杰·莱文（Roger Lewin，1992年）发表了很多对这一语境大有帮助的观点。有序和混沌是决定我们行为的两极，混沌通常意味着同时存在的事物。莱文提到了美国圣塔菲学院在这个领域进行的多年研究。学院的莫约翰·盖尔-曼（Murray Gell-Mann）对此有很好的描述，"外部的复杂来自深入的简单"（Lewin，1993年）。翻译成界面设计的语言即意味着："深入的复杂需要外部的简单"（Bürdek，1999年）。因此，潜在的产品结构越复杂，其表明呈现出的操作就应该越简单。这应该被视作数字产品设计的格言。

设计和软件生物工程学

生物工程学和设计师一样很快地应付了来自数字化产品世界的挑战。尽管其尝试传统地集中在人体测量学和生理学上，他们还是很快意识到电子技术所提出的全新课题。美国的研究者是这一领域的先行者，整个20世纪90年代大量的出版物得以传播，但是它们对于设计的价值却极为有限。

唐纳德·A·诺曼（1989年，1993年，1998年）的著作是个例外。他的贡献处于标准工作的地位，对设计师有很大帮助。作为一个心理学家和感知科学方面的学者，诺曼不仅从事研究工作，也为苹果、惠普这样的知名IT企业提供建议。他对于用户及其习惯的兴趣产生了很多与设计过程相关的见解。如今他称之为以人为中心的观点已被广泛接受，甚至设计师和工程师仍然从他的观点中得出很多不同的解释。

本·斯奈德曼（Ben Shneiderman）创作出了关于界面和互动设计基础最易理解的作品。它包括了所有的科学认识，以及设计师、开发人员、产品经理和所有劳作于数字产品设计领域人员都应该有的工具和方法。例如，斯奈德曼喜欢让计算机性能消失在眼前，这样系统的智能就不再依赖于其界面而是依赖于其自身。这个观点很大程度出自上面提及的想法。

在讨论电子硬件设计时，科纳德·鲍曼（Konrad Baumann）和布鲁斯·托马斯（Bruce Thomas，2001年）提出了一个对于设计课题特别重要的话题。无线电传输、音响和hi-fi系统、医疗和测量产品、办公通讯、家居、休闲、运输……几乎所有的产品都是由芯片控制，微处理器统治着我们的日常生活。鲍曼和托马斯讨论了基本原理，其范围覆盖了广泛的话题，由输入到输出的控制、评估和用途，由互动设计方法学和智能用户模型到产品语言、设计指导和如何提升"使用的愉悦"（拥有产品的乐趣）。

过程的转变

微电子在20世纪90年代迅速和普遍的传播，对设计、建筑和制造过程产生了极大影响。C技术（计算机辅助模拟、数字构成、原型和规模定制生产）对设计的工作流程产生了深远影响。

很快全新的可能性为设计开放。美国经济学家迈克尔·J·皮欧尔（Michael J. Piore）和查尔斯·F·萨贝尔（Charles F. Sabel）在早期就预言（1984年），流程生产将使定制的产品得到大规模生产。在他们个性化原理的观点中，大规模定制将为设计带来新的机遇。这些机遇今天分布在大多数不同的产品领域，由定制的牛仔裤到衬衣、汽车（例如Smart，提供超过10000种个性化版本）和CNC机器制造的家具（Steffen，2003年）。计算机化在设计过程的内容和形式上写下了长远的影响。

计算机技术的到来导致了设计、模型制作、样机和制造的平行过程，同时从20世纪90年代中期开始的互联网为将用户整合到设计过程提供了全新的可能性。因此今天的消费者可以在互联网上定制个性化的产品；数据发送到分布的工厂，在那里产品被制造出来并直接发给消费者。库存被降至最低且距离被缩短，另外这一制造模型还被赋予了生态学的维度。

假想工程学

新可视化技术的例子表明，发生在设计上的"视觉化转变"同样也影响了设计的内容。追溯到20世纪90年代，假想工程学（imagineering）一词是由"图像"（image）和"工程学"（engineering）合成而成（Disney和Eisner，1996年）。它所指的是"人工假想的世界"（Mutius，2000年），今天则主要用于产品和系统呈现在新的语境中时。其目的在于将这一过程中人的想法、概念视觉化并赋予其外形。在这种意义下，假想工程学是被日益应用到设计管理和战略设计的新手段之一。

> 我们所看的图片越来越多。但是我们没有看更多图片的原因是我们想要看更多的图片，而且因为少看图片无法满足我们多看图片的需求，更有甚者，更多的图片争相等着被我们看。一瞥不能够找到图片，但是记住了一瞥。图片是目光捕捉器。
>
> ——格尔德·B·阿肯巴克（Gerd B.Achenbach），1989年

汽车工业将这一方法使用到了令人惊讶的程度。通过虚拟现实或夸张现实技术，复杂的计算机应用程序模拟出的新交通工具概念是如此的逼真，以至于专家也很难区分虚构的功能。例如基于慕尼黑的实时技术，利用特别改进的计算机程序去"实现认识"高品质的应用。在法兰克福的设计代理"设计单元"甚至将假想工程作为其核心活动，并且不断改进这一领域的技术。

未来数字世界的新中心

20世纪80年代后，新中心开始在全世界被建立——有一些具有庞大的预算——以探索和

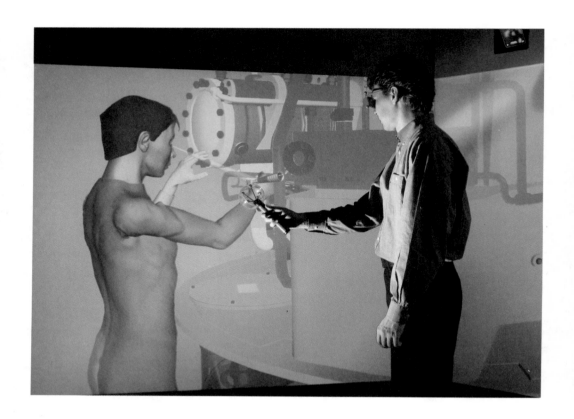

虚拟现实，模拟交通工具内部，IC:IDO VR
出品

Sinterchair椅，设计：Vogt+Weizenegger

计算机模拟戴姆勒-克莱斯勒SLK型汽车,"实时技术"

假想,未来新材料"sunguard"研究,设计:Unit Design,Degussa Röhm

塑造未来的数字世界。行政上的优势和出于对城镇和宗教内情熟悉的考虑，在这个新媒介上的投资被视作能够显示远景和发展中的可靠信仰，同样也能提升商业和正面形象。下面的四个例子表明了这点。

媒体实验室

20 世纪 70 年代晚期，媒体实验室成立于麻省理工学院。它公开宣称其目的在于培养电影和电视、印刷和出版以及计算机工业这些趋于一致媒介的关系。联合创建人之一尼古拉斯·尼格罗蓬特（Nicholas Negroponte，《数字化生存》的作者，他预言了媒体时代的出现）想像着能够说服全世界的工业企业，使他们能够委托媒体实验室来进行前沿研究项目。斯图尔特·布兰德（Steward Brand，1987 年）生动地描述了"要么演示，要么死亡"（demo or die）这一口号（强迫研究人员要么示范他们的想法，要么干脆忘掉）时如何在各种实验和项目中产生的。媒体实验室因此成为而且仍然是世界各地其他媒体研究机构的典范。

尼古拉斯·尼格罗蓬特（1995 年）给出了一份关于数字化如何改变世界并将继续改变生活世界的深度分析。在"界面"一章中，他认为数字系统的用户界面是工业设计的一个经典案例，他也通过大量的细节讨论了用户界面的这一地位。作为产品开发的教材案例，他引用了在 20 世纪 80 年代作为幻想研究而孕育出的以预见"未来用户界面"的"苹果知识导航器"的例子。媒体实验室也让我们进入了商品界面设计的秘诀："界面必须消失"（Negroponte，1995 年）。这为我们指出了媒体实验室的重要研究探索领域：TTT-Things That Think。尼格罗蓬特说，系统智能必须依赖于产品或系统，而不是依赖于界面。

2000 年，媒体实验室在都柏林开设了分支。它与很多欧洲大学和企业（尤其是来自亚洲的企业）进行了一项独特的联合研究和开发。研究项目的中心主题包括日常学习、人类连通性（Connectedness）、动态交互作用和情节网络（Story Networking）。

艺术媒体中心和卡尔斯鲁厄（Karlsruhe）国家设计学院

20 世纪 80 年代，通过在卡尔斯鲁厄建立起一个国际艺术和媒体中心以延续和复新德国在 20 世纪最重要的两个传统设计教学和研究中心——包豪斯和乌尔姆设计学校——的观点被提出。推动这一观点的先行者是艺术和建筑历史学家海因里希·克洛茨（Heinrich Klotz），他在 20 世纪 80 年代创办并指导了法兰克福德国建筑博物馆（DAM）的建设。克罗茨创办这一中心的目的在于为基础知识的教学、研究和应用提供良好的环境，以促进在传统艺术和数字媒体技术冲突影响下新价值的出现。他将其看作整合艺术、设计、媒体和科学使之成为前沿的大好时机，同时也能使之成为批评分析的对象。

在这之后由多个协会和学科组成的项目小组在 20 世纪 80 年代成立，他们提出了叫作"Konzept 88"的概念，勾勒出了多种核心利益的整合。彼得·泽克（Peter Zec）也参与了这个过程，并将其视为信息设计讨论的出发点（1988 年）。20 世纪 90 年代他指明大量只有在界面设计的完全宽度上才可能出现的现象，其中包括非物质化的飞速发展、与复杂性相关的课题、网络观念以及不断膨胀的信息。

海因里希·克洛茨通过宣扬这个新概念而说服的第一个政治人物是罗纳·斯帕特（Lothar Späth），接下来是巴登 - 符腾堡（Baden-Württemberg）的首相。早在 1969 年，斯帕特就向巴登-符腾堡议会提交了委托预算，期间正在讨论乌尔姆设计学院是该全面翻修还是关闭。据说他对于新媒体技术的强烈兴趣并不是其热心支持建立卡尔斯鲁厄中心的惟一原因。也许其真实意图在于，他认为这是州政府为弥补20世纪60年代后期停止向乌尔姆设计学院提供资金的举措。

1988 年，艺术和媒体中心（ZKM）正式成立了。海因里希·克洛茨被任命为第一任主管。1992 年国家设计学院开始在卡尔斯鲁厄进行教学活动，并拥有产品和平面设计、媒体艺术、布景（舞台设计和展示设计）等学部，美术和媒体理论的毕业程序，以及绘画和多媒体、雕塑和多媒体、建筑、哲学、美学等基础课程。学院是 20 世纪晚期对于德国高等教育最重要的新补充。

当媒体艺术家和理论家彼得·维贝尔（Peter Weibel）（Weibel，1987 年，1994 年，2001 年；Decker 和 Weibel，1990 年）在 1999 年被任命为 ZKM 主管时，卡尔斯鲁厄赢得了新媒体最重要的国际代表人物。他对于信息社会艺术的批评是 ZKM 最重要的组成部分，这些批评位于新媒体领域研究成果的中心地位。ZKM 的展示和活动有助于推动相关论述的发展。拥有一个当代艺术博物馆、媒体博物馆（收集了新近的实验性和艺术性作品）、视觉媒体学院、音乐和声学学院、基础研究和网络发展的新学院，ZKM 轻松地站在了其国际对手（如之前提到的位于剑桥和都柏林的媒体实验室）的同等位置。

ZKM 和法兰克福芭蕾舞剧公司艺术主管威廉·福赛思之间的合作，引出了一个重要的媒介。"数字学院"，是一张互动光盘，包括了弗赛德舞蹈理论与数字媒体互动的可能性，舞台舞蹈的原则和模型的应用。其模型特征和独特的界面设计是多媒体领域的精彩章节。在 1993～1994 年发行的这张 CD 赢得了众多奖项并被展出。

魏玛包豪斯大学（The Bauhaus-Universität Weimar）

第二次世界大战后，一家建筑和美术学校出现在魏玛，位于原先的包豪斯，当时是东德的一部分。1954年学校改为建筑和结构学院。课程中没有单独的设计课，当时在东德只有哈雷艺术和设计学院（Halle Burg Giebichenstein）和柏林艺术学院（Berlin-Weissensee）开设有设计课程。魏玛学校重点放在土木工程和建筑材料技术。它也举办了很多重要的研讨会，讨论功能主义传统和包豪斯产品文化继承的内涵。

1990 年两德统一。很快这一想法得到了原包豪斯在魏玛建筑的使用权，以使这一全世界艺术和设计现代性的先锋得以重生。瑞士的社会学家和城市规划师卢休斯·伯克哈特（Lucius Burkhardt）是支持者之一。在 1980 年的林兹设计论坛上，他提出了具有洞察力的语句"设计是不可见的"（1980 年），以预测设计中物质性向非物质性的转变。

在媒体部分（1994 年）逐渐脱离其原学部并在 1996 年独立成为一个单独的学部过程中，

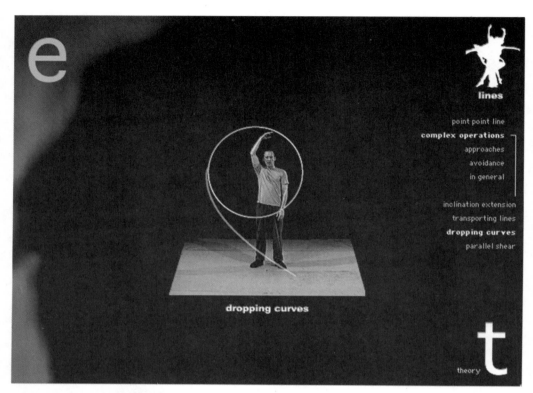

威廉·福赛德（William Forsythe）即兴创作技术，CD-ROM，ZKM Karlsruhe 和 Deutsches Tanzarchiv Cologne（1999年）屏幕设计：克里斯蒂安·齐格勒（Christian Ziegler）

洛伦茨·恩格尔（Lorenz Engell）扮演了重要角色（Engell，Fahle 和 Neitzel，2000 年）。1995 年学校改名为魏玛包豪斯大学。其学部开设有建筑、土木工程、设计（包括自由艺术、艺术教学、产品设计、视觉传达和公共领域艺术）和媒体。

新媒体学部为媒体设计、媒体文化和媒体系统提供毕业课程，同时也和里昂时代（Lumière）大学合作开设欧洲媒体文化指导毕业课程。它是当今媒体设计的主导者。传统产品设计和新媒体之间的交互关系（Bauer-Wabnegg，1997 年，2001 年），表明传统设计概念如何适应新挑战以使硬件设计转移到软件和媒体设计。

伊夫雷亚交互设计学院（The Interaction Design Institute in Ivrea）

这所学院用了很短的时间便获得了国际声誉。成立于 2000 年 6 月的这所学院是意大利电信和奥利维蒂公司的联合冒险项目，其任务是创造技术和文化知识、传授管理技巧、指导在交互和界面设计领域的研究。作为其传奇般企业设计活动的补充，奥利维蒂公司延续了在提升基础研究之上的产品开发和营销传统（Olivetti, 1983 年）。佩里·A·金（Perry A.King）和圣地亚哥·米兰达（Santiago Miranda）早期的产品界面研究工作表明了奥利维蒂公司在这一领域的前沿姿态（Kicherer，1990 年）。

自 2001 年开放后，在伊夫雷亚的活动集中到传统的硬件设计上——毕竟这里是奥利维蒂的家乡——而交互学科网络开始寻求提升用户与产品之间的对话。与此同时，另一个确定的重心是文化和历史语境。研究同时也探索了新兴的数字产品如何改变我们的感知和行为。学院的文化导向反映出了意大利设计的传统，这也是建立在精确理解这一基础之上的。

在这些著名的讲演中，为国际学生教授两年硕士课程的还有托尼·邓恩（Tony Dunne）、费奥娜·拉比、约翰·梅达（John Maeda）和埃齐奥·曼齐尼（Ezio Manzini）。这些课程很大程度上集中于双重口号"设计正确的事物——正确地设计事物"下的项目，反映出了形式和内容的二分法。

设计革新研究实验室的工作引发了一些新课题，例如如何延伸社会活动的范围，如何与城镇和社区共享知识，以及新的技术和社会基础设施将是什么样子的。

"实用的梦想"部分为学生和专业人士在未来互动设计概念上的合作提供了可能性（某种程度上的乌托邦和幻想）。

从数字时代到生物时代

数字化的终结

在进入 21 世纪的时候，数字时代的终结看上去更近了：专家预计在 2020 年微缩硅技术就会枯竭。但是在这之前，数字技术的性能仍将继续提升——芯片更加高效、体积更小、价格更便宜。摩尔定律（以 Gordon Moore 命名，他是美国芯片制造商 Intel 的联合创始人之一）指出，硅芯片上的晶体管数目每 18～24 个月翻一倍而其价格则减一半（Knop，2003 年）。这一定律不可避免地将在某一时刻被打破，研究人员已经开始了对生物计算机系统的探索，其结构也许有一天会类似于人类的DNA。如果它们真的能够出现，那么其研究重点将移回模拟解决方案。

根据这一前景，我们称之为数字时代的这几十年不过是人类发展历史上的一个细小片断。虽然如此，几乎我们生活的每个领域都能提供足够的证据表明，与数字产品的日常接触已经并且仍将对人类的行为产生深远影响。

有些人甚至谈到了范式的转变，20世纪的设计被分为几个变化的阶段——语言转变、语意转变和视觉化转变。21世纪的发展将变得更加引人入胜，因为其焦点转移到了人类自身：一个"生物时代"就在眼前。德国哲学家和媒介理论家彼得·斯洛特迪克，在卡尔斯鲁厄的国家设计学院授课，甚至提出人类学技术的根基就是人类有机体（2001年）。克隆动物的尝试已经成功，最后必须跃过的障碍就是人类基因解码。人类工程学将是新的战场，在科学的引导下，人类机体将在多方面面临进攻。

> 生物进化将被脑力进化以百万倍的速度所取代。
>
> ——汉斯·莫拉维克（Hans Moravec），1996年

身体变化

既然20世纪80～90年代的后现代主义为产品带来了强烈的方向指引，21世纪的到来也将为人类身体带来迷人的魅力。艺术家如马修·巴尼（Matthew Barney）（Tietenberg，2002年）、丹尼尔·布提（Daniele Buetti）、阿尔巴德·厄尔巴诺（Albad Urbano），设计师如詹姆斯·奥格，以及计算机公司和设计代理公司所进行的多种研究，都认为身体是表现技术特别是美学革新的衬托。

后者至少可以追溯到久远的传统。人种学研究表明在很多传统文化中，身体饰物和身体变化同时进行的。

可穿戴的

20世纪90年代，科学家——值得指出的是在波士顿媒体实验室的史蒂夫·曼（Steve Mann）——开始实验让计算机更贴近人体的方法。"会思考的东西"是这些技术的前沿研究项目（Gershenfeld，1999年）。20世纪90年代，Levi's公司和飞利浦公司开展了"可穿戴电子产品"的联合项目，表明电子产品可能真的会消失并被整合成为衣服的一部分。用户通过外套发出指令远比外套本身重要这一事实，再次提出了与互动和界面设计相关的课题。

嵌入式系统／无处不在的计算技术

当很多小型的中央处理器被用于常规和控制，计算机也有可能消失。他们工作在背景之中，对于用户不可见（没有直接的用户界面）。在当今的汽车上，超过100个微处理器被用以提供驾驶安全、舒适、导航和通讯等功能。驾驶者只须感觉到它们的效用，而不需要时常去关

可穿戴的计算系统
飞利浦企业设计研究

注这些微处理器，这一潮流应用到大多数产品上也都备受欢迎。作为发展先锋的汽车工业，关注的是易操作性和避免错误。软件和硬件的功能完美，直接地为用户提供好处。

在人的指尖随时随地提供计算机服务是"无处不在的计算技术"的目标。这一前沿的研究领域将目光集中于计算机与界面融合的系统的开发上。这些中央分布的计算机在背景之中提供的服务基本上是匿名的。设备设计发生如此引人注目的变化也已不足为奇。对于计算机技术影响人们行为的分析目前为止仍然在这个语境下扮演着重要角色，为新产品概念得出了很多结论。

移植

在可穿戴之后的问题显然是如何将计算机技术更加靠近甚至进入人体。持续的微电子技术小型化的研究为这提供了可能性，尤其是在医药领域。芯片和微处理器最终将消失在我们的皮肤之下。除了健康方面的应用，激进的选择也出现在了通讯领域。尽管耳机仍然在人体和装置之间提供了技术接口，电子现在已经消失在了体内。街道信息不再通过手势和移动电话表述传递，现在可以依靠直连大脑的微计算机进行，这些微计算机看上去能够读出大脑内的信息。更有甚者，所有感观感知和表达方法将发生根本性的变化。

电子人

大众所知道的电子人、可控制的有机体介乎于自然和人工之间——部分人类、部分机器（Bovenschen，1997 年）。他们满足了人类长期以来梦想着改变和扩展自身有限能力的要求。日本流行歌手 Kyoto Date 是人工合成的模型，在 20 世纪 90 年代后期被认为是流行偶像。使用这些技术可以使去世已久的人"复生"，这弥补了基因技术的不足。

> 事物在身前沸腾。

> ——希尔维亚·博芬申（Silvia Bovenschen），1997 年

模糊了现实和虚构之间界限的电子人，是电影工业特别喜欢的理念。机器人不再是科学幻想，他们现在已经成为现实。电影工业经常为我们指出通往未来旅程的道路。不论是在《骇客帝国》（Matrix）、《索拉里斯》（Solaris）或者《少数派报告》（Minority Report）中，新的人类特性无处不在。

人类设计

21 世纪将带来什么？ 2000 年开始人类基因（DNA）解码后，出现了普遍的思索。工业时代终于要接近尾声了，生物时代即将到来（Rifkin,1998 年）。基因研究和信息学（生物信息学）的联合将为设计带来全新的挑战。人类器官培育将使人体成为设计对象。1997 年诞生的克隆羊多利只是个开始，2003 年意大利克隆出了小马 Prometea。优生学也为设计师提供新的活动领域，所为附加价值的"语意学"和"美学"主题将进入人类所设计的未来美丽新世界之中。

移植设计
皮下显示，概念：马克·贝伦兹（Marc Behrens）
阅读指头，概念：马克·贝伦兹

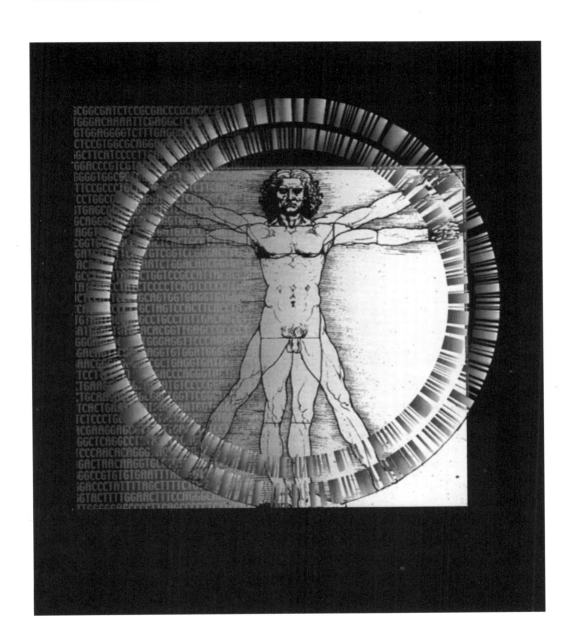

人类生成材料：设计的起源与未来
版权所有: Keystone, Zurich (图片: James King-Holmes)

参考文献

Adamovich, Michail: "Wer nicht arbeitet, soll auch nicht essen" (1921). Ein Produkt
    der Staatl. Porzellanmanufaktur. In: Wolter, Bettina-Martine/Schwenk, Bernhart
    (eds.): *Die große Utopie.*

Aicher, Otl: *Die Küche zum Kochen. Das Ende einer Architekturdoktrin.* Berlin 1982

—/Kuhn, Robert: *Greifen und Griffe.* Cologne 1987

Albers, Josef: *Interaction of Color.* New Haven 1963

—: *Interaction of Color. Grundlegung einer Didaktik des Sehens.* Preface by Erich
    Franz. Cologne 1997

Albus, Volker/Borngräber, Christian: *Design Bilanz. Neues deutsches Design der 80er
    Jahre in Objekten, Bildern, Daten und Texten.* Cologne 1992

Albus, Volker/Feith, Michael/Lecatsa, Rouli et al.: *Gefühlscollagen, Wohnen von
    Sinnen.* Cologne 1986

Aldersey-Williams, Hugh: *New American Design. Products and Graphics for a Post-
    Industrial Age.* New York 1988

—/et al.: *Cranbrook Design. The New Discourse.* New York 1990

Alessi, Alberto: *The Dream Factory. Alessi since 1921.* Milan 1998

Alexander, Christopher: *Notes on the Synthesis of Form.* Cambridge/Mass. 1964

—: *The Linz Café. Das Linz Café.* Vienna 1981

Ambasz, Emilio (ed.): *Italy. The New Domestic Landscape.* New York 1972

Anceschi, Giovanni (ed.): *Il Progetto delle Interfacce. Oggeti Colloquiali e Protesti
    Virtuali.* Milan 1992

Andrews, Edward D./Andrews, Faith: *Shaker Furniture. The Craftsmanship of an
    American Communal Sect.* First published in 1937. New York 1964

Antonelli, Paola: Italian Design between Globalism and Affectivity. In: Giampiero
    Bosoni (ed.): *Italy – Contemporary Domestic Landscapes.* Milan 2001

A.P.P.C.I/C.C.I (eds.): *Design français 1960–1990.* Paris 1988

Architekten Schweger & Partner: *Zentrum für Kunst und Medientechnologie Karls-
    ruhe.* Stuttgart, London 1999

Armani, Giorgio/Celant, Germano/Koda, Harold: *Giorgio Armani.* Exhibition catalog,
    Solomon Guggenheim Museum. New York 2001

Arnheim, Rudolf: *Anschauliches Denken. Zur Einheit von Bild und Begriff.* Cologne
    1972

Baacke, Rolf-Peter/Brandes, Uta/Erlhoff, Michael: *Design als Gegenstand. Der neue
    Glanz der Dinge.* Berlin 1983

Bachinger, Richard/Steguweit, Christian: Corporate Identity und Corporate Image der Firma Olivetti. In: Poth, Ludwig, G./Poth, Gudrun S. (eds.): *Marktfaktor Design*. Landsberg/Lech 1986

Bang, Jens: *Bang & Olufsen. From Vision to Legend*. Skive 2000

Bangert, Albrecht: *Colani. Das Gesamtwerk*. Exhibition catalog. Schopfheim 2004

Barley, Nick/British Council: *Lost and Found*. Boston 1999

Barloewen, Constantin von: Hundert Jahre Einsamkeit. Macht der Mythen: Warum Lateinamerika die Segnungen des nordamerikanischen Fortschritts nicht geheuer sind. In: *Die Zeit* No. 32, 1 August 2002

Barthes, Roland: *The Fashion System*. Originally published as *Système de la mode* (Paris 1967). New York 1983

Baudrillard, Jean: *For a Critique of the Political Economy of the Sign*. Originally published as *Pour une critique de l'économie politique du signe* (Paris 1972). St. Louis/Mo. 1981

—: *Fatal Strategies*. London 1990.

—: *Das System der Dinge. Über unser Verhältnis zu den alltäglichen Gegenständen*. Originally published as *Le système des objets* (Paris 1968). First German edition Vienna 1974. Frankfurt/Main 1991.

Bauer-Wabnegg, Walter: Kleine Welten. Design muß auch in Zukunft Geschichten erzählen können. In: *formdiskurs* 3, 2/1997

—: Logische Tiefen und freundliche Oberflächen. Neue Mythen des Alltags. In: Bürdek, Bernhard E. (ed.): *Der digitale Wahn*

Baumann, Konrad/Thomas, Bruce: *User Interface Design for Electronic Appliances*. London, New York 2001

Bayley, Stephen: *Harley Earl and the Dream Machines*. New York 1983

—: *Harley Earl*. New York 1991

BCD (Barcelona Centro de Diseño): *Diseño Barcelona*. Barcelona 1987

Behrens, Marc: *Body Modification – Körperdesign*. Diploma thesis, HfG Offenbach, September 2002. Extracts published as "Hautnah vernetzt–Skin-deep Communication" in: *form* 185, September/October 2002

Bellini, Mario: Italian Style (1984). In: Wichmann, Hans (ed.): *Italien Design 1945 bis heute*. Munich 1988

Bense, Max: *Aesthetica*. 4 vols. Baden-Baden 1954-1960

—: *Semiotik. Allgemeine Theorie der Zeichen*. Baden-Baden 1967

—: *Einführung in die informationstheoretische Ästhetik*. Hamburg 1969

—: *Zeichen und Design*. Baden-Baden 1971

Bertsch, Georg: *Alfredo Arribas. Architecture and Design. Arquitectura y diseño. 1986–1992*. Tübingen, Berlin 1993

Birkigt, Klaus (ed.): *Corporate Identity. Grundlagen – Funktionen – Fallstudien*. 11th ed., Landsberg/Lech 2003

Bittner, Regina (ed.): *Bauhausstil. Zwischen International Style und Lifestyle*. Berlin 2003

Blaich, Robert I./Blaich, Janet: *Product Design and Corporate Strategy*. New York 1993

Blaser, Werner (ed.): *Folding Chairs. Klappstühle*. Basel, Boston 1982

Bloch, Ernst Werner: Abschied von der Utopie? In: Gekle, Hanna (ed.): *Vorträge*. Frankfurt/Main 1980

Bocheński, Józef Maria: *Die zeitgenössischen Denkmethoden.* 8th ed., Bern, Munich 1954

Bochynek, Martin: Das möblierte Museum. In: *Wolkenkratzer Art Journal 4,* 1989

Bomann, Monica (ed.): *Design Art. Schwedische Alltagsformen zwischen Kunst und Industrie.* Berlin 1988

Bonsiepe, Gui: Gestammelter Jargon. Industrial Design und Charles Sanders Peirce. In: *ulm 8/9,* 1963

—: *Design im Übergang zum Sozialismus. Ein technisch-politischer Erfahrungsbericht aus dem Chile der Unidad Popular (1971–73).* Hamburg 1974

—: *Teoria e pratica del disegno industriale. Elementi per una manualistica critica.* Milan 1975

—: *Teoría y práctica del diseño industrial. Elementos para una manualística crítica.* Barcelona 1978

—: *A Tecnologia da Tecnologia.* Sao Paulo 1983

Boos, Frank/Jarmai, Heinz: Kernkompetenzen – gesucht und gefunden. In: *Harvard business manager,* 4/1994

Boom, Holger van den: *Betrifft: Design. Unterwegs zur Designwissenschaft in fünf Gedankengängen.* Alfter 1994

Borchers, Jan: *A Pattern Approach to Interaction Design.* Chichester 2001

Borisovskij, Georgij: *Form und Uniform. Die Gestaltung der technischen Umwelt in sowjetischer Sicht.* Reinbek/Hamburg 1969

Bosoni, Giampiero (ed.): *Italy – Contemporary Domestic Landscapes.* Milan 2001

Bovenschen, Silvia: Soviel Körper war nie. Der Traum ist aus, denn wir sind alle Cyborgs: Die Marginalisierung des Leibes und seine Wiederkehr als Konstrukt der Medien. In: *Die Zeit* no. 47, 14 November 1997

Bourdieu, Pierre: *Distinction. A Social Critique of the Judgment of Taste.* Translated by Richard Nice. Originally published as *La distinction. Critique sociale du jugement* (Paris 1979). Cambridge/MA 1984

Bouroullec, Ronan: *Ronan and Erwan Bouroullec.* London 2003

Brand, Steward: *The Media Lab. Inventing the Future at MIT.* New York 1987

Brandes, Uta: Das bedingte Leben. Heubachs Untersuchung der psychologischen Gegenständlichkeit der Dinge. Eine Rezension. In: *Design Report* 6, 1988

—: Die Digitalisierung des Büros. In: Bürdek, Bernhard E.: *Der digitale Wahn.* Frankfurt/Main 2001

—/Steffen, Miriam/Stich, Sonja: Nicht Intentionales Design (NID): Die alltägliche Umgestaltung des Gestalteten im Gebrauch. Forschungsprojekt I+II. Unpublished manuscript. Cologne 1999, 2000

—: Alltäglich und medial: NID – Nicht Intentionales Design. In: Ecker, Gisela/Scholz, Susanne (eds.): *UmOrdnungen der Dinge.* Königstein/Ts. 2000

Branzi, Andrea: La tecnologia nuda. Interview with Tomás Maldonado and Ettore Sottsass. In: *modo* 76, 1985

Braun Design. Edited by Braun GmbH, Peter Schneider. Kronberg, October 2002

Bremer, Corinna: Wirtschaftliche Wende in Taiwan droht sich zu verzögern. In: *Financial Times Deutschland,* 12 December 2001

Brenner, Wolfgang/Johannsen, Frank: *Alle lieben Billy. Geschichten, Tips und Reportagen über unser Lieblings-Möbelhaus.* Frankfurt/Main 1998

Brockhaus Enzyklopädie. Vol. 4., 19th ed. Mannheim 1987

Buck, Alex: *Design Management in der Praxis.* Stuttgart 2003

—/Herrmann, Christoph/Lubkowitz, Dirk: *Handbuch Trend Management. Innovation und Ästhetik als Grundlage unternehmerischer Erfolge.* Frankfurt/Main 1998

Buck, Alex/Vogt, Matthias: *Design Management. Was Produkte wirklich erfolgreich macht.* Frankfurt/Main, Wiesbaden 1996

— (eds.): *Garouste & Bonetti.* Designer Monographs 7. Frankfurt/Main 1996

Buddensieg, Tilmann: *Industriekultur. Peter Behrens and the AEG 1907–1914.* Translated by Iain Boyd Whyte. Cambridge/MA 1984

Bürdek, Bernhard E.: *Design-Theorie. Methodische und systematische Verfahren im Industrial Design.* Also published in Italian as *Teoria del Design. Procedimenti die problem-solving. Metodi di pianificazione. Processi di strutturazione* (Milan 1977). Ulm 1971a

—: Modelle für die Praxis. Design-Theorien, Design-Methoden. In: *form* 56, 1971b

—: Keine CI ohne CD. In: *absatzwirtschaft* (special edition). 10/1987

—: Design-Management in der Bundesrepublik Deutschland: Renaissance nach Jahren der Stagnation. In: *FAZ – Blick durch die Wirtschaft*, 25 August 1989, reprinted in: Bachinger, Richard (ed.): *Unternehmenskultur. Ein Beitrag zum Markterfolg.* Frankfurt/Main 1990a

—: Der Chip – Leitfossil der neunziger Jahre? Der Einfluss der Mikroelektronik / Die Rolle des Designs in der individualisierten Massenfertigung. In: *FAZ – Blick durch die Wirtschaft* no. 233, 2 December 1988a, reprinted in: Bachinger, Richard (ed.): *Unternehmenskultur. Ein Beitrag zum Markterfolg.* Frankfurt/Main 1990b

—: Hannes,G./Schneider, H.: Computer im Design. In: *form* 121, 1/1988b

—: Die Benutzeroberflächen rücken in den Blickpunkt der Designer. In: *FAZ – Blick durch die Wirtschaft* no. 105, 1 June 1990c

—: Produkte im Zeitalter der Elektronik. In: Design-Zentrum Nordrhein-Westfalen (ed.): *Design-Innovationen Jahrbuch '92.* Essen 1992

—: Human Interface Design. In: Hahn, Jürgen H. (ed.): *Jahrbuch '94*, Technische Dokumentation, Frankfurt/Main 1994

—: Künstler und Navigator. Der Designer als Führer durch Raum und Zeit. In: *Frankfurter Allgemeine Magazin* no. 850, June 1996a

—: Missing Link with GUI. In: *Design News* 235 (JIDPO/Tokyo), September 1996b

—: Ein Gespräch mit Rolf Fehlbaum. CD-ROM "Design." Cologne 1996b

—: *Der Apple Macintosh.* Frankfurt/Main 1997a

—: Vom Mythos des Funktionalismus. In Franz Schneider Brakel (ed.) *FSB.* Cologne 1997b

—: Form und Kontext. In: *Objekt und Prozess* 17. Design Colloquium at the Academy for Industrial Design in Halle, Burg Giebichenstein, 28-30 November 1996. Halle 1997b

—: Über Sprache, Gegenstände und Design. In: *formdiskurs* 3, 2/1997c

—: Die elektronische Aufrüstung des Autos. In: *form spezial* 2, 1998. Reprinted as "Die Digitalisierung des Autos" in Vegesack, Alexander von/Kries, Mateo (eds): *Automobility – Was uns bewegt.* Vitra Design Museum. Weil/Rhein 1999

—: Design. In: *100 Wörter des Jahrhunderts.* Frankfurt/Main 1999

—: Design: Von der Formgebung zur Sinngebung. In: Zurstiege, Guido/Schmidt, Siegfried J. (eds.) *Werbung, Mode und Design.* Wiesbaden 2001a

— (ed.): *Der digitale Wahn.* Frankfurt/Main 2001b

—: Theorie und Praxis im Design. In: *designreport* 6/02, June 2002

—: Zur Methodologie an der HfG Ulm und deren Folgen. In: *Ulmer Museum/HfG-Archiv ulmer modelle – modelle nach Ulm. Zum 50. Gründungsjubiläum der Ulmer Hochschule für Gestaltung.* Exhibition catalog. Stuttgart 2003

—/FSB – Franz Schneider Brakel (eds.): *Vom Mythos des Funktionalismus.* Cologne 1997d

—/Gros, Jochen: Der Wandel im Design-Verständnis. Interview with representatives of the Cologne-based Koppelmann School. In: *form* 81, 1/1978

—/Schupbach, Stephan: Klarheit mit Hypermedia. Human Interface Design: Konstruktion von Benutzungsoberflächen. In: *KEM Konstruktion Elektronik Maschinenbau,* no. 7, July 1992

—: Human Interface Design. Über neue Aufgabengebiete des Designs und ein praktisches Beispiel im Zeitalter der Elektronik. In: *form* 142, 2/1993

—: Typographische Gesellschaft (ed.): *Design und Qualität.* Munich 1996b

Burkhardt, François: Vorwort. In: IDZ Berlin (ed.): *Design als Postulat am Beispiel Italiens.* Berlin 1973

—: Zur Entstehungsgeschichte von Memphis. In: HfG Offenbach (ed.): *Der Fall "Memphis" oder die Neo-Moderne.* Studien und Materialien, vol. 7. Offenbach/Main 1984

—/Franksen, Inez (eds.): *Design: Dieter Rams &.* Berlin 1980

Burkhardt, Lucius: Design ist unsichtbar. In: Gsöllpointner, Helmuth/Hareiter, Angela/Ortner, Laurids (eds.) *Design ist unsichtbar.*

—: ...in unseren Köpfen. In: ibid./IDZ Berlin (eds.): *Design der Zukunft.* Cologne 1987

Butenschøn, Peter: Norwegian Design. Is There Any Such Thing? In: *ICSIDnews* 1/1998, February 1998

Buzan, Tony: *The Mind Map Book.* New York 1991

Byrne, Bryan/Squires, Susan (eds.) *Creating Breakthrough Ideas: The Collaboration of Anthropologists and Designers in the Product Development Industry.* Westport 2002

Campana, Fernando/ Campana, Humberto: *Campanas.* Sao Paulo 2003

CETRA (China External Trade Development Council): *Industrial Design in Taiwan 1959–1994.* Taipei 1994

Cook, Peter: *Archigram.* London, New York 1974

Couture, Lise Anne/Rashid, Hani: *Asymptote. Flux.* London 2002

Cross, Nigel: *Developments in Design Methodology.* Chichester 1984

—: *Engineering Design Methods.* Chichester 1989

—: *Design/Science/Research: Developing a Discipline.* Keynote Speech, International Symposium on Design Science, 5th Asian Design Conference, Seoul/Korea. October 2001

Csikszentmihalyi, Mihaly/Rochberg-Halton, Eugene: *The Meaning of Things. Domestic Symbols and the Self.* Cambridge/MA 1981

Decker, Edith/Weibel Peter (eds.): *Vom Verschwinden der Ferne. Telekommunikation und Kunst.* Cologne 1990

Deganello, Paolo: Un Eccesso di Speranza/An Excess of Hope. In: *Anche Gli Ogetti Hanno un'Anima. Paolo Deganello – Opere 1964–2002.* Cantù 2002

de Kerckhove, Derrick: *The Architecture of Intelligence.* Originally published as *L'architettura dell'intelligenza* (Turin 2001). Basel, Boston, Berlin 2002

Delacretaz, Helen: *Habitat. Canadian Design Now. Le point sur le design canadien.* Exhibition catalog. Winnipeg 2002

Design: método e industrialismo. Exhibition catalog, Mostra Internacional de Design. Rio de Janeiro/Sao Paolo 1998

Design Forum Finland: *Yrityksen muotoilijayhteydet.* Helsinki 1998

Design in der UdSSR. Exhibition catalog. Allunions Research Centre for Technical Aesthetics, with the Landesgewerbeamt Baden-Württemberg and Design Center Stuttgart. Stuttgart 1987

Design Process Olivetti 1908–1983. Published by Ing. C. Olivetti e C. Texts by Giovanni Giudici. Milan 1983

Diebner, Hans/Druckrey, Timothy/Weibel, Peter: *Science of the Interface.* Tübingen 2001

Dietz, Georg: Begegnung mit einem Monster. In: *Frankfurter Allgemeine Sonntagszeitung*, 10 November 2002

Disney, Walt/Eisner, Michael D.: *Imagineering: A Behind the Dreams Look at Making the Magic Real by the Imagineers.* New York 1996

Donaldson, Stephanie: *The Shaker Garden. Beauty through Utility.* North Pomfret/VT 2000

Dörner, Volkhard: *Die Produktform als Mittel der Anmutungsgestaltung unter besonderer Berücksichtigung der Quantifizierung und Dynamisierung anmutungshafter Formleistung.* Cologne 1976

Douglas, Mary: *Rules and Meaning.* New York 1973

—: *Purity and Danger. An Analysis of the Concepts of Pollution and Taboo.* New York 1966

—: *Risk and Blame: Essays in Cultural Theory.* London 1992

Dunas, Peter: *Luigi Colani und die organisch-dynamische Form seit dem Jugendstil.* Munich 1993

Dunne, Anthony: *Hertzian Tales. Electronic Products, Aesthetic Experience and Critical Design.* Royal College of Art. London 1999

—/Raby, Fiona: *Design Noir: The Secret Life of Electronic Objects.* Basel 2001

Durkheim, Emile: *The elementary forms of religious life.* Originally published as *Les formes élémentaires de la vie religieuse* (Paris, 1912). Translated by Karen E. Fields. New York, London 1995

Dyson, James: *Against the odds. An Autobiography.* London 2001

Eckstein, Hans: *Formgebung des Nützlichen. Marginalien zur Geschichte und Theorie des Design.* Düsseldorf 1985

Eco, Umberto: *La struttura assente.* Milan 1968

Egon Eiermann – Die Möbel. Exhibition catalog, Badisches Landesmuseum. Karlsruhe 1999

Ehrenfels, Christian von: Über Gestaltqualitäten. In: *Vierteljahresschrift wissenschaftliche Philosophie* 14/1890, p. 249–292

Eisenman, Peter: *Aura und Exzeß. Zur Überwindung der Metaphysik der Architektur.* Vienna 1995

Ekuan, Kenji (ed.): *GK Design. 50 Years 1952–2002.* Tokyo 2003

El Diseño en España. Antecedentes históricos y realidad actual. Published by the Ministerio de Industria y Energia. Madrid 1985

Ellinger, Theodor: *Die Informationsfunktion des Produktes.* Special publication of "Produktionstheorie und Produktionsplanung," Festschrift for Karl Hax on the occasion of his 65th birthday. Cologne, Opladen 1966

Engell, Lorenz/Fahle, Oliver/Neitzel, Britta (eds.): *Kursbuch Medienkultur. Die maßgeblichen Theorien von Brecht bis Baudrillard*. Stuttgart 2000

Erco Lichtfabrik. *Ein Unternehmen für Lichttechnologie*. Published by Erco Leuchten GmbH. Berlin 1990

Erlhoff, Michael: Kopfüber zu Füßen. Prolog für Animateure. In: *documenta 8*, vol. 1, Kassel 1987

—/Kunst- und Ausstellungshalle der Bundesrepublik Deutschland: *Design 4:3 – Fünfzig Jahre italienisches und deutsches Design*. Bonn 2000

Escherle, Hans-Jürgen: *Industrie-Design für ausländische Märkte*. Munich 1986

Farr, Michael: *Design Management*. London 1966

Fawcett-Tang, Roger/Owen, William (eds.): *Mapping: An Illustrated Guide to Graphic Navigational System*. Crans/Céligny, Hove 2002

Fehlbaum, Rolf: Vitra. Eine pluralistische Identität. In: Daldrop, Norbert W. (ed.): *Kompendium Corporate Identity und Corporate Design*. Stuttgart 1997

Felix, Zdenek: *Konzept-Kunst*. (Kunstmuseum catalog) Basel 1972

Feuerstein, Günther: Zeichen und Anzeichen. In: *form + zweck* 5, 1981

Feyerabend, Paul: *Wider den Methodenzwang: Skizze einer anarchitischen Erkenntnistheorie*. Frankfurt/Main, York 1976

Fiebig, Wilfried: *Zum Begriff der Vernunft*. Lecture in "Theorie der Produktsprache" series, HfG Offenbach, 13 November 1986

Fiedler, Jeannine/Feierabend, Peter (eds.): *Bauhaus*. Translated by Translate-A-Book. Cologne 2000

Figal, Günter: *Der Sinn des Verstehens. Beiträge zur hermeneutischen Philosophie*. Stuttgart 1996

Fischer, Richard: Zur Anzeichenfunktion, In: *Fachbereich Produktgestaltung*, HfG Offenbach (ed.), 1978

—: Mikosch, Gerda: *Anzeichenfunktionen. Grundlagen einer Theorie der Produktsprache*, vol. 3. HfG Offenbach (ed.). Offenbach/Main 1984

—: *Design im Zeitalter der Mikroelektronik*. Lecture at HfG Offenbach, 13 October 1988

Fischer, Volker: Emotionen in der Digitale. Eine Phänomenologie elektronischer "devices". In: Bürdek, Bernhard E. (ed.): *Der digitale Wahn*.

—: *Richard Meier. The Architect as Designer and Artist*. Translated by Marion McClellan. Stuttgart, London 2003

— (ed.): *Design Now: Industry or Art?* Translated by Hans Brill. New York 1989

—: Produktstrategie als Kulturstrategie. In: *Perspektive* (Vorwerk & Co. Teppichwerke KG magazine) 1, 1988b

—/Gleininger, Andrea: *Stefan Wewerka. Architect, Designer, Object Artist*. Translated by Michael Robinson. Stuttgart, London 1998

Fischer, Wend: *Die verborgene Vernunft. Funktionale Gestaltung im 19. Jahrhundert*. Exhibition catalog. Munich 1971

formdiskurs – Zeitschrift für Design und Theorie/Journal of Design and Design Theory 3, 2/1997 (in-depth discussion of language, objects, and design)

Frank, Manfred: *What Is Neostructuralism?* Translated by Sabine Wilke and Richard Gray. Minneapolis 1989

Frenzl, Markus: Interview with Stefan Ytterborn. In: *designreport* 2/03

Friedländer, Uri: Wir sind in einer Phase der Umorientierung... In: *form* 96, 4/1981/82

Friedrich-Liebenberg, Andreas: *Anmutungsleistungen von Produkten. Zur Katalo-gisierung, Strukturierung und Stratifikation anmutungshafter Produktleistungen*. Cologne 1976

Fritenwalder, Henning: *Kann Design eine Theorie haben?* Diploma thesis, HdK Hamburg, 1999

FSB-Edition:

Greifen und Griffe. With texts by Otl Aicher and Robert Kuhn. Cologne 1987

Johannes Potente, Brakel. Design der 50er Jahre. With texts by Otl Aicher, Jürgen W. Braun, Siegfried Gronert, Robert Kuhn, Dieter Rams and Rudolf Schönwandt. Cologne 1989

Zugänge – Ausgänge. With poems by Peter Maiwald and texts by Jürgen W. Braun and Marcel Reich-Ranicki. Cologne 1989

Zugänge – Ausgänge. Photographs by Timm Rautert, with texts by Otl Aicher, Jürgen Becker and Wolfgang Pehnt. Cologne 1990

Türdrücker der Moderne. Eine Designgeschichte von Siegfried Gronert. Cologne 1991

Annentag in Brakel. Ein deutsches Volksfest. Photographs by Rudi Meisel, Timm Rautert, Michael Wolf, and text by Bernd Müllender. Cologne 1992

Übergriff. Brief: Jürgen W. Braun. Realization: Students of Karlsruhe School of Design under the stewardship of Gunter Rambow. Texts by Peter Sloterdijk, Heinrich Klotz and Jürgen W. Braun. Cologne 1993

The Doorhandle Disaster. Le chaos de la poignée de porte. Das Türklinken-Chaos. Story and illustrations by Klaus Imbeck. Cologne 1994

Visuelle Kommunikation. Bausteine Realisationen. With texts by Otl Aicher, Sepp Landsbeck and Jürgen W. Braun. Cologne 1995

Hand und Griff. Exhibition in Vienna, 1951, organized by Walter Zeischegg and Carl Auböck. Retrospective catalog compiled by Andrea Scholtz. Cologne 1995

Gesten. A book by photography students at the College of Graphic Design and Book Craft in Leipzig under the stewardship of Timm Rautert. Cologne 1996

Vom Mythos des Funktionalismus. With texts by Bernhard E. Bürdek, Reinhard Kiehl, Florian P. Fischer, Jürgen W. Braun. Drawings by Hans Hollein (Vienna). Cologne 1997

Das virtuelle Haus. Workshop with Peter Eisenman, Jaques Herzog, Toyo Ito, Daniel Libeskind, Jean Nouvel, et al. Cologne 1998

Links – Rechts. Linkshänder in einer rechten Welt. Ein Buch über Händigkeit von Andrea Scholtz. Cologne 1999

Les Mains de Le Corbusier. André Wogenscky. Cologne 2000

g/df (Catalog Good Design Festival), Seoul 2001

Gadamer, Hans-Georg: *Wahrheit und Methode. Grundzüge einer philosophischen Hermeneutik*. 4th ed. Tübingen 1975

—: *Der Mensch als Naturwesen und Kulturträger*. Opening lecture of the "Mensch und Natur" series, Frankfurt/Main 28 August 1988

Garnich, Rolf: *Konstruktion, Design, Ästhetik*. Esslingen 1968

Gershenfeld, Neil: *When Things Start to Think*. New York 1999

Geyer, Erich/Bürdek, Bernhard E.: Designmanagement. In: *form 51*, 3/1970

—/Frerkes, Jupp/Zorn, Manfred: *AW design Kompendium 70*, Stuttgart 1970

—: *Marktgerechte Produktplanung und Produktentwicklung. Teil II: Produkt und Betrieb*. Heidelberg 1972

Gibson, James J.: *The Senses Considered as Perceptual Systems*. Houghton 1966

—: *The Perception of the Visual World*. Houghton 1950

—: *The Ecological Approach to Visual Perception*. Houghton 1979

Giedion, Sigfried: *Mechanization Takes Command*. Oxford 1948

Giralt-Miracle, Daniel/Capella, Juli/Larrea, Quium: *Diseño Industrial en España*.
    Madrid 1998

GK Design Group: *GK Design 50 years 1952–2002*. Tokyo 2003

Glaeser, Willi: *20 Jahre Wogg. Der Werkbericht*. Baden 2003

Glancey, Jonathan: *Douglas Scott*. London 1988

Glaser, Hermann: Industriekultur oder die Sache mit den Knopflöchern. In: Sembach,
    Klaus-Jürgen/Jehle, Manfred/Sonnenberger, Franz (eds.): *Industriekultur. Expedi-
    tionen ins Alltägliche*. Published by the Schul- und Kulturreferat der Stadt
    Nürnberg, Centrum Industriekultur. Nuremberg 1982

Göbel, Lutz: Den "Integralisten" gehört die Zukunft. In: *VDI nachrichten* no. 13, 1992

Golde, Chris M./Walker, George: *Overview of the Carnegie Initiative on the Doc-
    torate*. Draft 2.1, Carnegie Mellon University Pittsburgh/PA, 19 August 2001

Gombrich, Ernst H.: *The Sense of Order*. Oxford 1979

Gorgs, Claus: Gemeinsamer Nenner. In: *Wirtschaftswoche* no. 3, 9 January 2003

Gorsen, Peter: *Zur Dialektik des Funktionalismus heute*. English translation in:
    Habermas, Jürgen (ed.): *Observations on "the Spiritual Situation of the Age."
    Contemporary German Perspectives*. Translated by Andrew Buchwalter.
    Cambridge/MA 1984

Gotlieb, Rachel/Golden, Cora: *Design in Canada. Fifty Years from Teakettles to Task
    Chairs*. Toronto 2001

Gould, Stephen Jay: *Full House. The Spread of Excellence from Plato to Darwin*.
    New York 1996

Grassi, Alfonso/Pansera, Anty: *Atlante del Design Italiano 1940–1980*. Milan 1980

Gregotti, Vittorio: *Il disegno del prodotto industriale. Italia 1860–1980*. Milan 1982

Gros, Jochen: *Dialektik der Gestaltung*. Publication series by the Institut für Umwelt-
    planung of the University of Stuttgart. Ulm 1971

—: *Grundlagen einer Theorie der Produktsprache*, vol 1. HfG Offenbach (ed.).
    Offenbach/Main 1983

—: Symbolfunktionen. in *Grundlagen einer Theorie der Produktsprache*, vol. 4. HfG
    Offenbach (ed.). Offenbach/Main 1987

Gsöllpointner, Helmuth/Hareiter, Angela/Ortner, Laurids (eds.): *Design ist unsichtbar*.
    Vienna 1981

Gugelot, Hans: *Design als Zeichen*. Lecture, CEAD, Dortmund, 13 October 1962. In:
    Wichmann, Hans (ed.): *System-Design Bahnbrecher: Hans Gugelot 1920–1965*.
    Munich 1984

Guixé, Martí: *Libre de contexte: context-free, kontext-frei*. Basel, Boston, Berlin 2003

Habermas, Jürgen: *Knowledge and Human Interests*. Translated by Jeremy J.
    Shapiro. Boston 1971

—: *The Theory of Communicative Action, vol. 1: Reason and the Rationalization of
    Society*. Translated by Thomas McCarthy. Boston 1984

—: *The Theory of Communicative Action, vol. 2: Lifeworld and System – A Critique of
    Functionalist Reason*. Translated by Thomas McCarthy. Boston 1987

—: The New Obscurity: The Crisis of the Welfare State and the Exhaustion of
    Utopian Energies. In: ibid.: *The New Conservatism. Cultural Criticism and the*

Historian's Debate. Edited and translated by Shierry Weber Nicholsen.
Cambridge/MA 1989, pp. 48–70

Habermas, Tilmann: *Geliebte Objekte. Symbole und Instrumente der Identitätsbil-
dung*. Frankfurt/Main 1999

Hadwiger, Norbert/Robert, Alexandre: *Produkt ist Kommunikation. Integration von
Branding und Usability*. Cologne 2002

Hahn, Erwin: Amerika Du hast es besser. In: *computer persönlich*. 26, 1988

Hase, Holger: *Gestaltung von Anmutungscharakteren. Stil und Looks in der mar-
ketingorientierten Produktgestaltung*. Cologne 1989

Hauffe, Thomas: *Fantasie und Härte. Das Neue deutsche Design der achtziger Jahre*.
Giessen 1994

Haug, Wolfgang Fritz: In: IDZ Berlin (ed.): *design? Umwelt wird in Frage gestellt*.
Berlin 1970

—: *Critique of Commodity Aesthetics: Appearance, Sexuality and Advertising in Cap-
italist Society*. Translated by Robert Bock. Minneapolis 1986

—: *Warenästhetik, Sexualität und Herrschaft. Gesammelte Aufsätze*. Frankfurt/Main
1972

Heidegger, Martin: *Identity and Difference*. Translated by Joan Stambaugh. New York
1969

—: *Vorträge und Aufsätze*. Includes "Das Ding," "Die Frage nach der Technik,"
"Bauen Wohnen Denken." Pfullingen 1967

—: *Basic writings from Being and Time (1927) to The Task of Thinking (1964)*. Edited
by David Farrell Krell. Includes "The Question Concerning Technology" and
"Building Dwelling Thinking." San Francisco 1993

—: *Phänomenologische Analysen zur Kunst der Gegenwart*. The Hague 1968

Henseler, Wolfgang: Ainterface-Agenten. Der Wandel in der Mensch-Objekt-Kommu-
nikation oder Von benutzungsfreundlichen zu benutzerfreundlichen Systemen. In:
Bürdek, Bernhard.E.: *Der digitale Wahn*. Frankfurt/Main 2001

Heskett, John: *Industrial Design*. First published London 1980. New edition 2000

Heß, Andreas (Porsche AG): Produktkliniken als Instrument der Marktforschung in
der Automobilindustrie. In: Meinig, Wolfgang (ed.): *Auto-Motive 97*. Bamberg
1997

Heubach, Friedrich W.: *Das bedingte Leben. Entwurf zu einer Theorie der psycholo-
gischen Gegenständlichkeit der Dingen*. Munich 1987

Heufler, Gerhard: *Produkt-Design. Von der Idee zur Serienreife*. Linz 1987

Hiesinger, Kathryn B./Fischer, Felice: *Japanese Design: A Survey since 1950*.
Philadelphia 1994

Hirdina, Heinz: Voraussetzungen postmodernen Designs. In: Flierl, Bruno/Hirdina,
Heinz: *Postmoderne und Funktionalismus. Sechs Vorträge*. Berlin 1995

—: *Gestalten für die Serie. Design in der DDR 1949–1985*. Dresden 1988

Hitchcock, Henry-Russell/Johnson, Philip: *The International Style*. Originally pub-
lished as *The International Style: Architecture since 1922* (New York 1932). New
York, London 1966

Hitzler, Jürgen/Siemens Design Studio: *Studie Gleisbildterminal 1986*. English trans-
lation in: Fischer, Volker (ed.): *Design Now*

Höhne, Günter: *Penti, Erika und Bebo Sher. Die Klassiker des DDR-Designs*. Berlin
2001

Hörisch, Jochen: *Die Wut des Verstehens. Zur Kritik der Hermeneutik.* Frankfurt/Main 1988

Hosokawa, Shuhei: The Walkman Effect. *Popular music* 4/1984

HTR (HighTech Report). DaimlerChrysler AG (ed.), 1/2003

Husserl, Edmund: Ideen zur reinen Phänomenologie und phänomenologischen Philosophie (1900/01). In: *Jahrbuch für Philosophie und phänomenologische Forschung.* Halle 1913

ICSID Daily. Day 4, October 11, 2001. Seoul 2001

Industrie Forum Design Hannover: *Kriterien einer guten Industrieform (Herbert Lindinger).* Hanover 1990

Inside Design Now: *National Design Triennial.* New York 2003

Internationales Design Zentrum Berlin (ed.): *Design als Postulat am Beispiel Italien.* Exhibition catalog. Berlin 1973

Italia diseño 1946/1986. Exibition catalog, Museo Rufino Tamayo. Mexico D. F. 1986

Jencks, Charles: *The Language of Post-Modern Architecture.* London 1978

—: *Post-Modernism.* London 1987

Jenkins, David: *on foster – foster on.* Munich 2000.

Jones, Christopher J.: The State-of-the-Art in Design Methods. In: Broadbent, Geoffrey/Ward, Anthony: *Design Methods in Architecture.* London 1969

—: *Design Methods. Seeds of Human Future.* 9th ed. Chichester 1982

Jongerius, Hella/Schouwenber, Louise: *Hella Jongerius.* Berlin 2003

Julier, Guy: *The Culture of Design.* London 2000

Jun, Cai: Industrial Design in China. In: *ICSID News* 2000/3

—: *Adaptation and Transformation: Design Education in Fast-Changing China.* ICSID Educational Seminar, Seongnam 2001

Kahn, Hermann: *The Next 200 Years. A Scenario for America and the World.* Boulder 1976

—: *World Economic Development.* Boulder 1979

Kaku, Michio: *Visions. How Science Will Revolutionize the 21st Century.* New York 1997

Karmasin, Helene: *Produkte als Botschaften. Was macht Produkte einzigartig und unverwechselbar?* Vienna 1993

—: Cultural Theory und Produktsemantik. Cultural Theory and Product Semantics. In: *formdiskurs – Zeitschrift für Design und Theorie/ Journal of Design and Design Theory* 4, 1/1998

—/Karmasin, Matthias: *Cultural Theory. Ein neuer Ansatz für Kommunikation, Marketing und Management.* Vienna 1997

Kassner, Jens: *Claus Dietel und Lutz Rudolph. Gestaltung ist Kultur.* Chemnitz 2002

Katz, David: *Gestalt Psychology: Its Nature and Significance.* Translated by Robert Tyson. Originally published as *Gestaltpsykologi* (Stockholm 1942). Westport/Conn. 1979

Keine Garantie für gut abgehangene Klassiker. In: *Frankfurter Allgemeine Zeitung* no. 191, 20 August 1987

Keller, Rudi: Interpretation und Sprachkritik. In: *Sprache und Literatur in Wissenschaft und Unterricht* 17, No. 57, 1986

Kicherer, Sibylle: *Industriedesign als Leistungsbereich von Unternehmen.* Munich 1987

—: *Olivetti. A Study of the Corporate Management of Design.* New York 1990

Kiefer, Georg R.: *Zur Semiotisierung der Umwelt*. Ph.D. thesis. Stuttgart 1970

Kiemle, Manfred: *Ästhetische Probleme der Architektur unter dem Aspekt der Informationsästhetik*. Quickborn 1967

Kirsch, Karin: *Die Weißenhof-Siedlung*. Werkbund exhibition "Die Wohnung" Stuttgart 1927. Stuttgart 1987

Klatt, Jo/Jatzke-Wigend, Hartmut (eds.): *Möbel-Systeme von Dieter Rams*. Hamburg 2002

Kleefisch-Jobst, Ursula/Flagge, Ingeborg (eds.): *Architektur zum Anfassen. FSB Greifen und Griffe*. Frankfurt/Main 2002

Klein, Naomi: *No Logo*. Toronto 2000

Klemp, Klaus: *Das USM Haller Möbelbausystem*. Design-Klassiker series, edited by Volker Fischer. Frankfurt/Main 1997

Klotz, Heinrich: *Geschichte der deutschen Kunst*. 3 vols. Munich 2000

—: *Kunst im 20. Jahrhundert. Moderne – Postmoderne – Zweite Moderne*. Munich 1999

—: *Architektur der Zweiten Moderne. Ein Essay zur Ankündigung des Neuen*. Stuttgart 1999

—: *Contemporary Art. ZKM. Center for Art and Media Karlsruhe*. Translated by Elizabeth Clegg. Munich, New York 1997

—: *Die Zweite Moderne. Eine Diagnose der Kunst der Gegenwart*. Munich 1996

—: *Schriften zur Architektur. Texte zur Geschichte, Theorie und Kritik des Bauens*. Ostfildern 1996

—: *Geschichte der Architektur. Von der Urhütte zum Wolkenkratzer*. Munich 1995

—: *20th Century Architecture*. Exhibition catalog. New York 1989

—: *Moderne und Postmoderne. Architektur der Gegenwart 1960–1980*. 3rd ed. Braunschweig/Wiesbaden 1987

—: *Vision der Moderne. Das Prinzip der Konstruktion*. Munich 1986

Knop, Carsten: Die Zauberer der schnellen Chips. In: *Frankfurter Allgemeine Zeitung* no. 141, 21 June 2003

Koening, Giovanni Klaus: Tertium non datur. In: *Möbel aus Italien. Produktion Technik Modernität*. With an abstract in Italian. Exhibition catalog, Design Center Stuttgart. Stuttgart 1983.

Kohl, Karl-Heinz: *Die Macht der Dinge. Geschichte und Theorie sakraler Objekte*. Munich 2003

Köhler, Manfred: Made in Kronberg: Scherköpfe für Schanghai. In: *Frankfurter Allgemeine Zeitung* no. 186, 13 August 2002

Kölling, Martin: Funkstille In: *Financial Times Deutschland*, 4 June 2002

Koolhaas, Rem: *Harvard Design School Guide to Shopping*. Cologne 2001

—/OMA/AMO: *Projects for Prada Part 1*. Milan 2001

Koppelmann, Udo: *Grundlagen des Produktmarketing. Zum qualitativen Informationsbedarf von Produktmanagern*. Stuttgart 1978

Krauch, Helmut: Maieutik. In: Sommerlatte, Tom (ed.): *Angewandte Systemforschung. Ein interdisziplinärer Ansatz*. Wiesbaden 2002

Krippendorff, Klaus: Die Produktsemantik öffnet die Türen zu einem neuen Bewußtsein im Design. In: *form* 108/109, 1/1985

—: *The Semantic Turn. A New Foundation for Design* (forthcoming)

—: /Butter, Reinhart: Product Semantics: Exploring the Symbolic Qualities of Form.
     In: *innovation. The Journal of the Industrial Designers Society of America* 3,
     No. 2, 1984

Kristof, Nicholas D./WuDunn, Sheryl: *Thunder from the East: Portrait of a Rising
     Asia.* London 2000

Kruft, Hanno-Walter: *Geschichte der Architekturtheorie.* Munich 1985

Kuhn, Thomas S.: *The Structure of Scientific Revolutions.* Chicago 1962

Kümmel, Birgit (ed.): *Made in Arolsen. HEWI und die Kaulbachs; zwischen höfischem
     Handwerk und Industriedesign.* Bad Arolsen 1998

Kunkel, Paul: *Apple Design. The Work of the Apple Industrial Design Group.*
     New York 1977

Kurokawa, Kisho: *The Concept of Metabolism.* Tokyo 1972

—: *Metabolism 1960 – The Proposal for Urbanism.* Tokyo 1960

Küthe, Erich/Thun, Matteo: *Marketing mit Bildern.* Cologne 1995

La collection de design du Centre Georges Pompidou. Musée national d'art moderne
     – Centre de création industrielle. Paris 2001

Lampugnani, Vittorio Magnago: *Architecture and City Planning in the Twentieth Cen-
     tury.* New York 1985

Lamy: *Formen des Erfolgs. Lamy Design 1966–1986.* English edition. Heidelberg
     1996

Lang, Alfred: Preface. In: Csikszentmihalyi, Mihaly/Rochberg-Halton, Eugene: *The
     Meaning of Things.*

Langenmaier, Arnica Verena: *Der Klang der Dinge. Akustik – eine Aufgabe des
     Design.* Published by Design Zentrum München. Munich 1993

Langer, Susanne: *Philosophy in a New Key.* Cambridge/MA 1942

Lannoch, Helga/Lannoch, Hans-Jürgen: Metarealistisches Design. In: *form 79,*
     3/1977

—: Überlegungen zu einer neuen Formensprache. In: *form 104, 4/1983*

—: How to Move from Geometric to Semantic Space. In: *innovation. The Journal of
     the Industrial Designers Society of America* 3, No. 2, 1984

—: Vom geometrischen zum semantischen Raum. In: *form 118, 2/1987*

Lavrentiev, Alexander/Nasarov, Yuri: *Russian Design. Tradition and Experiment
     1920–1990.* London 1995

Lee, Kun-Pyo: *Culture and Its Effects on Human Interaction with Design. With the
     Emphasis on Cross-Cultural Perspectives between Korea and Japan.* Ph.D.
     project, University of Tsukuba, Japan 2001

Lehnhardt, Jana-Maria: *Analyse und Generierung von Designprägnanzen. Designstile
     als Determinanten der marketingorientierten Produktgestaltung.* Cologne 1996

Leithäuser, Thomas/Volmerg, Birgit: *Anleitung zur empirischen Hermeneutik. Psycho-
     analytische Textinterpretation als sozialwissenschaftliches Verfahren.*
     Frankfurt/Main 1979

Leitherer, Eugen: *Industrie-Design. Entwicklung – Produktion – Ökonomie.* Stuttgart
     1991

Lenz, Michael: Gedankensprünge. Zur experimentellen Arbeit der Gruppe Ginbande.
     In: *Design Report* 5, 5/1988

Lewin, Roger: *Complexity. Life at the Edge of Chaos.* New York 1992.

Libeskind, Daniel: *Kein Ort an seiner Stelle.* Schriften zur Architektur – Visionen für
     Berlin. Dresden, Basel 1995

Lichtenstein, Claude/Engler, Franz (eds.): *Stromlinienform – Streamline – Aéro-dynamisme – Aerodinamismo*. Exhibition catalog, Museum für Gestaltung. Zurich 1992

Liebl, Franz: *Der Schock des Neuen. Entstehung und Management von Issues und Trends*. Munich 2000

Linn, Carl Eric: *Metaprodukten och det skapande företaget*. Malmö 1985

Loewy, Raymond: *Never Leave Well Enough Alone*. New York 1949

—: *Industrial Design*. Woodstock/NY 1979

Lorenzer, Alfred: *Kritik des psychoanalytischen Symbolbegriffs*. Frankfurt/Main 1970

—: *Die Wahrheit der psychoanalytischen Erkenntnis*. Frankfurt/Main 1974

Lovegrove, Ross/Antonelli, Paola: *Supernatural: The Work of Ross Lovegrove*. London 2004

Lueg, Gabriele (ed.): *Made in Holland – Design aus den Niederlanden*. Exhibition catalog, Museum für Angewandte Kunst Köln. Tübingen, Berlin 1994

—/Gantenbein, Köbi: *Swiss Made. Aktuelles Design aus der Schweiz*. Exhibition catalog, Museum für Angewandte Kunst Köln. Zurich 2001

Luhmann, Niklas: *Social Systems*. Translated by John Bednarz, Jr., with Dirk Baecker. Stanford 1995

Lux, Peter G. C.: Zur Durchführung von Corporate Identity Programmen. In: Birkigt, Klaus (ed.): *Corporate Identity*.

Lyotard, Jean-François: *Das postmoderne Wissen. Ein Bericht*. Peter Engelmann (ed.). Previously published Bremen 1982. New edition Graz, Vienna 1986

—/et al.: *Immaterialität und Postmoderne*. Berlin 1985

Maldonado, Tomás: *Critica della ragione informatica*. Milan 1997

—/Bonsiepe, Gui: Wissenschaft und Gestaltung. in: *ulm* 10/11 1964

Manske, Beate/Scholz, Gudrun: *Täglich in der Hand. Industrieformen von Wilhelm Wagenfeld aus sechs Jahrhunderten*. Worpswede 1987

Manzini, Ezio/Susani, Marco: *The Solid Side. The Search for a Consistency in a Changing World – Projects and Proposals*. Eindhoven 1995

Martin, Marijke/Wagenaar, Cor/Welkamp, Annette: *Alessandro & Francesco Mendini! Philippe Starck! Michele de Lucchi! Coop Himmelb(l)au! in Groningen! Dutch and English. Groninger Museum*. Groningen 1995

Marzano, Stefano: *Creating Value by Design. Thoughts*. London 1998

Maser, Siegfried: *Numerische Ästhetik*. Arbeitsberichte 2. Institut für Grundlagen der Modernen Architektur (ed.). Stuttgart 1970

—: *Grundlagen der allgemeinen Kommunikationstheorie. Eine Einführung in ihre Grundbegriffe und Methoden (mit Übungen)*. Stuttgart 1971

—: *Einige Bemerkungen zum Problem einer Theorie des Designs* (manuscript). Braunschweig 1972

—: Design und Wissenschaft. Theorie ohne Praxis ist leer, Praxis ohne Theorie ist blind. In: *form* 73, 1/1976

Mason, George: *Patrick le Quément. Renault Design*. Milan 2000

Mayr-Keber, Gert M.: Strukturelemente der visuellen Erscheinung von Corporate Identity. In: Birkigt, *Corporate Identity*.

McCoy, Michael: Defining a New Functionalism in Design. In: *innovations. The Journal of the Industrial Designers Society of America* 3, 2/1984

— Katherine: Design in the Information Age. In: Aldersey-William, Hugh: *New American Design*. New York 1988

—: Interpretive Design. In: Mitchell, C. Thomas: *New Thinking in Design. Conversations on Theory and Practice*. New York 1996

McLuhan, Marshall: *The Gutenberg Galaxy*. Toronto 1962

McQuaid, Matilda (ed.): *Visionen und Utopien: Architekturzeichnungen aus dem Museum of Modern Art*. Exhibition catalog Schirn Kunsthalle. Frankfurt/Main 2003

—(ed.): *Envisioning Architecture: Drawings from The Museum of Modern Art*. Exhibition catalog, Royal Academy of Arts, London; Schirn Kunsthalle, Frankfurt; Museu de Arte Contemporanea de Serralves, Porto. New York 2002

Meadows, Donella: *The Limits to Growth*. New York 1972

Meier-Kortwig, Hans Jörg: *Design Management als Beratungsangebot*. Frankfurt/Main 1997

Meinong, Alexius: *Über die Stiftung der Gegenstandstheorie im System der Wissenschaften*. Leipzig 1907

Meller, James (ed.): *The Buckminster Fuller Reader*. London 1970

Mendini, Alessandro/Banzi, Andrea/Marzano, Stefano: *Television at the Crossroads*. London 1995

Metzger, Wolfgang: *Gestalt-Psychologie. Ausgewählte Werke aus den Jahren 1950 bis 1982*. Selected and with an introduction by Michael Stadler and Heinrich Crabus. Paperback edition. Frankfurt/Main 1999

Miller, R. Craig/Bletter, Rosemarie Haag/et al.: *USDesign 1975–2000*. Exhibition catalog, Denver Art Museum. Munich, London, New York 2001

Minx, Eckard P.: *Zukunft in Unternehmen – Strategiefindung: Methoden und Beispiele. Lecture for the Leitner Chair of New Economy and New Design*, HfG Offenbach, 13 June 2001

—/Neuhaus, Christian/Steinbrecher, Michael/Waschke, Thomas: Zu Ansatz und Methode im interdisziplinären Forschungsverbund Lebensraum Stadt/Stadt, Mobilität und Kommunikation im Jahre 2020: Zwei Szenarien. In: Forschungsverbund Lebensraum Stadt (ed.): *Mobilität und Kommunikation in den Agglomerationen von Heute und Morgen*. Berlin 1994

Moles, Abraham A.: Die Krise des Funktionalismus. In: *form* 41, March 1968

Monö, Rune: *Design for Product Understanding. The Aesthetics of Design from a Semiotic Approach*. Stockholm 1997

Morris, William: *News from Nowhere or An Epoch of Rest*. First published London 1894. Paperback edition, Oxford 2003

Morrison, Jasper: *Everything but the Walls*. Baden 2002

Mukařovský, Jan: *Kapitel aus der Ästhetik*. Frankfurt/Main 1970

Müller, Lars (ed.): Freitag. *Individual Recycled Freeway Bags*. Baden 2001

Müller-Krauspe, Gerda: Opas Funktionalismus ist tot. In: *form* 46, 1969

—: Designtheorie aus der Sicht einer zu verändernden Praxis. In: *Designtheorien* I. IDZ Berlin (ed.). Berlin 1978

Muller, Wim: *Order and Meaning in Design*. Originally published as *Vormgeven ordening en betekenissgeving* (Utrecht 1997). Utrecht 2001

Mumford, Lewis: *The Myth of the Machine. Vol. 1: Technics and Human Development*. London, New York 1966, 1967. *Vol. 2: The Pentagon of Power*. London, New York 1964, 1970

Munari, Bruno: Die Methodik des Entwerfens. In: *Kultur und Technologie im italienischen Möbel, 1950–1980*. Cologne 1980

Muranka, Tony/Rootes, Nick: *"doing a dyson."* Malmesbury 1996

Mutius, Bernhard von: *Die Verwandlung der Welt. In Dialog mit der Zukunft.* Stuttgart 2000

—: Gestaltung neu denken. form-interview with Bernhard E. Bürdek. In: *form* 184, July/August 2002

—: *Die andere Intelligenz. Wie wir morgen denken werden.* Stuttgart 2004

Nadin, Mihai: *Anticipation. The End is Where We Start from.* Baden 2002

Naisbitt, John: *Megatrends.* New York 1982

—: *Megatrends Asia.* New York 1995

—: *High Tech – High Touch.* New York 1999

Negroponte, Nicholas: *Being Digital.* New York 1995

Neumann, Claudia: *Design Lexikon Italien.* Cologne 1999

Ninaber/Peters/Krouwel (n/p/k) industrial design: *Vision & Precision.* Amsterdam, Leiden 2002

Nolte, Paul: Unsere Klassengesellschaft. Wie könnten die Deutschen angemessen über ihr Gemeinwesen sprechen? Ein unzeitgemäßer Vorschlag. In: *Die Zeit* no. 2, 4 January 2001

Norman, Donald A.: *The Psychology of Everyday Things.* New York 1988

—: *Things that make us smart. Defending human attributes in the age of the machine.* Reading/MA 1993

—: *The Invisible Computer. Why good products can fail, the personal computer is so complex, and the information appliances are the solution.* Cambridge/MA, London 1998

Nouvel, Jean. Exposition présentée au Centre Georges Pompidou. Exhibition catalog. Paris 2001

NZZ (Neue Züricher Zeitung). "Zehn kleine Negerlein. Wie viele PC-Hersteller braucht die Welt?" No. 296, 18/19 December 2004, p. 52

Oehlke, Horst: Zur Funktionsbestimmung der industriellen Formgestaltung. In: *1. Kolloquium zu Fragen der Theorie und Methodik der industriellen Formgestaltung.* Halle 1977

—: Der Funktionsbegriff in der industriellen Formgestaltung. In: *2. Kolloquium zu Fragen der Theorie und Methodik.* Halle 1978

—: *Produkterscheinung/Produktbild/Produktleitbild – ein Beitrag zur Bestimmung des Gegenstandes von industriellem Design.* Ph.D. thesis, Humboldt University Berlin. Berlin 1982

Ohl, Herbert: Design ist meßbar geworden. In: *form* 78, 2/1977

Olivetti (ed.): *Ergonomie und Olivetti. Buch 1. Der Mensch im Mittelpunkt: Zusammenfassung des aktuellen Wissenstandes im Bereich der Ergonomie.* Milan 1981

—: *Ergonomie und Olivetti. Buch 2. Olivetti Datensichtgeräte und Arbeitsplätze.* Milan 1981

—: *Design Process Olivetti 1908–1983.* Milan 1983

Olivetti Corporate Identity Design. Edited by Richard Bachinger. Published by Ing. C. Olivetti e C., Neue Sammlung Staatliches Museum für Angewandte Kunst. Frankfurt/Main, Munich 1986

OMA/AMO Rem Koolhaas: *Projects for Prada Part 1.* Milan 2001

Onck, Andries van: *Design – il senso delle forme die prodotti.* Milan 1994

Papanek, Victor: *Design for the Real World. Making to Measure.* London 1972

Pehnt, Wolfgang: *Karljosef Schattner. Ein Architekt aus Eichstätt.* Stuttgart 1988

—: Der Architektur das Tanzen beigebracht. In: *Frankfurter Allgemeine Zeitung* no. 14, 27 June 1992

Pevsner, Nikolaus: *Pioneers of Modern Design. From William Morris to Walter Gropius.* First published in 1936 as *Pioneers of the Modern Movement. From William Morris to Walter Gropius.* London 1957

Philips (ed.): *Vision of the Future.* Eindhoven 1996

— (ed.): *Creating Value by Design: Facts.* London 1998

Piore, Michael J./Sabel, Charles F.: *The Second Industrial Divide. Possibilities for Prosperity.* New York 1984

Polster, Bernd (ed.): *West Wind. Die Amerikanisierung Europas.* Cologne 1995

— (ed.): *Design Directory Scandinavia.* New York 1999

—/Elsner, Tim: *Design Lexikon USA.* Cologne 2000

Prada: *Works in Progress. Stores, Offices, Factories.* Milan 2001

— Aoyama Tokyo: *Herzog & de Meuron.* Milan 2003

Prahalad, C. K./Hamel, Gary: Nur Kernkompetenzen sichern das Überleben. In: *Harvard business manager* 1/1992

Racine, Martin: *The Influence of Designer Julien Hébert on the Emergence of the Design Field in Quebec and Canada.* Paper for the 3rd International Conference on Design History and Design Studies, Istanbul 9–12 July, 2002

Radice, Barbara: *Memphis. Research, Experiences, Results, Failures, and Successes of New Design.* Translated by Paul Blanchard. New York 1984

Ramakers, Renny: *Less + More. Droog Design in Context.* Rotterdam 2002

—/Bakker, Gijs (eds.): *Droog Design. Spirit of the Nineties.* Rotterdam 1998

Rashid, Karim: *I Want to Change the World.* New York 2001

Rat für Formgebung (ed.): *Design Management.* Frankfurt/Main 1990

Redl, Thomas/Thaler, Andreas: *Beispiele österreichischen Designs. Examples of Austrian Design.* Vienna 2001

Reinking, Guido: Offroad – Wer ihn braucht und wer ihn kauft. In: *Financial Times Deutschland,* 7 February 2002

Reinmöller, Patrick: *Produktsprache. Verständlichkeit des Umgangs mit Produkten durch Produktgestaltung.* Fördergesellschaft Produkt-Marketing e.V. Cologne 1995

Ricard, André: *La aventura creativa. Las raíces del diseño.* Barcelona 2000

Richard, Birgit: 2001 – odyssee in fashion. Electro-textiles and cargo-mode. In: Aigner, Carl/Marchsteiner, Uli (eds.): *vergangene zukunft. design zwischen utopie und wissenschaft.* Krems 2001

Rieger, Bodo: Das Januskopfproblem in der CI-Praxis. In: *Markenartikel* (1989); abridged version in: *Frankfurter Allgemeine Zeitung* no. 128, 6 June 1989

Rifkin, Jeremy. *The Biotech Century. Harnessing the Gene and Remaking the World.* New York 1998

Rittel, Horst: Bemerkungen zur Systemforschung der "ersten" und "zweiten" Generation. In: *Der Mensch und die Technik. Technisch-wissenschaftliche Blättter der Süddeutschen Zeitung,* No. 221, 27 November 1973

Roericht, Nick H.: *HfG-Synopse. Die synchron-optische Darstellung der Entstehung, Entwicklung und Auswirkung der Ulmer Hochschule für Gestaltung.* Ulm 1982

Rogalski, Ulla: Intelligentes Design. Die Züricher Agentur NOSE Design Intelligence ist erfolgreich mit bereichsübergreifender Arbeit. In: *Office Design,* 1/1998

Ronke, Christiane: Das Abenteuer beginnt gleich um die Ecke. In: *Financial Times Deutschland*, 16 December 2002

Roozenburg, Norbert F. M./Eekels, Johan: *Product Design. Fundamentals and Methods*. Chichester 1995

Rossi, Aldo: *The Architecture of the City*. Originally published as *L'Architettura della città* (Padua 1966). Cambridge/MA 1982

—: *A Scientific Autobiography*. Originally published as *Scritti scelti sul'architettura e la città* (Milan 1975). Cambridge/MA 1981

Rübenach, Bernhard: *Der rechte Winkel von Ulm (1-1958/59)*. Selected and with an introduction by Bernd Meurer. Darmstadt 1987

Rüegg, Arthur (ed.): *Swiss Furniture and Interiors in the 20th Century*. Translated by Robin Benson. Basel, Boston, Berlin 2002

Rummel, Carlo: *Designmanagement. Integration theoretischer Konzepte und praktischer Fallbeispiele*. Wiesbaden 1995

Rusch, Gebhard: Kommunikation und Verstehen. In: Merten, Klaus/Schmidt, Siegfried J./Weischenberg, Siegfried (eds.): *Die Wirklichkeit der Medien*. Opladen 1994

Rust, Holger: *Trends. Das Geschäft mit der Zukunft*. Vienna 1995

—: *Zurück zur Vernunft. Wenn Gurus, Powertrainer und Trendforscher nicht mehr weiterhelfen*. Wiesbaden 2002

Sarasin, Wolfgang: Produktdesign, Produktidentität, Corporate Identity. In: Birkigt, *Corporate Identity*

Sato, Kazuko: *Alchimia. Never-ending Italian Design*. Tokyo 1985

Schägerl, Christian: Die Scham des Futuristen. William Gibson, Großmeister des Zukunftsromans, kapituliert vor der technischen Entwicklung und beschreibt nur noch die Gegenwart. In: *Frankfurter Allgemeine Sonntagszeitung* no. 50, 15 December 2002

Schank, Roger C./Schilders, Peter G.: *Zukunft der künstlichen Intelligenz*. Cologne 1986

Schmidt, Klaus (ed.): *The Quest for Identity. Corporate Identity – Strategies, Methods and Examples*. London 1995

Schmidt, Siegfried J. (ed.): *Der Diskurs des radikalen Konstruktivismus*. First edition Frankfurt/Main 1987. 7th ed. 1996

—: *Der Diskurs des radikalen Konstruktivismus*. Frankfurt/Main 1987

—: *Kognition und Gesellschaft. Der Diskurs des Radikalen Konstruktivismus 2*. Frankfurt/Main 1992

Schmidt-Lorenz, Klaus: Verfechter der Serie. In: *Design Report*, 9/1995

—: Clan der Konstrukteure. In: *Design Report*, 9/1995

Schmitt, Uwe: Muji. Ein Erfolg, der keinen Namen hat. In: *Frankfurter Allgemeine Magazin* 850, 14 June 1996

Schmitz-Maibauer, Heinz H.: *Der Stoff als Mittel anmutungshafter Produktgestaltung. Grundzüge einer Materialpsychologie*. Cologne 1976

Schneider, Norbert: *Geschichte der Ästhetik von der Aufklärung bis zur Postmoderne*. Stuttgart 1996

Schneiderman, Ben: *Designing the User Interface. Strategies for Effective Human-Computer Interaction*. 2nd ed. Reading/MA 1992

—: *Designing the User Interface. Strategies for Effective Human-Computer Interaction*. 3rd ed. Reading/MA 1998

Schnell, Ralf (ed.): *Metzler Lexikon Kultur der Gegenwart. Themen und Theorien, Formen und Institutionen seit 1945.* Stuttgart, Weimar 2000

Schönberger, Angela: *Raymond Loewy. Pioneer of American Industrial Design.* With contributions by Stephen Bayley et al. Translations by Ian Robson and Eileen Martin. Munich, New York 1990

Schöner Wohnen (ed.): *Moderne Klassiker. Möbel, die Geschichte machen.* 16th ed. Hamburg 1994

Schönhammer, Rainer: *Der "Walkman." Eine phänomenologische Untersuchung.* Munich 1988

—: Zur Anthropologie der Fernbedienung. Zur Wirkungsweise eines magischen Werkzeugs. In: *formdiskurs* 3, 2/1997

Schulze, Gerhard: *Die Erlebnisgesellschaft. Kultursoziologie der Gegenwart.* Frankfurt/Main, New York 1992

Schümer, Dirk: Spaghettisiert euch. Alle Welt beklagt den amerikanischen Einfluß, doch die globale Leitkultur kommt aus Italien. In: *Frankfurter Allgemeine Zeitung* no. 226, 28 September 2002

Schupbach, Stephan/Zebner, Frank: Gerätedesign im Computer-Zeitalter. In: *Elektronik* 22, 1990

Schwarz, Rudolf: *More than Furniture. Wilkhahn, an Enterprise in Its Time.* With contributions by Alex Buck et al. Translations by Katja Steiner, Bruce Almberg, and Jeremy Gaines. Frankfurt/Main 2000.

Seckendorff, Eva von: *Die Hochschule für Gestaltung in Ulm. Gründung (1949–1953) und Ära Max Bill (1953–1957).* Ph. D. thesis. Hamburg 1986, Marburg 1989

Seeling, Hartmut: *Geschichte der Hochschule für Gestaltung Ulm 1953–1968. Ein Beitrag zur Entwicklung ihres Programmes und der Arbeiten im Bereich der visuellen Kommunikation.* Ph.D. thesis. Cologne 1985

Seiffert, Helmut: *Einführung in die Wissenschaftstheorie. Vol. 1,* 10th ed. Munich 1983. *Vol. 2,* 8th ed. Munich 1983. Vol. 3, Munich 1985

Selle, Gert: *Ideologie und Utopie des Design. Zur gesellschaftlichen Theorie der industriellen Formgebung.* Cologne 1973

—: *Die Geschichte des Design in Deutschland von 1870 bis heute.* Previously published Cologne 1978, 1987. New edition Frankfurt/Main, New York 1994

Sembach, Klaus-Jürgen: Das Jahr 1851 – Fixpunkt des Wandels. In: Fischer, Wend: *Die verborgene Vernunft.*

S. Siedle & Söhne (eds.): *Von der Glocke zur Gebäudekommunikation. 250 Jahre Siedle.* Furtwangen 2000

Siemens Nixdorf AG: *Gestaltung von Benutzeroberflächen für Selbstbedienungsanwendungen. Ein Designbuch.* Concept, text and design by Martina Menzel and Frank Zebner. Munich, Paderborn 1993

—: *150 Jahre Siemens. Das Unternehmen von 1847 bis 1997.* Published for the Siemens Forum by Wilfried Feldenkirchen. Munich 1997

Singapore Design Award 2000. Published by the Singapore Trade Development Board & Designers Association. Singapore 2000

Skriver, Poul Erik: *Knud Holscher. Architect and Industrial Designer.* Translated by Courtney D. Coyne. Stuttgart, London 2000

Sloterdijk, Peter: *Nicht gerettet. Versuche nach Heidegger.* Frankfurt/Main 2001

Smithson, Peter/Unglaub, Karl: *Flying Furniture.* Cologne 1990

Soentgen, Jens: *Das Unscheinbare. Phänomenologische Beschreibungen von Stoffen, Dingen und fraktalen Gebilden.* Berlin 1997

—: Die Faszination der Materialien. In: *formdiskurs 3, 2/1997*

—: *Splitter und Scherben. Essays zur Phänomenologie des Unscheinbaren.* Kusterdingen 1998

Sottsass, Ettore: Für eine neue Ikonographie. In: Gsöllpointner, Helmuth/Hareiter, Angela/Ortner, Laurids (eds.): *Design ist unsichtbar*

Spalt, Johannes (ed.): *Folding tables. Klapptische.* Basel, Boston, Stuttgart 1987

Sparke, Penny: *An Introduction to Design and Culture in the Twentieth Century.* New York 1986

—: *Italian Design. 1870 to the Present.* London 1988

—: *Design Directory Great Britain.* New York 2001.

Spieß, Heinrich: *Integriertes Designmanagement.* Beiträge zum Produktmarketing vol. 23. Cologne 1993

Spitz, René: *The Ulm School of Design. A View behind the Foreground.* Translated by Ilze Klavina. Stuttgart, London 2001

SPoKK (ed.): *Kursbuch JugendKultur. Stile, Szenen und Identitäten vor der Jahrtausenwende.* Mannheim 1997

Sprague, Jonathan: China's Manufacturing Beachhead. In: *Fortune*, 28 October, 2002

Spreenberg, Peter: Editor's Note in *interact*, ed. by the American Center for Design, vol. 8, no. 1, Chicago 1994

Stadler, Michael/Crabus, Heinrich (ed.): *Wolfgang Metzger. Gestalt-Psychologie. Ausgewählte Werke aus den Jahren 1950 bis 1982.* Frankfurt/Main 1999

Stark, Tom: *Less or More – What a Bore. Harley-Davidson: Design im Kontext.* Frankfurt/Main 1999

Steffen, Dagmar: Zur Theorie der Produktsprache. Perspektiven der hermeneutischen Interpretation von Designobjekten. in: *formdiskurs 3, 2/1997b*

—: Design als Produktsprache. Der "Offenbacher Ansatz in Theorie und Praxis." With contributions by Bernhard E. Bürdek, Volker Fischer and Jochen Gros. Frankfurt/Main 2000

—: *C_Moebel. Digitale Machart und gestalterische Eigenart.* With a text by Jochen Gros. Frankfurt/Main 2003

Steguweit, Christian: Typologie und Konsequenz einer Corporate Identity. In: Schmidt, Klaus (ed.): *The Quest for Identity.* Frankfurt/Main, New York 1994

Strassmann, Burkhard: Fühlen Sie mal... In: *Die Zeit* no. 31, 24 July 2003

Strunk, Peter: *Die AEG. Aufstieg und Niedergang einer Industrielegende.* Berlin 1999

Sullivan, Louis H. (1896): *Kindergarten Chats and Other Writings.* Revised 1918. Reprint, New York 1955

—: *The Tall Office Building Artistically Considered.* Chicago 1896. Quoted in Fischer, Wend: *Die verborgene Vernunft*

Swatch & Swatch. *modelli prototipi varianti.* Catalog. Milan 1981

Tallon, Roger. *Itinéraires d'un designer industriel.* Exhibition catalog, Centre George Pompidou. Paris 1993

Terragni, Emilia (ed.): *Spoon.* London, New York 2002

Thackara, John (ed.): *New British Design. Design by Jane Stuart.* London 1986

Tietenberg, Annette: Der Körper als Möglichkeit/Bodies of Evidence. In: *form* 185, September/October 2002

Toffler, Alvin: *Future Shock*. New York 1970

—: *The Third Wave*. New York 1980

—: *Powershift*. New York 1990

Turner, Matthew: *Made in Hong Kong. A History of Export Design in Hong Kong 1900–1960*. Hong Kong 1988

Tzonis, Alexander: Hütten, Schiffe und Flaschengestelle. Analogischer Entwurf für Architekten und/oder Maschinen. In: *Archithese* 3, 1990

Ulmer Museum/HfG-Archiv: *ulmer modelle – modelle nach Ulm. Zum 50. Gründungsjubiläum der Ulmer Hochschule für Gestaltung*. Catalog and traveling exhibition. Stuttgart 2003

Vann, Peter: *Design by Giugiaro 1968–2003*. Stuttgart 2003

van Hinte, Ed: *Marti Guixé*. Rotterdam 2002

—: *Wim Rietveld. Industrieel Ontwerper*. Rotterdam 1996

VDI Richtlinie 4500: *Technische Dokumentation – Benutzerinformation*. Düsseldorf 1995

Venturi, Robert: *Complexity and Contradiction in Architecture*. New York 1966

Venturi, Robert/ Scott Brown, Denise: Wir sind ja für Unreine. Interview by Hanno Rauterberg. In: *Die Zeit* no. 43, 17 October 2002

—/Izenour, Steven: *Learning from Las Vegas*. Cambridge/MA 1972

Veraart, Albert/Wimmer, Reiner: Hermeneutik. In: Mittelstraß, Jürgen (ed.): *Enzyklopädie Philosophie und Wissenschaftstheorie*, vol. 2. Mannheim, Vienna, Zurich 1984

Vershofen, Wilhelm: *Die Marktentnahme als Kernstück der Wirtschaftsordnung*. Berlin, Cologne 1959

Vihma, Susann: *Products as Representations. A Semiotic and Aesthetic Study of Design Products*. Helsinki 1995

VNITE *Der sowjetische Designer*. Stuttgart 1976

von Vegesack, Alexander (ed.): *Citizen Office. Ideen und Notizen zu einer neuen Bürowelt*. Göttingen 1994

Wagner, Rainer: Warum haben Sie keine Angst vor den Japanern, Herr Wagner? Ein Interview von Benedict Maria Mülder: in: *Frankfurter Allgemeine Magazin* 545, 10 August 1990

Waldenfels, Bernhard: *In den Netzen der Lebenswelt*. Frankfurt/Main 1985

Walker, John A.: *Design History and the History of Design*. London 1989

Walther, Elisabeth: *Zeichen. Aufsätze zur Semiotik*. Weimar 2002

Wang, Shou Zhi: Chinese Modern Design: A Retrospective. In: Doordan, Dennis P.: *Design History. An Anthology. A Design Issues Reader*. Cambridge/MA 1995

Wang, Wilfried: *Herzog and de Meuron*. Basel, Boston, Berlin 1998

Weibel, Peter: *Die Beschleunigung der Bilder in der Chronokratie*. Bern 1987

— (ed.): *Kontext Kunst. Kunst der 90er Jahre*. Cologne 1994

— (ed.): *Vom Tafelbild zum globalen Datenraum. Neue Möglichkeiten der Bildproduktion und bildgebenden Verfahren*. Stuttgart 2001

Weil, Michelle M./Rosen, Larry F.: *TechnoStress. Coping with Technology @ Work @ Home @ Play*. New York 1997

Welsch, Wolfgang: *Unsere postmoderne Moderne*. Weinheim 1987

Wewerka, Stefan: *Tecta 1972–1982. Bericht einer deutschen Unternehmung*. Berlin 1983

Wichmann, Hans: *Industrial Design, Unikate, Serienerzeugnisse*. Munich 1985

Wingler, Hans M.: *Das Bauhaus.* 3rd ed. Bramsche, Cologne 1975.

Wolfe, Tom: *From Bauhaus to Our House.* New York 1981

Wolter, Bettina-Martine/Schwenk, Bernhart (eds.): *Die grosse Utopie. Die Russische Avantgarde 1915–1932.* Exhibition catalog. Frankfurt/Main 1992

Woodham, Jonathan M.: *Twentieth-Century Design.* Oxford, New York 1997

—: Morris Mini. In: *Icons of Design! The 20th Century.* Edited by Volker Albus, Reyer Kras and Jonathan M. Woodham. Transl. from the German by Elizabeth Schwaiger and Robert Thomas. Transl. from the Dutch by Arthur Payman. Munich, London, New York 2000

Woolman, Matt: *Digital Information Graphics.* London 2002

Wünsche, Konrad: Bauhaus: *Versuche, das Leben zu ordnen.* Berlin 1989

Yingtai, Lung: Erben alter Hochkulturen. Die "asiatischen Werte" – gibt es sie? In: *Der Spiegel*, 24/1999

Zänker, Jürgen: Utopisches Design oder Utopie des Design. In: Gsöllpointner (ed.), *Design ist unsichtbar.*

Zec, Peter: *Informationsdesign. Die organisierte Kommunikation.* Zurich, Osnabrück 1988

Zijl, Ida van: *Droog Design 1991–1996.* Utrecht 1997

Zumthor, Peter: Schutzbauten des Widerstandes. Interview by Hanno Rauterberg. In: *Die Zeit* no. 45, 31 October 2001

引文出处

7   Gert Selle: *Siebensachen. Ein Buch über die Dinge.* Frankfurt/New York 1997, page: 205

11   Dirk Baecker: *Wozu Systeme?* Berlin 2002, page: 155

13   Holger van den Boom: *Betrifft: Design. Unterwegs zur Designwissenschaft in fünf Gedankengängen.* Weimar 1994, page: 30

16   Geyer, Matthias/Knaup, Horand/Palmer, Hartmut/Rosenkranz: Gerd Schröders Spiel, in: *Der Spiegel*, Nr. 6/2003, page: 57

17   Eduard Beaucamp: Die Avantgarde im Himmel. Endlich: Die Eröffnung der Dritten Pinakothek in München, in: *Frankfurter Allgemeine Zeitung*, Nr. 215, 16.9.2002, page: 35

29   Gert Selle: *Siebensachen. Ein Buch über die Dinge.* Frankfurt/New York 1997, page: 169

38   Wilhelm Wagenfeld: *Wesen und Gestalt der Dinge um uns.* Worpswede 1990 (Nachdruck der Erstausgabe von 1948), page: 7

43   René Spitz: *hfg ulm. Der Blick hinter den Vordergrund.* Stuttgart/London 2001, page: 371

46   Gui Bonsiepe: hfg ulm – Modell einer Gestaltungslehre. Podiumsdiskussion an der HfG Offenbach, 1.07.2002

49   Angelika Bauer: Maggi-Magie, in: *Die Zeit*, Nr. 23, 27.5. 2004, page: 53

51   Gui Bonsiepe: hfg ulm – Modell einer Gestaltungslehre. Podiumsdiskussion an der HfG Offenbach, 1.07.2002

54   René Spitz: *hfg ulm. Der Blick hinter den Vordergrund.* Stuttgart/London, 2001, page: 421

59   Thomas Wolff: Das Gesicht des deutschen Alltags. Über Dieter Rams. in: *Frankfurter Rundschau Magazin*, 31.3.2001, page: 19

57   Ernst Bloch: *Geist der Utopie.* Frankfurt am Main 1985 (1-1918), S.22

63   Walter Grasskamp: Das gescheitere Gesamtkunstwerk. Design zwischen allen Stühlen, in: Michel, Karl Markus/Spengler, Tilman: *Alles Design (Kursbuch 106).* Berlin 1991, page: 71

64   Walter Grasskamp: Das gescheitere Gesamtkunstwerk. Design zwischen allen Stühlen, in: Michel, Karl Markus/Spengler, Tilman: *Alles Design (Kursbuch 106).* Berlin 1991, page: 72

64   O.V. Design. Knie kaputt, in: *Der Spiegel*, Nr. 22/1988, page: 203

67   Uta Brandes: *Design ist keine Kunst. Kulturelle und technologische Implikationen der Formgebung.* Regensburg 1998, page: 9

67　Gui Bonsiepe: hfg ulm – Modell einer Gestaltungslehre. Podiumsdiskussion an der HfG Offenbach, 1.07.2002

71　Peter Sloterdijk, in: *Wohin führt der globale Wettbewerb? Philosophische Aspekte der Globalisierung*. Berlin 1999, page: 50

99　Der Lockruf des großen Geldes. Spiegel-Gespräch mit Porsche-Chef Wendelin Wiedeking, in: *Der Spiegel*, Nr. 21/2002 , page: 92

104　Martin Kelm (ehemaliger Staatssekretär der DDR), in: *form + zweck*, Nr. 1/1991, S. 60

120　Bolz, Norbert/Bosshart, David: *Kult Marketing. Die neuen Götter des Marktes*. Düsseldorf 1995, page: 209

122　Beaucamp, Eduard: Bildende Künste: Phyrrus-Siege, in: *Frankfurter Allgemeine Zeitung*, Nr. 54, 5.3.1994

123　Günther Nenning: Weil es so herrlich bequem ist: Sitze, was sonst?, in: *Frankfurter Allgemeine Magazin*, Nr. 850, 14.6.1996, page: 38

151　Albus, Volker/Fischer, Volker: *13 nach Memphis. Eine Einführung. Design zwischen Askese und Sinnlichkeit*. Munich 1995, page: 163

153　Thomas Edelmann: Groß in Form, in: *mobil* (Deutsche Bahn AG), Nr. 3/2003, page: 11

157　Regis McKenna: Marketing in Echtzeit, in: *Harvard Business Manager*, Nr. 2/1996, Jg. 18, page: 9

169　Kristina Maidt-Zinke: Billy auf dem Holzweg. Ikeas Karriere in Deutschland: Ingvar Kamprads Geschichte, in: *Frankfurter Allgemeine Zeitung*, Nr. 87, 15.4.1999, page: 51

171　Stefan Ytterborn: im Gespräch mit Markus Frenzl, in: *design report*, Nr. 2/2003, page: 40

177　O.V., Kollektion Shaker Authentics. Anzeige in der *Frankfurter Allgemeinen Zeitung* vom 7.12.2000

191　Bernd Polster: Garbo in Serie. Karim Rashid ist Amerikas neuer Design-Gott, in: *Financial Times Deutschland*, 9.8.2002, page: 3

194　Karim Rashid (Hrsg.): *Das Internationale Design Jahrbuch 2003/04*. Schopfheim 2003, page: 2

199　Michael Erlhoff: Deutsche Leblosigkeit, in: *Kunstzeitung*, Nr. 7/1997, page: 19

203　Gersemann, Olaf/Hohensee, Matthias/Köhler, Angela/Schnaas, Dieter/Sieren, Frank: Aus dem Boden gestampft. China wird zur Fabrik für die ganze Welt, in: *Wirtschaftswoche*, Nr. 46/2002, page: 54

206　Gersemann, Olaf/Hohensee, Matthias/Köhler, Angela/Schnaas, Dieter/Sieren, Frank: Aus dem Boden gestampft. China wird zur Fabrik für die ganze Welt, in: *Wirtschaftswoche*, Nr. 46/2002, page: 54

209　Volker Grassmuck: "Allein, aber nicht einsam" – die Otaku-Generation, in: Bolz, Norbert/Kittler, Friedrich/Tholen, Christoph (Hrsg.): *Computer als Medium*. Munich 1994, page: 281

219　Die Preußen Asiens. Samsung wandelt sich zur Premiummarke. Nun wollen die Koreaner Sony stürzen, in: *Wirtschaftswoche*, Nr. 45/2002, page: 64

224　Ho Heng-Chun: Die Leute kaufen Design, in: *Wirtschaftswoche*, Nr. 4/2003, page: 60

227　Jean Baudrillard: *Cool memoires 1980–1985*. Munich 1989, page: 14

229　Mihai Nadin: *Anticipation*. Baden 2003, page: 14

229 Holger van den Boom: *Betrifft: Design. Unterwegs zur Designwissenschaft in fünf Gedankengängen.* Weimar 1994, page: 44

230 Patrick Bahners: Einer Regel nicht folgen. Verständigung über das Selbstver-ständliche: Hans-Georg Gadamer und Dieter Henrich, in: *Frankfurter Allgemeine Zeitung*, Nr. 152, 3.7.1996, page: N 5

231 Tilmann Habermas: *Geliebte Objekte.* Berlin 1996, pagen: 180–181

233 Michel Foucault: *Die Ordnung der Dinge. Eine Archäologie der Humanwissen-schaften.* Frankfurt am Main 1997 (14. Aufl.), page: 60

237 Humberto R. Maturana: Kognition, in: Siegfried J. Schmidt (Hrsg.): *Der Diskurs des Radikalen Konstruktivismus.* Frankfurt am Main 1987, page: 90

239 Bernhard von Mutius: Die Verwandlung der Welt. Stuttgart 2000, page: 265

240 Karin Schulze: Tortenstücke mit Sahnehäubchen, in: *Financial Times Deutsch-land*, 12.5.2004 , page: 35

241 Manfred Russo: *Tupperware & Nadelstreif. Geschichten über Alltagsobjekte.* Vienna/Cologne/Weimar 2000, page: 167

243 Kraft Wetzel: Vom Zuschauer zum User. Ein televisionäres Scenario, in: *Ästhetik & Kommunikation*, Nr. 88/1995, page: 61

245 Ernst von Glasersfeld: *Radikaler Konstruktivismus. Ideen, Ergebnisse, Probleme.* Frankfurt am Main 1996, page: 93

249 Gert Selle: Unzeitgemäße Ansichten, in: *Design Bericht 1989–90.* Frankfurt am Main 1990, page: 66

249 José R. Méndez-Salgueiro: Beruhigungsgesten des Designs?, in: Hermann Sturm (Hrsg.): *Geste & Gewissen im Design.* Cologne 1998, page: 140

257 Barbara Steiner: Notizen zum Verhältnis von Kunst und Architektur, in: Steiner, Barbara/Schmidt-Wulffen, Stephan (Hrsg.): *In Bewegung. Denkmodelle zur Ver-änderung von Architektur und bildender Kunst.* Hamburg 1994, page: 44

258 Gert Selle: *Siebensachen. Ein Buch über die Dinge.* Frankfurt/New York 1997, page: 60

267 Uta Brandes: Designing Gender: Thesen zur Konstruktion des Geschlechterver-hältnisses, in: *Design ist keine Kunst. Kulturelle und technologische Implika-tionen der Formgebung.* Regensburg 1998, page: 89

277 Siegfried Maser: *Zur Planung gestalterischer Projekte.* Essen 1993, page: 13

281 Holger van den Boom: *Betrifft: Design. Unterwegs zur Designwissenschaft in fünf Gedankengängen.* Weimar 1994, page: 11

283 Peter Sloterdijk: *Kritik der zynischen Vernunft* (Erster Band). Frankfurt am Main 1983, page: 267

287 Gui Bonsiepe: Über Sprache, Design und Software, in: *Design Horizonte*, 8/1991, S.33

292 Jochen Gerz: Was die Kunst nicht ändern kann, das soll die Kunst verändern, in: *Frankfurter Allgemeine Zeitung*, Nr. 20, 24.1.1996, page: 31

293 Thomas Rempen: Von der Industriekultur zum Medienkult, in: *form*, Nr. 148/1994, page: 13

296 Jürgen Häußer: Schlusswort 5/01, in: *design report*, Nr. 7+8/2001, page: 110

296 Regierungserklärung 2002 des deutschen Bundeskanzlers Gerhard Schröder, in: *Wirtschaftswoche*, Nr. 45, 31.10.2002, page: 202

297 Herbert H. Schultes: Rat für Formgebung: Designdebatte, Paulskirche Frankfurt am Main, 5. Juni 2003

299 Florian Rötzer: *Digitale Weltentwürfe.* Munich/Vienna 1998, page: 104

300 Schmidt, Siegfried J./Zurstiege, Guido: *Kommunikationswissenschaft. Was sie kann, was sie will*. Reinbek bei Hamburg 2000, page: 151

301 Felicidad Romero-Tejedor: Zeit gestalten. Zur Semiologie Roland Barthes, in: *Öffnungszeiten*, Nr. 17/2003, page: 34

302 Bolz, Norbert/Bosshart, David: *Kult Marketing. Die neuen Götter des Marktes*. Düsseldorf 1995, page: 57

313 Alex Buck (Hrsg.): *Design Management in der Praxis*. Stuttgart 2003, page: 9

320 Steffen Klein: *Differenz und Kohärenz. Gestaltung und Wahrnehmung elektronischer Medien*. Heidelberg 2001, page: 11

325 Norbert Bolz: *Die Sinngesellschaft*. Düsseldorf 1997, page: 150

327 Koppelmann, Udo/Wittorf, Susanne: Zur Sache, Udo Koppelmann. Der Marketing-Experte über den Konflikt zwischen Handel und Herstellern, in: *design report*, Nr. 5/1998, page: 66

331 Christian Wüst: "Was würde Jesus fahren?" in: *Der Spiegel*, Nr. 3/2003, page: 141

333 Gert Selle: *Siebensachen. Ein Buch über die Dinge*. Frankfurt/New York 1997, page: 216

337 Barbara Steiner: Notizen zum Verhältnis von Kunst und Architektur, in: Steiner, Barbara/Schmidt-Wulffen, Stephan (Hrsg.): *In Bewegung. Denkmodelle zur Veränderung von Architektur und bildender Kunst*. Hamburg 1994, page: 44

339 Jörg Lau: Der Jargon der Uneigentlichkeit, in: Bohrer, Karl Heinz/Scheel, Kurt (Hrsg.): Postmoderne. Eine Bilanz, in: *Merkur*, Nr. 9/10/1998, page: 946–947

343 Hans Eckstein: *Formgebung des Nützlichen. Marginalien zur Geschichte und Theorie des Design*. Düsseldorf 1985, page: 78

344 Otl Aicher: erscheinungsbild, in: Erco Leuchten (Hrsg.): *Erco Lichtfabrik*, Berlin 1990, page: 189

349 Florian Fischer: Corporate Design macht Qualitäten sichtbar, in: Angela Schönberger (Hrsg.): *Deutsche Design Konferenz '96, Corporate Design, Visualisierte Unternehmenskultur*. Berlin 1996, page: 32

350 Rolf Fehlbaum: An seiner Selbstverständlichkeit sollt ihr es erkennen. Über Design und Styling und das, was beide unterscheidet, in: *Frankfurter Allgemeine Zeitung* (Beilage Baden-Württemberg), Nr. 82, 7.4.1998, page: B 7

358 Walter Bauer-Wabnegg: Die Marke als Medium. Vom digitalen zum virtuellen Unternehmen, in: Norbert W. Daldrop (Hrsg.): *Kompendium Corporate Identity und Corporate Design*. Stuttgart 1997, page: 85

359 Norbert Hammer (Hrsg.): *Die Stillen Designer – Manager des Designs*. Essen 1994, page: 8

360 Gui Bonsiepe: *Interface. Design neu begreifen*. Mannheim 1996, page: 192

361 Helene Karmasin: *Produkte als Botschaften*. Vienna 1993, page: 13

364 Alex Buck: Strategic Design Planning – eine Bestandsaufnahme, in: *formdiskurs*, Nr. 4/1998, page: 6

367 John Naisbitt: *High Tech – High Touch. Auf der Suche nach Balance zwischen Technologie und Mensch*. Vienna /Hamburg 1999, page: 27

370 Bernard Tschumi: Architektur und Ereignis, in: Peter Noever (Hrsg.): *Architektur im Umbruch. Neun Positionen zum Dekonstruktivismus*. Munich 1991, page: 139

377 Hans Hollein: *Design. MAN transFORMS. Konzepte einer Ausstellung*. Vienna 1989, page: 110

381 Henning Klüver: Marilyn und die Designerträume. Die Mailänder Möbelmesse
     Salone del Mobile im Zeichen einer neuen Häuslichkeit, in: *Stuttgarter Zeitung*
     Nr. 89, 17.4.2002, page: 31

384 Schutzbauten des Widerstands. Ein Zeit-Gespräch mit Peter Zumthor, in: *Die
     Zeit*, Nr. 45, 31.10.2001, page: 47

389 Uta Brandes: *Design ist keine Kunst. Kulturelle und technologische
     Implikationen der Formgebung*. Regensburg 1998, page: 9

398 Christoph Böninger: *Zur Lage des Designs*. Hannover 1998 (if Product Design
     Award), page: XXI

407 Gui Bonsiepe: Über Sprache, Design und Software, in: *Design Horizonte*
     23/26.8.1991, page: 36

417 Gerd B. Achenbach: Der Schein immer neuer, überraschender Dinge, in:
     Frankfurter Allgemeine Zeitung, Nr. 203, 2.9.1989

426 Hans Moravec: Geisteskinder. Universelle Roboter: In vierzig Jahren haben sie
     uns überholt, in: *c't magazin*, Nr. 6/1996, page: 98

429 Silvia Bovenschen: Soviel Körper war nie, in: *Die Zeit*, Nr. 47, 14.11.1997,
     page: 63

译后记

　　2005年6月的一个下午，中国建筑工业出版社的编辑孙炼、李晓陶与我联系，说拿到一本国外的设计新著想请我翻译，我即刻动身从清华园赶往百万庄。看到此书，大叹好书，颇有相见恨晚之意。待博士毕业事宜完毕，返汉，七、八、九月，战三月酷暑，方初成译稿。

　　自1984年柳冠中先生留德归国于中央工艺美术学院（今清华大学美术学院）筹建国内第一个工业设计系以来，设计教育以及设计产业都得到了长足发展；尤其从20世纪90年代中后期至今，中国设计教育界更是一派繁荣。但正如德国卡塞尔大学艺术学院格尔哈德·马蒂亚斯（Gerhard Mathias）教授所言，中国的设计教育"看上去很壮观"。剥离了历史文脉的设计图典，以五光十色的设计现象混淆视听，甚至掩盖了设计的本来面目；设计理论大多停留在简史、分类、经验、形式美等一般格式的重复，跨学科知识的引入则处于名词解读和原理套用的起步阶段；从"元"设计——事理学上描述历史发展、解析形态演化并具原始创新的学术著作还未出现，研究人为"事""物"内在逻辑、关系和规律的著述也未问世。因此，重新呈现设计的完整面貌，建立起明晰的知识架构，迫在眉睫。

　　本书作者伯恩哈德·E·布尔德克教授，毕业于乌尔姆设计学院，执教于奥芬巴赫设计学院（Hochschule für Gestaltung Offenbach），长期从事设计教学与实践。他以清晰的历史陈述，勾勒出从包豪斯到乌尔姆的设计教育发展轨迹；以宽广的全球视野，陈述全球化进程中世界各国的设计发展与现状；以精深的人文学养，阐释符号学、现象学、诠释学等作为哲学认识论、方法论对设计学的启示；以深刻的理论见解，全面论述了设计的传达功能、形式美学功能、标识功能、象征功能；以广博的视角，全面展望了从企业识别到服务设计、从设计管理到战略设计、从建筑到微电子甚至从数字化到生物时代等现代设计发展的最新趋势。该书出版于2005年，内容全面，视野宽广，见解深刻，论述精辟，堪称一部最新、最完整、最系统的设计理论书籍，是工业设计、艺术设计专业学生，尤其研究生以及专业设计人员不可或缺的经典著作。

　　当然，作者身为德国学者，多从德国自身的设计现象出发展开论述，并凸现出德国人理性和喜欢寻根究底的思维特征。相较于我国当前一些停留在形式美法则和所谓"视觉冲击力"层面研究设计的片面观点，不能不说是很好的启示和典范。

　　翻译此书的目的不是仅介绍国外最新思潮或观点，而在于清晰呈现设计发展的本来面目和完整脉络；更关键的是，多学科知识的借鉴和吸收有助于扩宽学人的视野，现代设计的前沿发展有助于修正设计人员的狭隘观点。但同时需要指出的是，设计先进国家的发展经验、方法和趋势，并不是我国设计发展的指路明灯。本书作者正是将西方的设计现象置于时代、经济、技术、文化等社会背景和历史脉络之中，才对设计历史中的风格和主义有了真切的了解；也只有直面我们自身的文化脉络和社会现实，才能找到我国自主设计创新的动力与方向。

书中出现了大量的人名、地名和专有名词，虽无法做到严复那般"一名之立，旬月踟蹰"，大多参考了现有著作的译法，部分采取了音译的形式；为避免出现错误，在所有译名之后辅以英文原文，并力求前后一致。但由于时间仓促，难免有所疏漏。另外，由于本书作者的母语为德语，部分文字由德语甚至法语转译为英语；加之作者庞杂却精深的知识结构，部分理论尤其是现象学、阐释学部分有所生涩。译者学养有限，本不足以担此重任，虽力求准确明晰，但勉力而为，错误之处，在所难免，尚请专家和广大读者指正。

在本书翻译过程中，首先要感谢中国建筑工业出版社的及时引进，在该社和孙炼、李晓陶两位编辑的努力下出版工作得以实现；其次要感谢台湾致理技术学院的刘瑞芬博士，提供了伯恩哈德·E·布尔德克教授1991年著作的繁体中文版译本（《工业设计：产品造型的历史、理论与实务》，亚太图书出版社，1996年版），该书译者胡佑宗先生的精心翻译和潜心笔耕，为本书的翻译扫除了不少障碍，虽不相识，却深表感佩和谢意；还要感谢好友王伟民，在翻译过程中提供了大量的无私帮助。

"筚路蓝缕，以启山林"。广大学人若能从此书中有所收获和启示，于我则是莫大的欣慰。

胡飞

2005年11月于马房山

感谢武汉纺织大学艺术与设计学院副院长李万军教授的仔细阅读，及对现象学相关章节的翻译建议；感谢武汉理工大学艺术与设计学院黄群教授的仔细阅读，及对日本设计相关章节的翻译建议；感谢武汉理工大学UCD联合实验室的研究生们对此书的仔细阅读和疑问；也感谢广大网友在阅读此书后的勉励与批评。希望大家继续阅读，继续批评，知识才能越辨越明，研究才能越钻越深。

胡飞

2013年5月20日补记于广州大学城